ものと人間の文化史

153

檜《ひのき》

有岡利幸

法政大学出版局

まえがき

ヒノキはわが国固有の樹種であり、建築材・木彫・木材工芸の材料として、色沢がよく、光沢と芳香があり、加工しやすく、さらに千年を超える耐久性もあるなど、世界最高の品質を誇っている。優れた材を得るため人工造林がおこなわれ、その面積は同じ林業樹種として知られるスギについで二番目の広さである。

ヒノキは広葉樹に比べて軟らかな材質をもっているため、縄文時代の石器では伐採できなかったが、軟らかくても伐ることができる鋭い金属の刃物をもつ弥生文化期の到来とともに、ヒノキは材の優秀性が目につけられ、宮殿用材として盛んに伐採されるようになった。最古の文献の一つである『日本書紀』では、ヒノキは「宮をつくるのに良い木だ」とされている。

近年国土の開発にともなって、各地から遺跡がみつかり、発掘調査が行われている。出土遺物は、土器や石器などの器物だけでなく、木質の遺物も大切に取り扱われ、それぞれ樹種が同定されるようになった。それらの木質の遺物からみると、植物ごとに樹木の生育に適したわが国の多数の樹木のうち、それぞれの樹木のもつ性質にあわせて的確な用途に使われていることがわかる。

建築物は大量の木材をつかうが、そのうち朝廷とその出先、つまり官に関わりのある官庁、宮廷、神社、寺（中世まではほとんど官の施設であり、いわば大学の役割をもっていた）ではヒノキが多量に用いられている。一方、庶民の住居が出土する遺跡での建築材には、ほとんどヒノキ材の使用はみられない。古墳時代あたりまでの古い時代において、すでにヒノキはもっぱら官に関する建造物の資材として特定されていたようである。そしてヒノキの良材がある森林が見つかると、たちまち伐り尽くしていったので、現在では明確な天然分布地すら判らなくなっている。

ヒノキの分布に関して、大阪から東京までの東海道で変化のあることを見つけた。本シリーズの『杉』を書いていたとき、東海道新幹線で東京へ用事ででかけることがあった。近畿圏ではほとんどの鎮守の森に見られるスギは、関東まで続いているのだろうかと暇にまかせて、東京に向かって左側の車窓から眺めていた。スギは梢の形が鋭角になっており、あたかも槍を空に向けた形をしているので、簡単に見つかる。滋賀県近江平野の鎮守の森ではスギが多かった。狭い関ヶ原もスギの本場であった。濃尾平野でもスギは見られた。名古屋を出て、しばらく走って浜名湖を過ぎた辺りから、スギが少なくなったような感じがし、代わりに樹冠が楕円状のヒノキが見えるようになった。新横浜から東京までの間ではスギは見られなくなった。

左手の車窓から眺めた印象なのではっきりしたことはわからないのだが、車窓からの眺めでは、浜松辺りでどうも変化があるようだった。なぜそのあたりでスギからヒノキに代わるのか、いま考え中である。詳しく調べると、民俗学的にも、地誌としても面白いとおもうのだが……。

本書は樹木の中でも諸資材として重用されてきたヒノキと日本文化との関わりを探ってみたものである。冒頭の章で、なぜ「ヒノキ」とよばれるようになったのかという語源について触れ、特徴となっている鱗状葉のこと、ヒノキに巨樹巨木のすくない理由などについて触れた。次の章では遺跡から出土するヒノキの遺物について触れ、第三章では巨大建造物を造るためにヒノキが需《もと》め続けられ今日に及んだことを記した。

次に世界に類例をみない二〇年に一度社殿を新たに造り替える式年遷宮と、そのとき材を供給してきた御杣山《みそまやま》とよばれるヒノキ山が伐り尽くされていく様子を述べた。

ヒノキは建造物の資材として優れているとともに、木材工芸の材料としてもきわめて優れていた。精緻で狂わないから、彫刻や漆器の材料とされてきた。彫刻では、平安時代以降の仏像彫刻のほとんどは、ヒノキでつくられるようになっていた。奈良時代には、挽物《ひきもの》という技法で、現在ではほとんど見ることができないほどのヒノキの超大木の良材をつかって、一〇〇万基もの供養塔がつくられ、そこに由緒正しい世界最古の印刷物が収められている。俗に百万塔と呼ばれているもので、法隆寺に現存しており、一般の人は東京国立博物館法隆寺宝物室で見ることができる。

ヒノキ材の活用は思いがけないところにもある。岐阜県長良川で行われている伝統的な川鵜《かわう》をつかった鮎《あゆ》漁では、たくみに鵜を操る鵜匠《うしょう》が手にしている細い綱は、ヒノキ材を紙よりも薄く削ったもので綯《な》ったヒノキ縄である。水切れがよく、鵜に危険が及びそうになると、簡単にねじ切ることができる綱である。

そして学問的には、国立奈良文化財研究所の光谷拓実氏が、長年の研究の結果、ヒノキの年輪は年毎に大きさが変化していることを見つけだし、苦心しておよそ三〇〇〇年に及ぶ年輪幅をパターン化した。そして、このパターンに遺物の年輪幅のパターン化したものを当てはめ、そのヒノキの実際の伐採年を特定することに成功している。これによって、建物に使われたヒノキ材の伐採年がわかることから考古学的に実年で検討する道がひらかれ、研究に大きな影響を与えている。この成果はヒノキだけでなく、スギはもちろん他の樹種にもおよんでいる。

スギに次いで二番目の栽培面積をもつヒノキは、大は奈良の大仏殿のような大建築から、小はマッチに至るまで、多種多様の使われ方をしてきた。実にヒノキこそは、木の文化とよばれる日本文化を背負ってきた樹木であり、これまでの日本人の生活に完全に密着してきたように、今後も同様の道を歩む樹木だと考えられる。

檜（ひのき）——目次

第一章　ヒノキとはこんな特徴をもつ樹木

ヒノキはわが国の固有種

私は子供のときから、これがヒノキという樹木だと知ってはいた。しかし、アカマツ地帯に育った私は高校で林業を専攻するまでヒノキ材が世界最良の建築資材であることも、また、総ヒノキの家を造ることに憧れている人が多いなどと知る機会はまったくなかった。

私の生まれた岡山県東北部の美作《みまさか》台地には、ヒノキの自然生えがそこここに見られた。農家だった私の生家の後ろ側は松山で、アカマツ三〇～四〇本と胸高直径一〇～一五センチくらいのヒノキ一〇本ほどが生えていた。林床にはヒノキ苗二〇～三〇本が集まったところが、数カ所あったように思う。そのヒノキ苗は中学生のころ、適宜掘りとり、近くの山へ植林したことがあった。高校を卒業後、国有林に就職して生家を離れ、ヒノキの植林地は見る機会はなくなった。そのうちブドウ栽培の適地だというので、ヒノキの植林地は開墾され、ブドウ畑に変わった。私の生家の松山はブドウ畑に変わったけれど、植林することなく松山からヒノキ山へと自然の推移のまま劇的な変化をとげた丘陵が、生家から幅二〇〇メートルほどの狭い山田を隔てた南側の山にあった。

私が就職をして生家を離れたのは昭和三一年（一九五六）の春のことで、そのときは完全な松山で、面

尾根筋の広葉樹林内に生立したヒノキの樹形

積は一・五ヘクタールくらいで、ところどころにマツタケの生える場所があった。年に二〜三回の帰郷であったのだが、他家の持山なのでヒノキの天然更新がどう進んでいるのかほとんど関心をもたなかった。いま考えると、松山からヒノキ林への遷移のよい実例となったであろう。平成年代には完全なヒノキ山となっていたが、平成一五年（二〇〇三）に襲来した台風と、同時に発生した広戸《ひろど》風《かぜ》のため全山倒れ臥し、風害で全滅した。なお広戸風とは、岡山県東北部の日《に》本原《ほんはら》とよばれている地域を中心に、特殊な条件下で北側の中国山地から山麓にむけて吹きおろしてくる強風のことで、そのもっとも激しい地域の広戸《ひろど》という地名をとって命名されている。

知識と関心がなければ、貴重な事例もみすみす逃してしまうという、いい経験をしたと思う。

ヒノキはスギと同様、古来から日本人に愛されてきたわが国固有の植物である。ヒノキは正式の漢字では「檜」と記すが、旁《つくり》の「會」が常用漢字表で省略された「会」とされるので、最近では漢字で記す場合には略字の「桧」で記すことが多い。

ヒノキは植物学上では、裸子植物門、球果植物綱、マツ目のヒノキ科ヒノキ属に属している。ヒノキはわが国固有種で、学名はカマエキパリス・オブツーサ Chamaecyparis obtusa Sieb.et Zucc. である。ヒノキ属植物は、わが国にはヒノキとサワラの二種が、外国では台湾に一種、北アメリカに三種が天然に生育し、世界では六種生育している。葉をつけた枝に表裏の別があり、種子は果鱗に一個から五個入っている。

世界のヒノキ属樹木とわが国の園芸品種

〔日本原産〕

ヒノキ……常緑針葉樹の高木で、日本特産種。

園芸種としてオウゴンヒノキ、シロヒノキ、チャボヒバ（カマクラヒバ）、キフチャボ、チャボヤドリヒバ、クジャクヒバ、オウゴンクジャクヒバ、カナアミヒバ、タツナミヒバ、オウゴンタツナミヒバ、ラシャヒバ、セッカヒバ

サワラ……常緑針葉樹の高木で、ヒノキに酷似している。

園芸種としてオウゴンサワラ、フイリサワラ、ヒヨクヒバ（イトヒバ）、オウゴンヒヨクヒバ、シノブヒバ、オウゴンシノブヒバ（ホタルヒバ）（市場では日光ヒバという）、タマヒムロ

〔台湾原産〕

タイワンヒノキ　台湾の中央山脈に分布する。わが国では材を輸入していたが、近年の台湾では伐採禁止とされている。

〔北アメリカ原産〕

ローソンヒノキ　アメリカ合衆国のオレゴン州南西部からカリフォルニア州北西部に分布する。材はわが国に輸入され、米檜《べいひ》とよばれる。

アメリカヒノキ（アラスカヒノキ）　アメリカ合衆国のオレゴン州からアラスカ南西部まで分布し、樹高は二〇～四〇メートルに成長。材はわが国に輸入される。

ヌマヒノキ　北アメリカの東部に分布し、沼沢地《しょうたくち》や適度な水分をもつ土壌に生育する。

ヒノキの語源説「ヒ」と「火の木」

ヒノキの語源は、一般的には「火の木」によるといわれている。「火の木」が語源だとする説には次の五つのものがある。

①江戸時代前期の儒学者・本草学者の貝原益軒は『大和本草』（一七〇八年成る）のなかで、ヒノキの語源を「これを錐にてもめば火を生ず、故に火の木という」と記す。

②江戸時代後期の本草学者の岩崎灌園は『大和木経』で「この木しばらく鑽合《せんごう》（擦り合わせること）する時は火が出、燎《もえあが》るなり、因《よ》りて火の木と云う」と記す。

③江戸時代中期の漢方医の寺島良安は著作『和漢三才図会』（一七一二年自序）で「檜　音は膾《くわい》、和名に非ず、火乃木と言ふ也、幸種、倭《やまと》では俗に左木久佐」と記し、檜のことを「火の木也」とし、古名を幸種《さちたね》といい、大和では俗にサキクサというと記す。

④江戸時代後期の考証学者の狩谷棭齋は『箋注倭名類聚抄』（一八二七年成る）で「この木をすり、火を得る故名と為す」という。

⑤明治・大正期の国語学者の大槻文彦は編集した国語辞書『言海』（一八八六年成る。刊行は一八八九～九一年・四分冊）で「火の儀、この木にてすれば火を得、故に名とす」と説いている。

帝室林野局編の『ひのき分布考』（林野会、一九三七年）は、「この木をこすり火をつくるのは太古以来のことで、その遺風はいまも出雲大社など由来のある古社に伝えられるほどだからその名が起こったとみるべきで、『東雅』がいう内容では理由とするに足らない。諸家はいずれも「火の木」の義と解釈している」と、こちらの語源を支持している。

ヒノキの語源は「火の木」ではなく、別に語源があるとする二つの説がある。

①鎌倉時代中期の学僧仙覚は、『万葉集抄』で「古語にヒといひしは、ヨシという詞也。その瑞宮《みずみや》を造るべき良材なるをもってヒノキという」とする。

②江戸時代中期の儒学者の新井白石は『東雅』（一七一九年成る）で、「ある人の説として、太古に火を生じぬるを待ちてのち、ヒの名あるべしとも思われず、ましてやまさしく檜は『瑞宮の材を以て為す可きか』とは国史に見えしところものをや」とあり、仙覚と同様に善き木の意なりとしている。

以上が古くからの諸説であるが、深津正・小林義雄著『木の名の由来』（日本林業技術協会、一九八五年）は、ヒノキの語源について、つぎのように記している。

火が出やすいから、ヒノキの語源は火の木であるといい、昔からこの説が通用してきた。ところが、国語学者によれば、古代にあっては、ヒの音に甲・乙の二種類があって、それを万葉仮名で表す場合に、火の音は乙類の仮名斐《ひ》で表したのに対し、ヒノキの古語檜には、甲類の仮名比が用いられていたので、ヒノキ＝火の木説は音韻学的には成り立たないということである。しかも甲類と乙類の音を混用することはまずないというから、この説には耳を傾けないわけにはいかない。

一方新井白石は、その著『東雅』の中で、檜をヒノキといったのは後代のことで、本来は単にヒと称したものであるから、ヒノキの語源を火の木とすることは理屈に合わないといった意味のことを書いている。

また契沖は、檜は『日本書紀』には「檜ハ以テ瑞宮《みずのみや》ノ材《き》トスベシ」とあるように、宮殿の材にするくらい尊い木であるから、ヒは最高のものを表す日《ひ》（日の音は甲類の比）に基づくものではないかといった意味の説を述べている。古来、日すなわち太陽は、万物を生み育てる万能の働きを持った存在であってこれから不思議な力を意味する霊《ひ》という言葉が生じたくらいだから、日もしく霊をもって檜の語源とする考え方には納得できるような気がする。

深津・小林の説明はこれで納得できるが、「ヒ」とよばれる一音の木が、「ヒノキ」と三音で呼ばれるようになったのは何故かについては説明不足といえよう。

「檜」が甲類の仮名で「比《ひ》」と呼ばれていた事例に、『古事記』下つ巻雄略天皇の条《くだり》の三重の采女《うねめ》の歌の中に「麻紀佐久《まきさく》　比能美加度《ひのみかど》　爾比那閇爾《にひなへに》」（真木さく　檜の御門《みかど》　新嘗屋《にひなへや》に）がある。檜の御門とは、檜の材で造った宮の御門のことである。その檜の御門は、『万葉集』巻一の藤原宮の役の民の作れる歌（五〇）の終わりの方に、「わが作る　日の御門《みかど》に　知らぬ国」として、「日の御門」と詠まれている。日の御門とは、日の皇子《みこ》の坐《いま》します宮の御門のこと、すなわち大王の坐《いま》す宮殿のことである。この二つの事例で、檜は「比《ひ》」と訓《よ》み、それは日とも共通していることが理解できるのである。

「ヒ」が「ヒノキ」になった理由

「ヒ」と一音でよばれていたものが、「ヒノキ」と三音で呼ばれるようになった起源を考えると、ヒノキの現れる古い文献『古事記』『日本書紀』『万葉集』『出雲国風土記』『播磨国風土記』はいずれも「檜」と記し、「ヒ」と訓《よ》ませている。「檜」の音はカイまたはケであり、言葉を文字として表記するときの当て字といえよう。ヒノキの材質は、世界中の木材でも最良級の材質をもっていることから、最上のものを表現する「ヒ」としても差し支えないと考える。

古代にヒノキが「檜《ひ》」と呼ばれていたことを示す言葉に「檜網代《ひあじろ》」、「檜扇《ひあふぎ》」、「檜垣《ひがき》」、「檜皮《ひわだ》」がある。

檜網代は、檜《ひのき》の薄い板で編んだ網代《あじろ》で、もっぱら貴族たちが移動するときに乗る輿《こし》や車に用いられた。檜扇も、檜《ひのき》の薄い板をとじあわせた扇で、平城京跡からも出土しており、平安時代には貴族の重要な服飾とされていた。檜垣は、檜の薄い板を網代に組んでつくった垣根であり、「檜皮《ひわだ》」とはヒノキの樹皮のことで、宮殿や仏殿、神社の屋根を葺く材料となっていた。

これら四者とも宮廷に関係する人たちの日常生活に欠くことのできないもので、それだけに使われる木も最上のものとしてヒノキ材が求められたのである。そして最上の材料である「檜《ひ》」でつくった網代であり、扇である、などとして、檜を冠せて呼び名としたのである。したがって平城京に都《みやこ》があった奈良時代には、ほとんどの地域で未だヒノキは檜《ひ》と一音でよばれたのであろう。ほとんどの地域で檜はヒと呼ばれたのであろうとしたのは、『常陸国風土記』の行方《なめかた》郡の条《くだり》に、「その野の北には櫟《いちひ》・柴《しば》・鶏頭樹《かえるで》・比之木《ひのき》があちこちに生い繁って自然に山林を形づくっている」とあり、ヒノキが「比之木」と三音で記述されているからである。ここでは「比之木」と甲類の仮名「比」が用いられており、「火」の木ではないことは明白である。『常陸国風土記』の成立は、平城京遷都（和銅三年＝七一〇）の三年後の和銅六年（七一三）五月から、養老二年（七一八）五月までのほぼ六カ年にわたる期間中とされている。

「檜《ヒ》」がなぜ「ヒノキ」となったのかについて考えると、檜《ひ》という樹木を明示するとき「ヒ」とのみ発音しても一音なので、日《ひ》なのか、火《ひ》なのか、氷《ひ》なのか、梭《ひ》なのか、霊《ひ》なのか、あるいは現物の檜《ひ》なのか判別に支障が生じるようになった。私の宛て推量でいえば、その時期は飛鳥時代の終わりごろであろうか。

「比之木」の初見は『常陸国風土記』なので、成立は奈良時代に入ってからであろうが、飛鳥時代の終わりには常陸国では「ヒノキ」と三音で呼ばれていたことを物語っている。したがって、「檜《ひ》」と「檜《ひ》の木」との二つの呼び方、記述の仕方が行われていた時期があったと考えられる。事例がすくないので確た

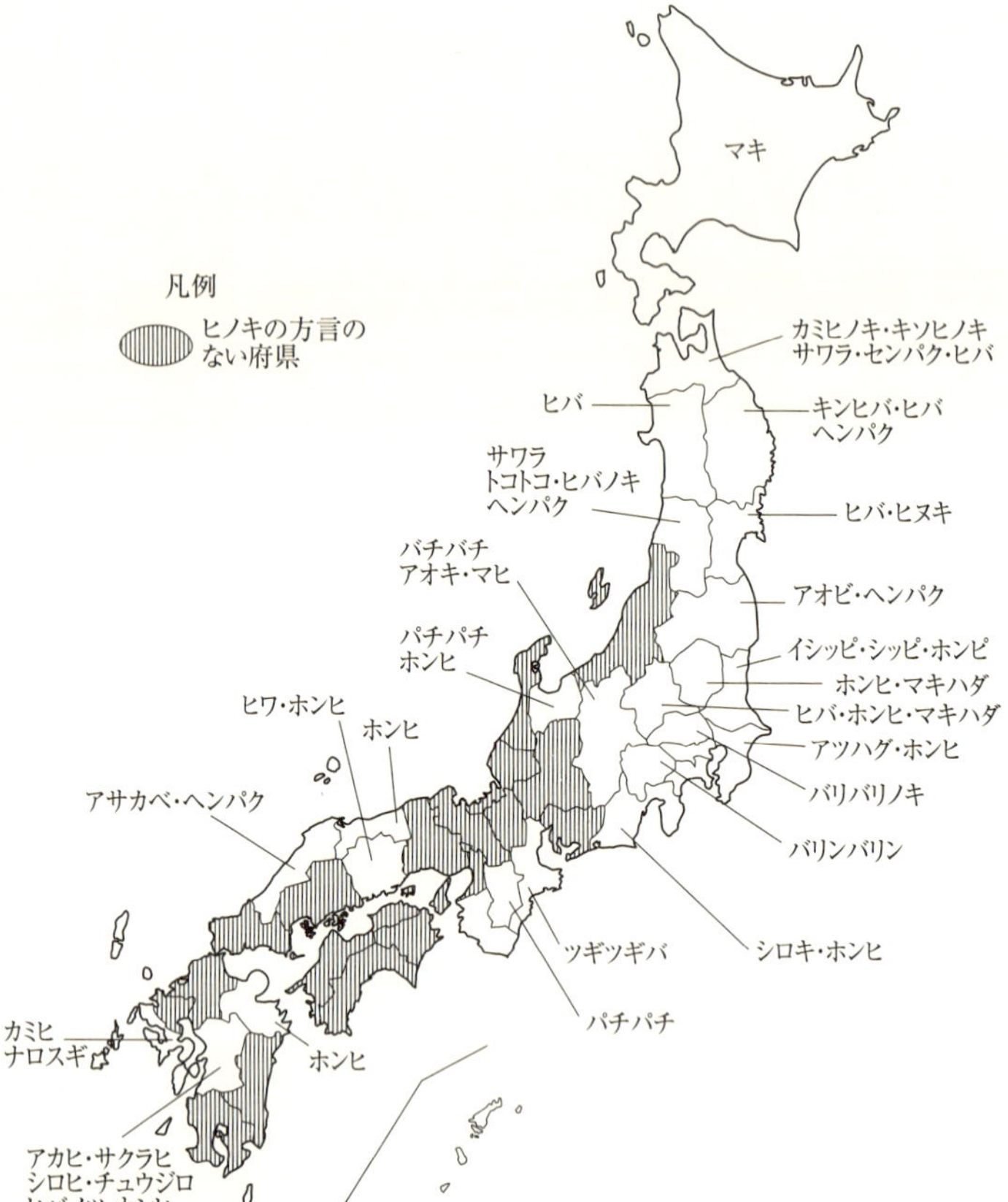

ヒノキの方言の分布状況
四国と近畿地方などに方言の空白地帯がみられる。標準名でヒノキとよばれるのであろうか。

ることはいえないが、もっぱら「檜《ひ》」としてきたのは近畿およびそれ以西であったが、平安時代初期あたりには政治・文化の中心地の京でも「檜《ひ》」に助詞の「の」をくっつけ、下の言葉にそのものが何であるか判別しやすいように木《き》をおき、「檜《ひ》」「の」「木」と三音でよぶようになっていた。多分アクセントは「檜《ひ》」におかれたと考える。

平安時代になってからほぼ一〇〇年後の一条天皇の時代、清少納言が著した『枕草子』（長保三年＝一〇〇一年ごろ成る）の「花の木ならぬは」の段では、「檜《ひ》の木」と記されており、三音でよぶようになった文献事例の一つである。『枕草子』のように初期は文字として「檜の木」と記していたが、その呼び方がいつしか「ひのき」という言葉に定着した。ヒノキを漢字で表記するとき通常は「檜《ひのき》」と一字で書くが、「檜木《ひのき》」と木の字をつけて二字で記す場合もあることが、そのことを示している。

「ひのき」がいつの時代からか、伊勢神宮や出雲大社などの大きな神社で行われる火きり神事の際に発火器具の道具の資材としてつかわれていることを知り、「火をつくり出す木」つまり「火の木」だと語源を誤ったのであろう。

ヒノキの方言には、アオキ（長野）、アオビ（徳島）、アカヒ（熊本）、アサカベ（島根）、アツハダ（千葉）、イシッピ（茨城）、カミヒ（長崎）、カミヒノキ（青森）、キソヒノキ（青森）、キンヒバ（岩手）、サクラヒ（熊本）、サワラ（青森、山形）、シッピ（茨城）、シロキ（静岡）、シロヒ（熊本）、センパク（青森）、チュウジロ（熊本）、トコトコ（山形）、ナロスギ（長崎）、ヒバ（青森、岩手、宮城、秋田、群馬）、ヒバノキ（山形）、ヒバノッ（鹿児島）、ヒヌキ（宮城）、ヒワ（岡山）、ヘンパク（岩手、山形、福島、島根）、ホンヒ（栃木、群馬、千葉、富山、静岡、鳥取、岡山、熊本、大分）、ホンピ（茨城）、マキ（北海道）、マキハダ（栃木、群馬）、マヒ（長野）、ツギツギバ（三重）、バチバチ（長野）、パチパチ（富山、奈良）、バリバリノキ

（埼玉）、バリンバリン（山梨）などがある。
山形県村山・南置賜《おきたま》地方でのヒノキとは、ヒノキ、アスナロ、サワラ、クロヒノキの総称なので、ヒノキといっても注意が必要である。またバチバチ、パチパチ、バリバリノキなどは、ヒノキの葉っぱを火にくべて燃えるときに発する音が語源のようである。栃木県と群馬県のマキハダは、ヒノキの靭皮《じんぴ》からつくる縄からきたものであろう。

鱗状葉が特徴のヒノキ

ヒノキは常緑の針葉樹で、幹は通直であり、高さ三〇～五〇メートルに達する高木となり、幹は直径一〇〇～一五〇センチとなる。樹皮は赤褐色で、やや広く縦に裂け薄くはげる。樹幹は卵型をしており、枝は小枝を交互に分かれて出し、小枝は平たい。針葉樹の一般的な樹形はいわゆる円錐形で、梢の先端部が尖った樹形、樹冠形をもつものがふつうであるが、ヒノキの場合は梢の先端は鈍頭で広葉樹の樹形に近いかたちである。とくに壮齢から老齢になるほど、その傾向は著しい。

若い頂芽の成長は、スギの場合は常に真上に向かって伸びるが、ヒノキの頂芽は下に垂れ徐々に直立していくという特異な成長のしかたをする。この成長のしかたは鱗状葉をもつすべてのヒノキ科の樹種に特有で、サワラ、ネズコ、ヒバも同様である。

ヒノキの針葉は緑色で小形の鱗片《りんぺん》葉が十字対生し、側面につく側葉と上下につく背腹葉の別がある。側葉は先端が内側に曲っていて、先の尖りが鈍く、裏面は白色の気孔《きこう》群が葉の合わせ目にY字にみえる。ヒノキはどこまでが葉で、どの部分から枝なのか区別しにくい特徴をもち、およそ三カ年分の緑葉を保持している。針葉樹のなかでは、林全体がもつ葉量が多いタイプではない。鱗状葉をもつ樹木は、葉の表裏が

まっすぐに伸びるスギの梢端（左）と下垂し曲って伸びるヒノキの梢端（右）

落下後小枝から分離して小片となったヒノキの鱗状葉。
球果も何年分かのものが見られる。

明瞭にわかる性質をもっており、常に表面を直射日光の方向に向け、裏面の蝋《ろう》質の多い部分を下部や日蔭にする。直射日光を好む性質を表わしていると考えられている。

ヒノキの葉は黄変して小枝とともに落下するが、落下後はスギとはちがって、鱗葉は容易に小枝から分離する。新しい落葉は、いったん乾燥すると濡れにくい性質をもっているので、降雨ごとに小さくなった鱗葉は小枝をのこして容易に流れ去っていく。

また、一般にヒノキの枝は横に張るという性質があり、前述の葉っぱの性質とともに、直射光を遮断する率が高い。そのため閉鎖したヒノキ林の林内は暗く、生育に陽光を必要とする他の植生が侵入することができない。とくに近畿地方以南の人工造林地では、それが著しい。関西地方の十分に閉鎖したヒノキ人工林では、下層植生がまったく見られない林が多く、しかも鱗葉は小枝を残して流れ去るので、まったく裸地となっているところが多い。閉鎖したヒノキ林では、林床が裸地となると雨滴が土壌を侵食し雨裂が生じる。

雌雄同株で、花は春に開花し、短い小枝の先に小さな雌花と雄花が分かれてつく。風媒花であり、近年この花粉により花粉症となる人が多く、その症状はヒノキ花粉症といわれている。雌花は球形で淡紫色の心皮が五〜六対あるが、苞鱗《ほうりん》がない。

球果はその年の秋に成熟し、ほぼ球形で直径一〜一・二センチ、露出面が五〜六角形で、中央に小突起のある果鱗が集まって、緑色から赤褐色になる。木質化した果鱗の内側に、左右に半円形の短い翼をもった赤褐色の種子が四〜五個ずつ入っており、一つの球果では三〇〜四〇粒の種子を数える。

ヒノキの種子は、概して茶褐色で、種粒はやや大きく、比重は大で、羽は小さい。

ヒノキの種子には豊作年と並作年・凶作年の別がある。並作年は豊作年の種子量のおよそ五〇〜六〇%、凶作年では豊作年の一〇％以下となる。

ヒノキ分布地の諸条件

ヒノキの天然分布を現在正確に知ることは、不可能に近い。文字による記録ができるようになっても、森林の植生調査などは行われたことはなく、交通が便利になると良材だとして、たちまち人手で伐採されてしまい、自然分布の原状を留めなくなってしまったからである。しかし、長年にわたる国有林や旧御料林の調査は、かなり詳細な記録が残されているので、それらに基づいて、種々のことが考察されている。

ヒノキ天然分布の限界地

ヒノキの天然分布の北限を林弥栄は、福島県磐城郡赤井村および永戸村（現いわき市平赤井）の赤井岳の北緯三七度一〇分の標高四〇〇〜六〇〇メートルとし、これより以北にはヒノキの天然分布はないとした。林弥栄は南限についても、鹿児島県熊毛郡屋久島の石塚国有林の北緯三〇度二〇分の標高六〇〇〜一八〇〇メートルとしている。

垂直分布について林弥栄は、分布下限と分布上限をおよそ次のようだとしている。

本州の下限は標高がおよそ一〇〇メートル、上限は標高およそ二二〇〇メートル
四国の下限は標高およそ二五〇メートル、上限は標高およそ一八〇〇メートル
九州の下限は標高およそ二五〇メートル、上限は標高およそ一八〇〇メートル

垂直分布の幅つまり標高差は本州では二一九〇メートル、四国と九州では一五五〇メートルで、本州での幅が広い。本州よりも暖かな四国や九州での垂直分布の幅の狭さは、一つには低標高地はヒノキが生育するに適した温度よりも気温が高く、二つには四国の最高峰は剣山一九五五メートル、九州の最高峰は屋久島・宮之浦岳一九三六メートルと、いずれも二〇〇〇メートル以下で、高い山が存在しないことに由来しているといえよう。

垂直分布の最高地も林弥栄は、一位は長野県南安曇郡有明村（現安曇野市）燕岳の二二〇〇メートルで、二位は岐阜県恵那郡恵那山山頂（現中津川市）付近の約二一八〇メートル、三位は同県吉城郡上宝村（現高山市）笠ケ岳の約二一五〇メートルの順としている。

標高の最低地は林自身が踏査したところによって、三重県南牟《む》婁《ろ》郡有井村（現熊野市）有馬松原の海岸一〇〜二〇メートル、これに次いで同県宇治山田市（現伊勢市）の外宮・内宮神域の三〇〜一〇〇メートルだとしている。

樹木が天然分布地内でもっとも繁栄する地域のことを林学では中心郷土《ごうど》というが、ヒノキの中心郷土について三好東一と林弥栄はつぎのようにいう。

ヒノキの中心郷土（単位はメートル）

（三好東一）

（林弥栄）

東北地方		四〇〇〜　六〇〇
関東地方	一五〇〜一二〇〇	三〇〇〜一三〇〇
中部地方	二〇〇〜一七〇〇	四〇〇〜一七〇〇
近畿地方	五〇〜一六〇〇	三〇〇〜一〇〇〇
中国地方	一〇〇〜一二〇〇	三〇〇〜一〇〇〇
四国地方	六〇〇〜一二〇〇	六〇〇〜一四〇〇
九州地方	三〇〇〜一三〇〇	四〇〇〜一五〇〇

二人の説に多少の違いはみられるが、大きな開きはほとんどないといえる。

ヒノキ生育地の温度をみると、年平均気温ではおよそ一七℃〜五℃の間あたりで、気候帯では暖温帯の中部から温帯の下部にかけてとみられる。

吉良竜夫は、低温地方の植物が生理的に活動をはじめる温度が五℃であるところから、月平均気温が五℃以上となる温度を月ごとに積算して、「温かさの指数」あるいは「温量指数」とした。これによると暖温帯は一八〇℃〜八五℃、温帯は八五℃未満〜五五℃、亜寒帯は五五℃未満〜一五℃、寒帯は一五℃未満となるという。ヒノキ林の天然分布地は、温量指数の一三五℃〜一五℃までに及ぶが、分布の中心は八〇〜九〇℃と見られている。

ヒノキが天然分布する地域の年間降水量は、本州中部の高地で二五〇〇〜三五〇〇ミリ、低地で二〇〇〇〜二五〇〇ミリ、四国では一五〇〇〜四〇〇〇ミリ内外、近畿地方の低地では一四〇〇ミリ内外とされている。

ヒノキの天然分布の地域を、気候区分でみると、東山、東海、南海、瀬戸内海などの気候区内で、その大部分は表日本気候下にあるが、裏日本気候要素を含む地帯にも分布はみられる。分布密度の高い地方のうち、東山気候区の長野県木曽地方、岐阜県飛騨高原地方の年間降水量はおおむね一五〇〇ミリで、空気は比較的乾燥しており、寒さのわりには雪が少ない。降雨は夏季に多く、冬には比較的少ない。

東海気候区の分布密度が高い地方は、静岡県北西部の天竜川流域の千頭《せんず》（川根本町）・水窪《みさくぼ》（浜松市の旧水窪町）などである。南海気候区はヒノキの自生地が多く、分布密度の大きなところに紀伊半島の大峰、大台ヶ原連峰、四国・高知県の脊梁山脈などがある。年間降水量は二〇〇〇〜三〇〇〇ミリで、大台ヶ原では四〇〇〇ミリを超えており、湿潤である。降雨は台風や梅雨時に多く、冬季は少ない。いずれも標高が高く低温で、夏は涼しく、冬は比較的寒い。瀬戸内海気候区にも分布しており、年間降水量は一〇〇〇〜一五〇〇ミリで、降雨は春先、梅雨、台風時に多く、冬には少ない。

人工植栽で造林地を仕立てる場合には、本州の北端から北海道の渡島半島の南部までは生育するが、積雪量の多い地方では漏脂病《ろうしびょう》その他の病害をうけることがあり、林業経営を目的とした大面積の人工林は不適当である。

ヒノキ自生地の概観

ヒノキの天然分布地を概観すると、東北地方では福島県南東部のいわき市赤井岳民有林・永戸国有林であり、ここ以外に天然分布はない。石川県など日本海側にも稀に分布がみられるが、大体においてその分布は石川県、岐阜県北部、長野県北部、栃木県北部、群馬県北部、福島県南部を結ぶ線以南ならびに以西に限られており、著しく太平洋側に偏し、西に片寄っている。ヒノキの天然分布がみられない道県は、北の方では北海道と青森・秋田・山形・岩手・宮城の各県であり、南では佐賀・長崎・沖縄の各県である。

ヒノキとスギの天然分布地を比較すると、スギの天然分布地は北限は青森県であり、南限はヒノキと同様に屋久島までである。スギは日本海側の積雪地帯に多様な品種を展開させているが、ヒノキは積雪地帯は避け、太平洋側にほぼ一種（変種として二種）が生育している。ヒノキ分布地は、スギ分布地に比べるとかなり南の太平洋側にずれているといえる。

このことについて四手井綱英は『ヒノキ林　その生態と天然更新』（四手井綱英・赤井龍男・斎藤英樹・河原輝彦共著、地球社、一九七四年）の中で「ヒノキの天然分布が、スギよりかなり南へ片寄り、むしろ太平洋岸の暖温帯（照葉樹林帯）に片寄っているのは、前記の鱗葉がまともに直射光をうけるよう水平に展開すること、さらに樹冠形そのものも、鈍頭で直射光に適応した形態をもつことによるものであろうということである」と述べている。つまり、ヒノキでは枝がほぼ水平にでることと、葉っぱも枝と同じようにほぼ水平に展開することで、南に行くほど太陽からの直射光を多くうけることになる。東北地方では福島県南部以南にくらべ、陽光に占める散光成分が多くなるので、生育に不利となり、高緯度の東北地方では十分に生活できないというのである。

ヒノキ天然分布概要図
東北地方は福島南部以北は皆無、北陸と九州地方にはわずかに見られる。

一方、積雪地については、枝葉を水平に広げるヒノキは、毎年毎年の冠雪の重さには耐え難いため、

ヒノキの枝はほぼ水平に伸び、葉っぱも扁平で同じように水平に広がる性質をもつ。

積雪量の大きな土地での生育はほとんど見られない。

ヒノキは、やや傾斜のある適度の水分を保有する土壌の土地に最も旺盛に生育するが、かなり乾燥した土地にも耐える力があり、急傾斜地、尾根筋、岩盤上などにもよく育つ。繁茂地の土壌は強酸性で腐植質に富み、多くはポドソル化している。

ポドソルとは、ロシア語で灰白色土壌を意味している。冷温帯地方の主な土壌型では、落葉・落枝などの有機質材料の成分の中で、分解し易いものは分解するが、リグニンなどの分解は不良である。酸性腐植に由来するフルボ酸その他の有機酸によって表層土は分解し、その分解による二酸化物がゾル状に分散して、下層土に溶脱されて、そこに集積する。その断面は溶脱層、集積層、基層の三層位に区別できるのが、ポドソルの特徴である。

また四国では蛇紋岩上のような特殊な地域に、広く森林を発達させることがある。

東北大学の林学の助教授（当時）であった西口親雄は、「天然スギや天然ヒノキを訪ねて旅をするとき、私は、ダムのある場所を一つのポイントにします。一般に、ダムは岩場の多い急峻な渓谷に造られますが、そんな地形が針葉樹の生育地でもあるからです」（雑誌『グリーン・パワー』一九八四年五月号、森林文化協会）と、天然ヒノキに出会う場所を示唆している。

そして実際にも、富山県富山市から荘川を溯《さかのぼ》って、御母衣《みぼろ》ダム周辺の林相を観察し、岐阜県高山市に至った行程で、ヒノキ林を見つけだしたときの様子を記している。

日本海から中部山岳地域に至る、この長い行程のなかで、はじめて天然ヒノキのまとまった林分に出会ったのは、飛騨川上流の朝日ダムの周辺でした。湖水に落ちる急斜面の、浅い緑のミズナラかブナらしい広葉樹の中に、黒っぽい三角形の樹影が、かなりの密度で散らばっていました。探し求めてきたものが、いま目の前にある！　私は夢中になってカメラのシャッターを押しました。

西口は、岐阜県飛騨川流域から長峰峠を越えて長野県に入り、御嶽山東側にひろがる開田高原ののどかな風景を通り「木曽谷に入ると、また急傾斜地にヒノキの天然林が出現するようになりました。木曽御嶽をとりまく渓谷の急斜面一帯に、ヒノキの王国が形成されていることを知りました」と、木曽谷のヒノキの生育地が急斜面であることを述べている。

ヒノキ自生地と植生

ヒノキの天然分布地は、ヒノキ材が建築物の良材のため、飛鳥時代や奈良時代のような古い時代でも、三重県伊賀地方や滋賀県大津市の田上山などのようにヒノキ林が見つかるとたちまち伐採され壊滅したような場所も多い。現在残されている天然分布地は、標高の高いところや、岩石地、急傾斜地などの伐採、搬出の困難なところ、搬出経費が膨大にかかるところ、あるいはまた法律などで特別に保護されている地

ヒノキ林の中でも、樹木同士がややまばらになると、根元にヒノキ苗が自然に芽生えて生長してくる。

域などに限定されている。

ヒノキが出現する森林植生は、暖帯照葉樹林から落葉広葉樹林を経て、亜寒帯針葉樹林までである。暖帯照葉樹林のヒノキは、土壌の乾燥する立地や日当たりの良いところに成立するシイ型森林と、内陸山地のやや湿潤な環境に発達するカシ型森林に現れる。つまり暖地のヒノキは、内陸山地の湿潤な環境から土壌の乾燥し易いところに現れるのである。

暖帯の落葉広葉樹林は間帯とよばれ、クリ、シデ、イヌブナの優先する地帯である。温帯の落葉広葉樹林はブナ林地帯であり、これは太平洋側ブナ林と、日本海側ブナ林とに分けられる。長野県木曽地方は、ブナに代わってヒノキが温帯森林植生の優先種となっている。太平洋側の東海山地ではブナ林の発達が弱く、温帯から亜寒帯下部にかけてツガ林、コメツガ林などのツガ型森林が優先している。

温帯の落葉広葉樹林と亜寒帯の針葉樹林とのつながりは、針広混交林となっているが、高標高地の針葉樹林にはポドソル性の土壌が発達し、ヒノキ林の成立を優位にしている。ヒノキは、時としてスギ、サワラと混生したり、典型的なブナ林にも混生することがあり、条件によってそれらと「すみわけ」ている地帯もみられる。乾燥した土壌に成立するミズナラ林では、ヒノキの出現度がやや高いようである。

ヒノキ林の分布を、太平洋側と日本海側とに分けてみると、森林植生の組成にかなりの違いがあると、佐藤敬二は『日本のヒノキ』上巻（全国林業改良普及協会、一九七一年）で次のように述べている。

針葉樹では、共通要素としてヒノキ、サワラ、スギ、ヒメコマツ、コウヤマキ、モミ、アスナロ、コメツガ、シラベ、トウヒ、クロベなどがあげられ、太平洋要素としてツガ、トガサワラ、ウラジロモミ、カラマツがあげられる。クロベは共通であるが、どちらかといえば日本海要素としての色彩が濃厚である。

林弥栄は前掲の著書のなかで、「ヒノキ林は分布の地形的、土壌的特徴から土地的極盛相《きょくせいそう》として一般に認められている」と述べている。佐藤敬二は前掲の著書で、「河田杰《まさる》もヒノキ林を土地的極盛相とみて、残積土《ざんせきど》上のヒノキ極盛相と、運積土《うんせきど》上のサワラ極盛相とをはっきりと区別している。木曽地方、秩父地方、四国地方などには、土地的極盛相としてのヒノキ天然林が局所的にみられる」と、林よりやや詳しく述べている。

極盛相とは、自然の中で植生の遷移《せんい》が進行していった最終段階の状態のことで、いわばその地における植物の発展段階のクライマックスのことをいう。遷移は、植物が存在することによって、そこの生育地の土壌や大気などの環境に働きかけ、環境を自らの生育に有利なように改良しながら、より優位な植物群落へと完成されていく過程のことである。そして、その場所の降水量などの気候条件、土壌や土壌生成の速度、地形などの条件によって遷移が進行しなくなり、停止する。その停止が長期間におよび、ある種の安定状態に達しておれば、それがその土地の極盛相といえる。

ヒノキの巨樹・巨木

さて、ヒノキも長寿で大木に育つ樹木である。ヒノキと並び称されているスギに比べると、巨樹・巨木とよばれるものは相当に少ないので、分かったものを個々に掲げてみよう。資料は『日本老樹名木天然記念樹』(帝国森林会編著・発行、一九六二年)、『日本全国　巨樹・巨木』(渡辺典博著、山と渓谷社、一九九九年)、『新　日本名木一〇〇選』(読売新聞社編・発行、一九九〇年)、『森の巨人たち・巨木一〇〇選』(平野秀樹、巨樹・巨木を考える会著、講談社、二〇〇一年) などで、ほとんどはこの四つの資料からのものである。樹齢については、一〇〇〇年以上のものはそのままとし、一〇〇〇年未満については、それぞれの図書の発行年次から平成二二年(二〇一〇年)までの年数を加算して十年単位で四捨五入し修正した。

1　折合の大檜　高知県高岡郡窪川町(現四万十市)折合の大郷山国有林
胸高周囲九八八センチ、樹高二〇メートル、樹齢八五〇年
[来歴]　わが国のヒノキの中で最大の幹周りをもつ。現在は表面にわずかな樹皮をもつだけで、枯死寸前の状態となっている。

2　倉沢の大檜　東京都西多摩郡奥多摩町日原
目通り周囲九三九センチ、樹高三三メートル、樹齢八〇〇年
[来歴]　地元では「千年の大ヒノキ」と呼ばれ、親しまれている。日原街道から山道を上った斜面に立っている。樹勢は旺盛で、地上五メートルのところから、四方八方に枝を広げている。

3　永井の檜　岩手県西磐井郡花泉町(現一関市)永井字大森
目通り周囲七五八センチ、樹高二九メートル、樹齢一〇〇〇年
[来歴]　生育地はむかし関丹羽守藤原長重の住んでいた所であったという。

千枝の檜
永井の檜
大宮諏訪神社の檜
与川の檜
坂下の十二本檜
南光の檜
青竜寺観音堂の檜
古保利の大檜
軽岡国有林の檜
静神社の檜
岩戸八坂神社の檜
倉沢の大檜
飯山河内神社の檜
和田の檜
ハハヒノキ
宮島の檜
丸尾の檜
石鎚の檜
下条の箒木
神坂大檜
笠木
天保林大檜
持経千年檜
立岩の老檜
八坂神社の檜
伊野の明神の檜
折合の大檜
山内公手植の檜
力石の檜
川枝ヶ屋国有林の檜
大久保の檜
南方神社の檜

檜の巨樹・巨木の生育地概要図

4　岩戸八栄神社の檜二本　広島県山県郡大朝町（現北広島町）大字岩戸　岩戸神社境内
大　胸高周囲六八〇センチ、樹高一八メートル、樹齢一五〇〇年
小　胸高周囲四二〇センチ、樹高一八メートル、樹齢一五〇〇年

5　大宮諏訪神社の檜　長野県小県郡武石村（現上田市）大字下武石　大宮諏訪神社境内
周囲　六六七センチ、樹高二四メートル、樹齢八五〇年
［来歴］応徳三年（一〇八六）に建立の神社に、その後並木を植えたのが、年を経て耕作に支障をきたしたので、次第に伐採され、この一本だけが残されたものである。

6　千枝の檜　岩手県岩手郡滝沢村字宝泉寺
目通り周囲六〇六センチ、樹高一五メートル、樹齢一〇〇〇年
［来歴］この地は前九年の役の時に、源義家の陣所であったといわれる。

7　立岩の老檜　愛知県加茂郡下山村（現豊田市）大字立岩字里久郷　白山神社境内
目通り周囲六〇六センチ、樹高三三メートル、樹齢三三〇年

8　力石の檜　高知県高岡郡東津野村（現津野町）力石
胸高周囲五一〇センチ、樹高三二メートル、樹齢九〇〇年

9　飯山河内神社の檜　広島県佐伯郡佐伯町（現廿日市市）飯山　飯山河内神社境内
胸高周囲四二〇センチ、樹高三二メートル、樹齢八五〇年

10　宮島の檜　広島県佐伯郡宮島町（現廿日市市）
胸高周囲四〇六センチ、樹高二一メートル、樹齢不明

11　八坂神社の檜　和歌山県東牟婁郡古座川町高池

目通り周囲三九四センチ、樹高二七メートル、樹齢二五〇年

12 山内公手植の檜　高知県吾川郡吾北村（現いの町）下八川　春宮神社境内
胸高周囲三五二センチ、樹高四〇メートル、樹齢三四〇年
寛文九年（一六六九）、山内藩主の手植えと伝えられている。

13 石鎚の檜　愛媛県西条市　石鎚神社境内
目通り周囲三三〇センチ、樹高三三メートル、樹齢六〇〇年

14 伊野の明神の檜　高知県吾川郡伊野町（現いの町）波川奥の谷
胸高周囲二五二センチ、樹高二五メートル、樹齢四〇〇年

15 檜・椹合体木　岐阜県恵那郡加子母村（現中津川市）裏木曽国有林
胸高周囲二一〇センチ、樹高二五メートル、樹齢三五〇年
地上二・五メートルの高さまではサワラで、それから上部はヒノキである。
［来歴］　昭和一九年（一九四四）ごろ、森林調査で発見された。

16 丸尾の檜　静岡県駿東郡裾野町（現裾野市）須山　富士山浅木塚国有林
胸高周囲一五八センチ、樹高二〇メートル、樹齢二五〇年

17 古保利の大檜　広島県山県郡千代田町（現山県郡北広島町）大字古保利　福光寺境内
根元周囲六〇〇センチ、樹高三〇メートル、樹齢一一〇〇年
樹幹の内部が大きな空洞となっている。

18 下条の箒木　長野県下伊那郡下條村菅野
根元周囲八〇九センチ、樹高一四メートル、樹齢六五〇年

〔来歴〕　根元から九本に分岐し、現在四本残っている。

19　ハハヒノキ　長野県伊那市大字美篶《みすず》

樹齢一五〇年、他は不明

〔来歴〕　江戸時代の末期に植えられ、高遠町と伊那町との中間にあり、樹形が箒《ほうき》に似ているので、「ははき」とよばれる。

20　青竜寺観音堂の檜　福島県岩瀬郡天栄村牧之内　青竜寺境内

幹周り七メートル、樹高二五メートル、樹齢八二〇年

〔来歴〕　何度か雷が落ち、腐植が進んで、根本は空洞になっているが、地上六メートル付近で八本に分岐している。

21　静神社の檜　茨城県那珂郡瓜連町静（現那珂市）　静神社境内

幹周り七メートル、樹高三〇メートル、樹齢五一〇年

〔来歴〕　スギやシイが繁茂する境内林に、ほかの樹木を圧倒する高さでそびえ立つ。

22　与川の檜　長野県木曽郡南木曽町読書　与川白山神社境内

幹周り四・七メートル、樹高四〇メートル、樹齢不明

〔来歴〕　与川白山神社は拝殿から本殿までの間に石段があり、本樹は石段の上り口に立つ。石段の両側はヒノキ、スギ、モミ等の大木が茂り、社叢全体が天然記念物に指定されている。

23　和田の檜　岡山県御津郡加茂川町（現吉備中央町）和田

幹周り四・三メートル、樹高一八メートル、樹齢三五〇年

〔来歴〕　集落に近い小高い丘の上に立つ。枝張りは東西南北ともぼほ均等に八・五メートルほどの

長さで伸びている。ヒノキとは思えない丸く美しい樹形をしている。

24
大久保の檜　宮崎県東臼杵郡椎葉村下福良字大久保
幹周り八メートル、樹高三二メートル、樹齢八〇〇年
［来歴］　ヒノキでは唯一の国の天然記念物として、平成四年（一九九二）に指定された。七戸ほどの小さな集落の裏手の山道の下側に立つ。太い幹から無数の太い枝を出しており、枝張りは南北は三〇メートル、東西は三二メートルもある。樹皮は鮮やかな赤褐色で、炎を思わせるといわれる。近くの十根川神社には、国の天然記念物の八村杉がある。

25
坂下の十二本檜　岐阜県益田郡小坂町（現下呂市）坂下　神明神社境内
幹周り六メートル、樹高二三メートル、樹齢五〇〇年
太い幹は地上四メートルのあたりで一二本の幹に分かれ、それぞれの幹が枝を伸ばしている珍しい樹形をしている。

26
神坂《みさか》大檜　岐阜県中津川市神坂袖林　湯舟沢国有林
幹周り七二二センチ、樹高二七メートル、樹齢三〇〇年以上
［来歴］　平成九年（一九九七）一一月に発見された。環境庁の巨木リストでは、国内のヒノキで六～七番目にランクされる巨樹である。神坂大檜《みさかおおひ》の名前の由来は、平成一〇年六月に「大仏次郎賞」作家の高田宏が当地を訪れ、この大樹と出会い、「森と木への旅」というエッセイを書いた。そのなかで、「ぼくは、この木に名をつけるとしたら、神坂大檜」としたらどうかと考える」と書き、地元中津川市長も大変よい名であるとして、命名されたものである。この樹は、長野県と岐阜県にまたがる恵那山を越える神坂峠（一五九五メートル）から、標高差で約二〇〇メートル下った

神坂大檜（みさかおおひ）の姿（中部森林管理局提供）

岐阜県側の急斜面の笹藪のなかに立っている。

27
天保林大檜　岐阜県益田郡小坂町（現下呂市）大字赤沼田　赤沼田国有林
幹周り三五〇センチ、樹高三六メートル、樹齢一六〇年
［来歴］　江戸時代の赤沼田国有林が天領であった天保一三年（一八四二）ごろ、地元の人が懇請し、伐採させて貰ったとき、植えられたヒノキの一本である。
この樹のある林は、国の学術参考保護林に指定されていた。

28
檜（無名）　岐阜県大野郡荘川村（現高山市）大字六厩　軽岡国有林
幹周り七六七センチ、樹高二四メートル、樹齢二〇〇年
［来歴］　芽生えたところが根株か倒木の上であったとみえ、大きく根上りしている。地上三メートル付近から、幹は二本に分かれ、数多くの太い枝が四方八方に伸びている。全体として、異様な樹形をしている。

29
笠木　岐阜県恵那郡上矢作町（現恵那市）上村　恵那国有林
幹周り七五四センチ、樹高二六メートル、樹齢八〇〇年
［来歴］　この樹の下側に、信州飯田から岩邑城の裏山へと抜ける裏道があり、馬の引き継ぎ場所とされていたので、「お待ちの檜」ともよばれていた。この樹は、太い枝が張りだし、笠のような形をしているところから笠木といわれる。落雷の痕跡があり、根元には人が入れるほどの空洞がある。

30
持経千年檜　奈良県吉野郡十津川村　白谷山国有林
幹周り五三〇センチ、樹高二五メートル、樹齢三〇〇年
［来歴］　修験道の道場である大峰山の奥駆け道には、七五もの靡《なび》きと云われる行場がある。この樹

は、二二番目の持経宿という開祖の役行者が孔雀王経を収めたと伝えられる行場にある。尾根道の両側は非常に急峻で、モミ、ツガ、ブナ等の天然林があり、笹類が繁茂している。

31

檜（無名）　高知県幡多郡西土佐村字藤ノ川　杖ケ尾山国有林

幹周り三三三センチ、樹高三三メートル、樹齢二五〇年

［来歴］　この檜樹は、樹高の低いヒノキ人工林に取り囲まれた多数の天然ヒノキが林立する林の中の一本である。近くには人々の信仰を集める霊山「堂ケ森」がある。

以上、わが国の巨樹・巨木の行方を知ることのできる重要な四つの資料からヒノキを抜き出したのであるが、合計わずか三二本を数えるにすぎなかった。

ヒノキの巨樹・巨木が少ない理由

平成二年（一九九〇）に環境庁が編集した『全国の樹種別巨木総数』によると、ヒノキとともにわが国の木材需要を支えている最大の樹種のスギの巨木は一万三六八一本で第一位である、ついでケヤキ、クスノキ、イチョウ、シイノキ、タブノキ、マツ、カシノキ、ムクノキ、エノキ、モミ、サクラ、カヤの順になっており、一四番目にヒノキが登場するが、その本数は六八一本となっている。ライバルのスギとは、偶然ながら三桁までの数字は一致しているが、その上に一万三〇〇〇本という大台の数字があり完全に追い抜かれ、ヒノキの本数はスギ本数のたかだか五％を占めるにすぎない存在となっている。

なぜヒノキがスギに比べて巨樹・巨木が少ないのかを考えると、第一にはヒノキの寿命がスギに比べて短いことにある。筆者の『杉』（ものと人間の文化史、法政大学出版局、二〇一〇）に記しているように、一〇〇〇年以上のスギは一九〇本を数えており、そのなかには二〇〇〇年以上の寿命をもつものが七本もあ

る。

一方、一〇〇〇年以上のヒノキは、ここに掲げたように、わずか五本である。他の樹種に比べてヒノキは長寿の樹木ではあるが、現存している樹木の樹齢からは、一〇〇〇年程度までの寿命だと推定できよう。異論もあるだろうと考えるが、現存のヒノキからみるとこんなことが考えられた。

第二は、ヒノキは建築材としてわが国だけでなく、全世界的にみても最良の材であることから、いわゆる官の造営物として巨大な木造建築が藤原京以降、絶えることなく造られてきた。それらの巨大木造建築に必要なヒノキ材は、国内をくまなく探され、良材がとれる立木と認められれば、たちまち伐採され、費用のことは全く考慮されずに運ばれていった。そのためにヒノキは、巨樹・巨木を残すことができなかった。

第三に、ヒノキには神木が非常にすくないことが挙げられよう。神木は、その樹木に憑《よ》りたまう神の許しなく伐採すれば、神罰が下ることで保護されているのであるが、現在残されているヒノキの神木が少ないことは、神の力による保護がわずかな本数にしか行き届かなかったことになる。ヒノキという樹木がきわめて有用な木材となることから鑑みると、神の力による樹木保護（自然保護）よりも、木材利用を優先する経済至上の考えが、古来から日本人にはあったものと思われる。

なお、ヒノキの大木を必要とする伊勢神宮の式年遷宮では、位の高い神の住居の造営に充てるものであるが、大木を伐採するに当たってはその木に坐《いま》す神を祭り、許しを得て、末と根元はお返しし、木の中ほどだけを材として利用している。

第二章　日本文化黎明期のヒノキ

『古事記』に現われるヒノキ

日本文化は木の文化だとよく指摘されるが、それは周囲を海でかこまれた南北に細長い日本列島の形から、たくさんの種類の植物、ことに雨露や寒さを凌《しの》ぐのに必要な住まいを作るに適した樹木が豊富にあったからである。まさに日本人は木のなかで生きてきたといえよう。本書の主題であるヒノキを、私たちの祖先がどのように利用してきたかを知るため、まず文献からみていこう。

ヒノキが最初に現れた文献は『古事記』である。『古事記』は現存する日本最古の歴史書で、稗田阿礼《ひえだのあれ》が天武天皇の勅で誦習《じゅしゅう》した帝記および先代の旧辞を、太安万侶《おおのやすまろ》が元明天皇の勅により撰録し、和銅五年（七一二）に献上している。『古事記』上巻の須佐之男命《すさのおのみこと》の大蛇《おろち》退治の条《くだり》に、老夫《おきな》と老女《おみな》が、この地に大きな害をなす大蛇の体にはスギやヒノキが生えていると、つぎのように答えている。

その目は赤かがちの如くして、身一つにして八《や》頭《かしら》八《や》尾《お》あり、またその身に蘿《こけ》と檜《ひ》榲《すぎ》と生ひ、その長《たけ》は谿《たに》八谷峡八《や》尾《お》に度《わた》りて、その腹をみれば、悉に常に血爛《ただ》れつ。（倉野憲司校注『古事記』岩波文庫、一九六三年）

一つの体で頭が八つ、尾が八つという大蛇には、コケとヒノキとスギが生えているというのである。コケには多数の種類があり、谷でも尾根でも生える。スギは俗に谷間のスギといわれ、土中の水分の多いところを好む樹木であり、ヒノキはやや乾燥したところを好むので中腹から尾根にかけて生育する。須佐之男命の大蛇退治の場所である出雲国（現島根県）の斐伊川上流部の山地では、たくさんの種類の樹木が生育しているが、ここでは木材として利用価値の高い代表的な樹木を二つ掲げたのであろう。ここで注目すべきは、「檜」と記して「ひ」と訓《よ》ませていることである。『古事記』が選集された当時は、現在のヒノキを、ヒと言っていたひとつの証拠である。

古い文献に記録されているヒノキの生育地と材の利用地

須佐之男命の大蛇退治の条では、ヒノキは山で生育している状態で述べられているが、『古事記』下巻の雄略天皇の条には、天皇が長谷《はつせ》の百枝《ももえ》槻《つき》の下で豊楽《とよのあかり》をしたとき、歌った伊勢国の三重婇《みへのうねめ》の歌にヒノキ造りの宮殿が述べられている。

纏向《まきむく》の　日代《ひしろ》の宮は　朝日の　日照る宮　夕日の　日がける宮　竹の根の　根垂《ねだ》る宮　木の根の　根《ね》

槻が枝は　百足る　生ひ立てる　新嘗屋《にひなへや》に　檜《ひ》の御門《みかど》　眞木《まき》さく　い築《きづ》きの宮　八百土《やおに》よし　蔓《ば》ふ宮
（以下略）

（倉野憲司校注『古事記』岩波文庫、一九六三年）

ここで三重のうねめは、雄略天皇の日代宮は「い築《きづ》きの宮」つまり土台のしっかり築き堅められた宮殿であるとまず歌う。そしてつぎに新嘗屋、つまり秋に収穫された新穀を祖先神に捧げ祭る新嘗《にいなめ》の祭りを、天皇がされる宮殿は「眞木さく」「檜の御門」と、ヒノキ（檜）造りの宮殿であると詠っているのである。実は『古事記』はここで間違いをしている。三重のうねめは「纏向の　日代の宮」と歌の冒頭で詠うが、雄略天皇の宮は初瀬の朝倉宮で、纏向の日代の宮は雄略天皇よりも九代前の景行天皇の宮である。したがって、この歌はのちに付け加えられたものだといわれる。

記紀では第二一代の天皇とされている雄略天皇の在位期間は不明であるが、雄略天皇は紀元四七八年に中国へ使を遣わした倭王「武」、また辛亥（四七一年か）の銘のある埼玉県行田市の稲荷山古墳出土の鉄剣にみえる「獲加多支鹵《わかたける》大王」に比定されている。つまり五世紀後半の奈良盆地の南東隅に宮都《みやこ》をかまえた雄略天皇（景行天皇か）の宮殿は、よく突き固められた地面の上に建設されたヒノキ造りのものであったことが、この歌からわかる。

『日本書紀』に現われるヒノキ

『日本書紀』神代上の八岐大蛇《やまたのおろち》の条《くだり》の一書（第五）は、つぎのようにヒノキは宮殿をつくる材料によいと記している。八岐大蛇の条は説話として考えられることが多いが、その中のヒノキの使用法は前に触れたように史書である『古事記』に実際の宮殿造営材とされていたことが記されていた。『日本書紀』は奈良時代の養老四年（七二〇）に舎人親王らが撰し、完成したわが国最古の勅撰の正史で、神代から持統天皇までの朝廷につたわった神話・伝説・記録などを漢文で記述した編年体の史書である。

素戔嗚尊《すさのおのみこと》がいわれるのに、「韓郷《からくに》の島には金銀がある。もしわが子の治める国に、舟がなかったらよくないだろう」と。そこで髯《ひげ》を抜いて放つと杉の木になった。胸の毛を抜いて放つと檜になった。尻の毛は槙の木になった。眉の毛は樟になった。そしてその用途をきめられて、いわれるに「杉と樟、この二つの木は舟をつくるによい。檜は宮をつくる木によい。槙は現世の国民の寝棺を造るのによい。そのための沢山の木の種子を皆播こう」と。

（宇治谷孟『全現代語訳　日本書紀　上』講談社学術文庫、一九八八年）

このように、素戔嗚尊はわが国に生育する代表的な四つの樹木の用途を、スギとクスノキとは舟の材料に、ヒノキは宮殿の建築材料に、マキ（コウヤマキ）は棺《ひつぎ》の材料にするのがもっとも適していると認めた。素戔嗚尊というよりも、当時の人びとがこのような利用形態を認めていたので、文献として記載されたのである。

ヒノキが宮殿造営材とされたことを、『万葉集』巻一の「藤原宮の役《えだち》の民の作れる歌」はつぎのように詠う。藤原宮は、奈良県橿原市高殿《たかどの》を中心とし、大和三山（畝傍《うねび》山・香久《かぐ》山・耳成《みみなし》山）に囲まれた地域にあり、持統天皇の六九四年から文武・元明天皇までの三代一六年間の天皇の宮城である。『日本書紀』によれば、朱鳥五年（六九一）冬一〇月二七日に新益京《しんやくきょう》（新たに増された藤原宮のこと）の地鎮祭が行われた。朱鳥八年（六九四）冬一二月六日、持統天皇は藤原宮に遷都された。この間、持統天皇は七年八月と、八年一月の二度、新都の建設状況の視察に訪れている。

やすみしし　わが大君　高照らす　日の皇子　あらたへの　藤原が上に　食国《をすくに》を　見し給はむと　都《おほ》
宮《みや》は　高知らさむと　神ながら　思ほすなへに　天地も　寄りてあれこそ　磐《いは》走り　淡海《あふみ》の国の　衣《ころも》

手《で》の　田上山《たなかみ》の　真木《まき》さく　檜《ひ》のつまでを　もののふの　八十《やそ》氏川《うじがわ》に　玉藻なす　浮べ流せれ　そを取ると　騒ぐ御《み》民も　家忘れ　身もたな知らず　鴨じもの　水に浮きゐて　わが作る　日の御門《みかど》に知らぬ国　寄り巨勢道《こせじ》より　わが国は　常世《とこよ》にならむ　圖負《ふみお》へる　神《くす》しき亀も　新代《あらたよ》と　いづみの河に　持ち寄せる　真木のつまでを　百足《ももた》らず　いかだに作り　のぼすらむ　勤《いそ》はく見れば　神《かむ》ながらならし　（巻一、五〇）

（佐々木信綱編『新訂新訓万葉集　上巻』岩波文庫、一九八八年）

この歌は、藤原宮を造営するヒノキを、近江国（現滋賀県）の琵琶湖の南岸にある田上山《たながみやま》で伐採し、杣《そま》人《びと》が伐採現地で粗づくりした材木（角材）を運びだし、宇治川に浮かべて筏《いかだ》に組み、流れにのせて下らせていった。そして小椋《おぐら》池を経て、さらにいずみ河（現在の木津川）を溯り、木津（現在・京都府木津川市木津）で荷揚げした。木津からは巻一三に「奈良山越えて　真木積む　泉の川の」（三二四〇）と詠われているように、山城国（京都）と大和国（奈良）との境である低い奈良山の峠をこえ、奈良盆地を北から南へと流れる佐保川を利用して、盆地南部の藤原京へとはこんだのであった。

造営中の藤原京のある奈良盆地を取り囲む山々も、ヒノキの生育地であるが、藤原京を造営する以前に営まれた都の宮殿用材として伐採され尽くしていたため、はるか離れた近江国の田上山のヒノキ林に材を求めることになったのである。この歌では田上山の「真木さく檜のつまで」と、ヒノキの角材は建築用材の最上級の木であることを意味する真木という美しい言葉を「檜のつまで」にかぶせて称えている。それだから、いずみ川に持ち寄せるヒノキ材の歌詞以後では檜という文字はもちいることなく、美称の真木を用いている。

『万葉集』に現われるヒノキ

『万葉集』は巻一のごく始めに収められた歌番五〇で、檜《ひ》とは真木のことだと提示されており、以後は「檜原」のように地名として用いるとき以外は、ほとんど「真木」と記されている。いま『万葉集』の「真木」（檜）と表現されたものを掲げてみる。（括弧内は歌番号）

山地に生育している真木（檜）……一〇首

泊瀬《はつせ》の山は真木立つ（四五）
背面《そとも》の国の真木立つ（一九九）
真木の葉のしなふ勢の山（二九一）
真木の葉や茂く（四三一）
真木立つ山ゆ（九一三）
奥山の真木の葉（一〇一〇）
小為手《をすて》の山の真木の葉（一二一四）
真木の上にふりおける雪（一六五九）
直目《ただめ》に見ねば下檜山（一七九二）
み吉野の真木立つ山（三二九一）

伐採・加工された真木（檜）……一二首

真木さく檜のつまで（五〇）
真木柱太き心（一九〇）
長柄の宮に真木柱太高敷き（九二八）
斐太人《ひだびと》の真木流す丹生の河（一一七三）
真木柱つくる杣人（一三五五）
奥山の真木の板戸（二五一九・二六一六・三四六七）
斧取り丹生の檜山の木折《こ》りて（三二三二）
真木積む泉の河（三二四〇）
櫟津《いちひつ》の檜橋（三八二四）
真木柱讃《ほ》めてつくれる殿（四三四二）

地名としての檜……七首

巻向《まきむく》の檜原（一〇九二・一八一三・二三一五）
さ檜の隈《くまひ》檜の隈川の瀬（一一〇九・三〇九七）
三輪の檜原（一一一八・一一一九）

真木（檜）が詠まれている歌は全部で二九首あり、山に生育しているところを詠った歌は一〇首で三五％、伐採・加工された真木の歌は一二首で四一％、地名としての檜は七首の二四％という割合となった。『万葉集』での関心は、ヒノキは山で生育している姿よりも、加工され材として利用することにあったようだ。なお巻向の檜原は、奈良県桜井市の北方を西流する纏向《まきむく》川の左岸（南側）で三輪山の麓にあたり、檜原神社が鎮座している。

檜隈《ひのくま》は奈良県高市郡明日香村檜前《ひのくま》にある地名で、檜隈川はそこを流れる小川の名称である。

『風土記』に現われるヒノキ

古い時代のもう一つの文献『風土記』は、和銅六年（七一三）に元明天皇の詔《みことのり》により、諸国に命じて郡郷の名の由来、地形、産物、伝説などを記して撰進させた地誌である。完本に近いものは『出雲国風土記』のみで、常陸・播磨の二つの風土記は一部が欠け、豊後・肥前のものはかなり省略されて残っている。ヒノキの生育が記録されているものは『出雲国風土記』、『播磨国風土記』、『常陸国風土記』の三つである。

『出雲国風土記』では、「すべてもろもろの山野にあるところの草木」の条《くだり》で、意宇《おう》郡、神門《かんど》郡、仁多郡、大原郡という四つの郡において、「藤、李、檜（字はあるいは梧に作る）、杉（字はあるいは椙に作る）、赤桐、白桐、楠」のように他の樹木や薬草などとともに記されている。

個々の山野にも記されているところがあるので、抜粋すると次の五つの山となる。

意宇郡　熊野山（檜・檀がある。いわゆる熊野の大神の社が鎮座する）
神門郡　田俣山（桅《ひのき》・枌《すぎ》がある）
　　　　長柄山（桅《ひのき》・枌《すぎ》がある）
　　　　吉栗山（桅《ひのき》・枌《すぎ》がある。いわゆる天の下をお造りになった大神の宮の造営のための材木をとる山である）
大原郡　須我山（檜・枌《すぎ》がある）

「すべてもろもろの山野にあるところの草木」の条にあるヒノキ・スギと、個々の山野に記されたヒノキ・スギの違いはどこにあるか考えてみた。「すべてもろもろの山野にあるところの草木」の条のヒノキ・スギでは郡内の生育は認められるけれど、山野のあちらに一本こちらに一本というように分散して生育しており、いざある程度まとまった量を得ようとすれば、多大の労力が必要となる生育のし方のヒノキ・スギである。もう一方の個々の山野のヒノキ・スギは、ある程度まとまった面積をもっていて、純林とまではいかなくてもある程度の、たとえば五〇％くらいの混交率で樹林を形成していたものであろう。ヒノキ・スギの材を使う必要性が生じた場合、ただちに当てにできる樹林であったのであろう。それだから、吉栗山は、天の下をお造りになった大神（出雲大社の神）の社を造営する材木をとる山となっていたのである。

『播磨国風土記』では、宍禾郡《しさわ》（現兵庫県宍粟市《しそう》）の柏野の里・敷草の村（現兵庫県宍粟市千種町千草から同市山崎町土万比地町にわたる千草川上流一帯）、同郡穴師《あなし》の里（現兵庫県姫路市安富町安師付近）、同郡雲箇《うるか》の里の波加の村（現兵庫県宍粟市波賀町閏賀付近）、同郡御方《みかた》の里（現宍粟市一宮町の三方川流域の地）のそれぞれに「桅《ひのき》・枌《すぎ》」とともに栗・黄蓮《おうれん》・黒葛《つづら》などが生え、「狼・熊が住む」と記されている。

神前郡《かむさき》（現兵庫県神崎郡）の埴岡の里（現神崎郡市川町から朝来市生野町に至る市川流域）の大川内では「檜・杉が生える」、同郡の高岡の里（現神崎郡神河町高岡）の奈具佐山（現神崎郡福崎町の西北方にある七種山）には「檜が生える」と、賀毛郡《かも》の端鹿《はしか》の里（現兵庫県加東市東条町）には「真木・梅・杉が生える」と記され、この七カ所にヒノキの生育が記されている。現在の兵庫県の中央部から西部にかけては山地の多い地方で、宍粟市の地域がもっとも多いが、そこではヒノキ、スギが生えているとしながら、オオカミやクマが生息していると、山の深さについても触れられている。

『常陸国風土記』では、行方郡《なめかた》の辺境の地である鴨野《かもの》の北側を、「その野の北には櫟《いちひ》、柴《しば》、鷄冠樹《かえるで》、比之《ひの》木《き》があちこち生い繁って自然に山林を形づくっている」と記されている。「比之木」の比が、古代の「檜」の発音の漢字とされている。ナラやクヌギ、カエデなどの落葉広葉樹と、ヒノキが混交した林を作っているというのである。

遺跡から出土するヒノキの建築材

ここまでは文献からヒノキをみてきたが、実際にはどう使われていたのかについて実証できるものが、遺跡からの出土品である。

遺跡から大量の木製品が発掘され、それについて科学的で総合的な研究が大きな成果をあげた最初のものは、昭和一二年（一九三七）調査の奈良県磯城《しき》郡田原本町にある弥生時代の稲作農耕集落遺跡の唐古《からこ》遺跡である。弥生時代を代表するこの遺跡から出土した多種多様な木製品は、わが国の考古学に新しい見方を与える資料として高く評価された。ここから出土した木製品は、樹種が同定（比較して種名を決めること）され、弥生時代にどんな木製品にどんな樹種が用いられていたかが理解できるようになった。

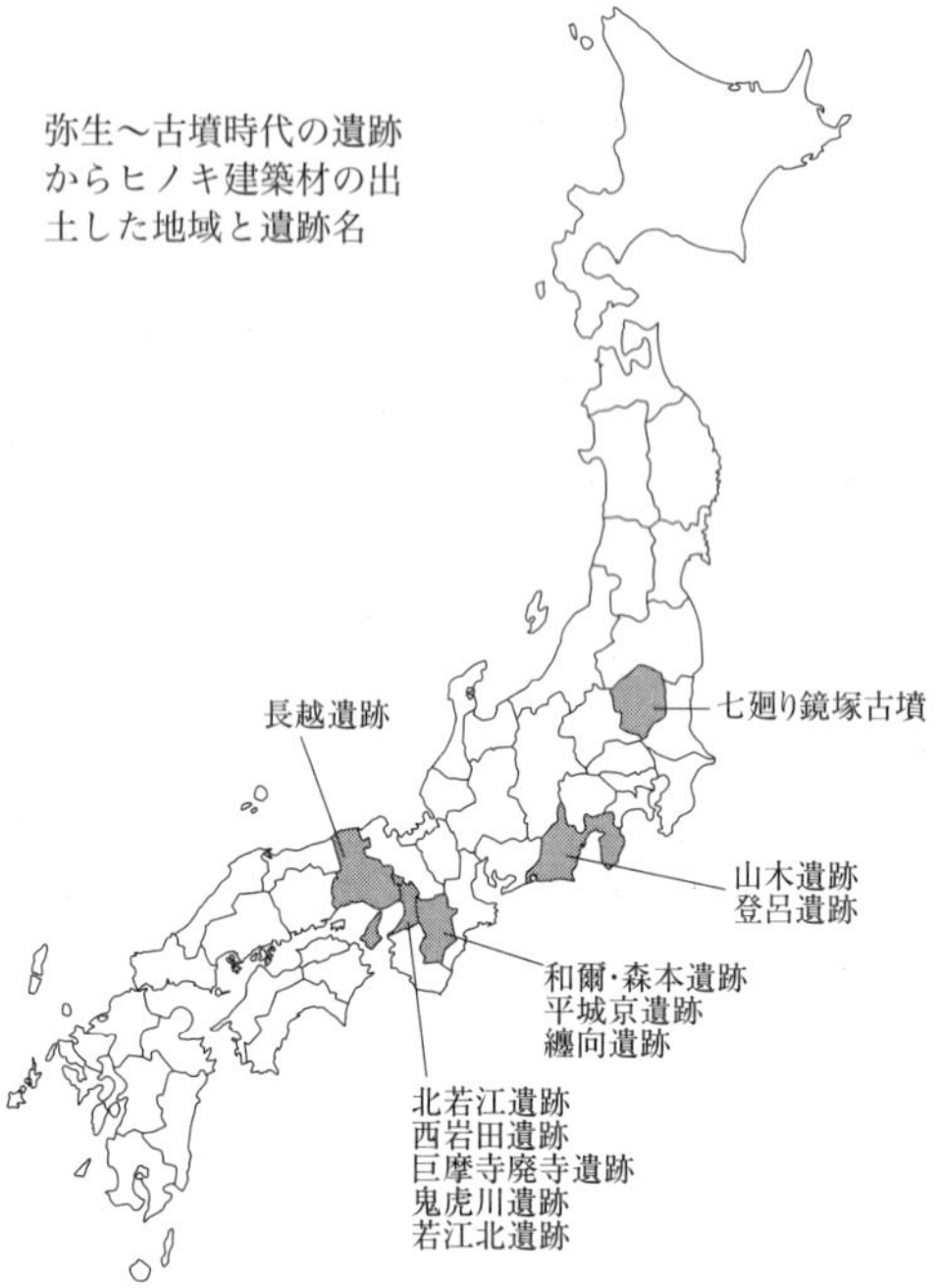

弥生〜古墳時代の遺跡からヒノキ建築材の出土した地域と遺跡名

唐古《からこ》遺跡発掘の後、昭和一八（一九三三）〜四〇年（一九六五）にわたり静岡市登呂遺跡の発掘調査がおこなわれ、弥生時代の集落跡、水田跡、溝跡から多数の木製品や自然木の根株が出土し、当時の農耕文化をさぐる上で、また当時の植生を復元するうえで貴重な手掛かりとなる資料がえられている。

近年になって土地開発などにともなって、多数の遺跡が発見・調査されているが、それらの遺跡から出土する木材は樹種が同定されて報告されるものが多くなってきている。

少し資料が古いが、昭和六〇年（一九八五）までに印刷・公表された三八一件の資料をもとに、島地謙・伊東隆夫が昭和六三年にとりまとめた『日本の遺跡出土製品総覧』（雄山閣、一九八八年）から、ほとんど文献にはみることができない縄文時代から古墳時代までのヒノキの使われ方をまずみてみよう。

古墳時代とはわが国で壮大な古墳が多くつくられた時代のことで、弥生時代についでほぼ三世紀から七世紀に至る時代である。ただし、土盛りした墓は弥生時代にはじまり、古墳時代以降も存続している。古墳時代は畿内を中心として文化が発達した時期で、統一国家の成立・発展と密接な関係があるとする説もある。まず建築用材であるが、すでにヒノキは弥生時代から柱材ほか、建築資材として用いられていた。

弥生〜古墳時代に建築材として使われたヒノキ

(時代)	(出土した製品名)	(件数)	(出土した遺跡名)
弥生時代中期	根がらみ	1	大阪府・北若江遺跡
弥生時代中期末	ほぞ板状木製品	1	大阪府・巨摩寺廃寺遺跡
弥生時代中期〜後期	柱	1	大阪府・鬼虎川遺跡
弥生中期〜古墳後期	妻覆い?	1	奈良県・和爾・森本遺跡
弥生中期〜古墳後期	扉	3	奈良県・和爾・森本遺跡
弥生時代中期後葉	柱根	1	大阪府・若江北遺跡
弥生時代後期	加工痕のある板材	1	大阪府・西岩田遺跡
弥生時代後期	組合せ式板状木製品	1	大阪府・西岩田遺跡
弥生時代後期	板材(建築部材)	1	大阪府・西岩田遺跡
弥生時代後期〜末期	丸柱	1	静岡県・山木遺跡
弥生時代後期〜末期	建築用材	1	静岡県・山木遺跡
弥生時代後期〜末期	梯子	1	静岡県・登呂遺跡
古墳時代前期	枠板	1	奈良県・纒向遺跡
古墳時代初頭	ほぞ板状木製品	1	大阪府・巨摩寺廃寺遺跡
古墳時代中葉	井戸枠	2	大阪府・西岩田遺跡
古墳時代前期前半	ほぞのある柱材	?	大阪府・西岩田遺跡

古墳時代	ほぞ穴板状木製品	2	兵庫県・長越遺跡
古墳時代	妻板	4	栃木県・七廻り鏡塚古墳
古墳時代	板	3	奈良県・平城宮跡
古墳時代	板（ほぞ穴付）	10	奈良県・平城宮跡
古墳時代	板材	1	兵庫県・長越遺跡

弥生時代から古墳時代までの遺跡から出土したヒノキの建築材の件数は、あわせて三八件である。この時代の建築材の総件数が一三四七件なので、ヒノキの占める比率は約三％で、比重は小さなものである。出土建築材の樹種では、山木遺跡から出土したスギの二三八件、マキの一五七件が大きな比率を占めている。建築材として使われた樹種は、ヒノキ、スギ、モミ、マツ、カヤ、イチイ、イヌマキ、コウヤマキ、イヌガヤなどの針葉樹とともに、シイ、クスノキ、エノキ、アカガシ亜科、イヌマキ、ゴンズイ、カシ類、ナラ類、クヌギ、クリ、ケヤキ、キハダ、カヤ、スダジイ、シラカシ、アカメガシワ、ミズキ、ハンノキ、トネリコ、コナラ、ヒサカキ、クサギ、イチイガシ、フサザクラ、マンサク、ユズリハ、チシャノキ、サンゴジュ、ヤマグワ、エゴノキ、オニグルミなどの広葉樹であった。ヒノキは構造材の柱のほか、板としてよく使われていた。ヒノキは、スギとともによく割れる木である。縦挽きの鋸《のこぎり》がまだ現れていなかったこの時代には、板は割って作られたので、割れやすい樹木がよく使われたのである。

割り方は打割り法とよばれ、二通りある。一つは元口という根元に近い方の木口に切り傷をいれ、そこにクサビを打ち込んで割る方法である。木や竹を割るときのコツは、俗に「木元竹末《うら》」と云われ、木では元口から、竹は末《すえ》の方から割るとよく割れるのである。もう一つの割り方は、幹の部分に直線となるように木槌や鑿《のみ》をつかって点々と穴をあけ、この穴にクサビあるいはクサビ型の割り鑿《のみ》を打ち込んで割っていく方法である。どちらもスギやヒノキのように木目がきれいに、真っすぐに伸びる樹種に限られる。打ち割り法は、縦挽き鋸で製材するよりはるかに迅速に製材することができた。

遺跡出土のヒノキの土木材や農具

ヒノキは土木用材としても使われており、縄文から古墳時代までの遺跡から出土している府県は、愛媛県、福岡県、大阪府、福井県、奈良県、静岡県、青森県である。青森県での使用は縄文時代の亀ケ岡遺跡から発掘された杭《くい》状品である。

亀ケ岡遺跡は、青森県つがる市（旧木造町）亀ケ岡にある縄文時代晩期の遺跡で、ここから出土した精緻な美しい文様と変化に富む土器を亀ケ岡式土器といい、縄文時代の時代区分の指標とされている。通常土木材はそこらにある自然木をつかうことが多いことから、この杭状品が身近にある山から採取されたものとすれば、ヒノキの天然分布の北限が福島県いわき市平という現在のヒノキの天然分布からいって疑問がのこる。あるいは樹種を同定するときヒバと間違えた可能性も考えられる。

出土したヒノキ製の土木材四六件の遺物の内容は堰《せき》部材、横木、杭（折杭、折状杭、杭形、杭状品）、立杭、木道、木樋、矢板で、もっとも古いものは縄文前期の福井県の鳥浜遺跡で用いられた杭（九件）である。

土木材として使われたヒノキ以外の樹種は、スギ、マツ、コウヤマキ、クロベ、カヤ、イヌガヤ、オニグルミ属、ヤナギ属、クヌギ、シラカシ、アラカシ、カシ類、コナラ、エノキ、ユズリハ属、ヤマモモ、クリ、シイ、タブノキ、シロダモ、サカキ、ヤマザクラ、ウワミズザクラ、サクラ類、アワブキ、モチノキ属、リョウブ、シャシャンポ、タイミンタチバナ、ヒサカキ、ナナミノキ、クスノキ、ムクロジ、ケヤ

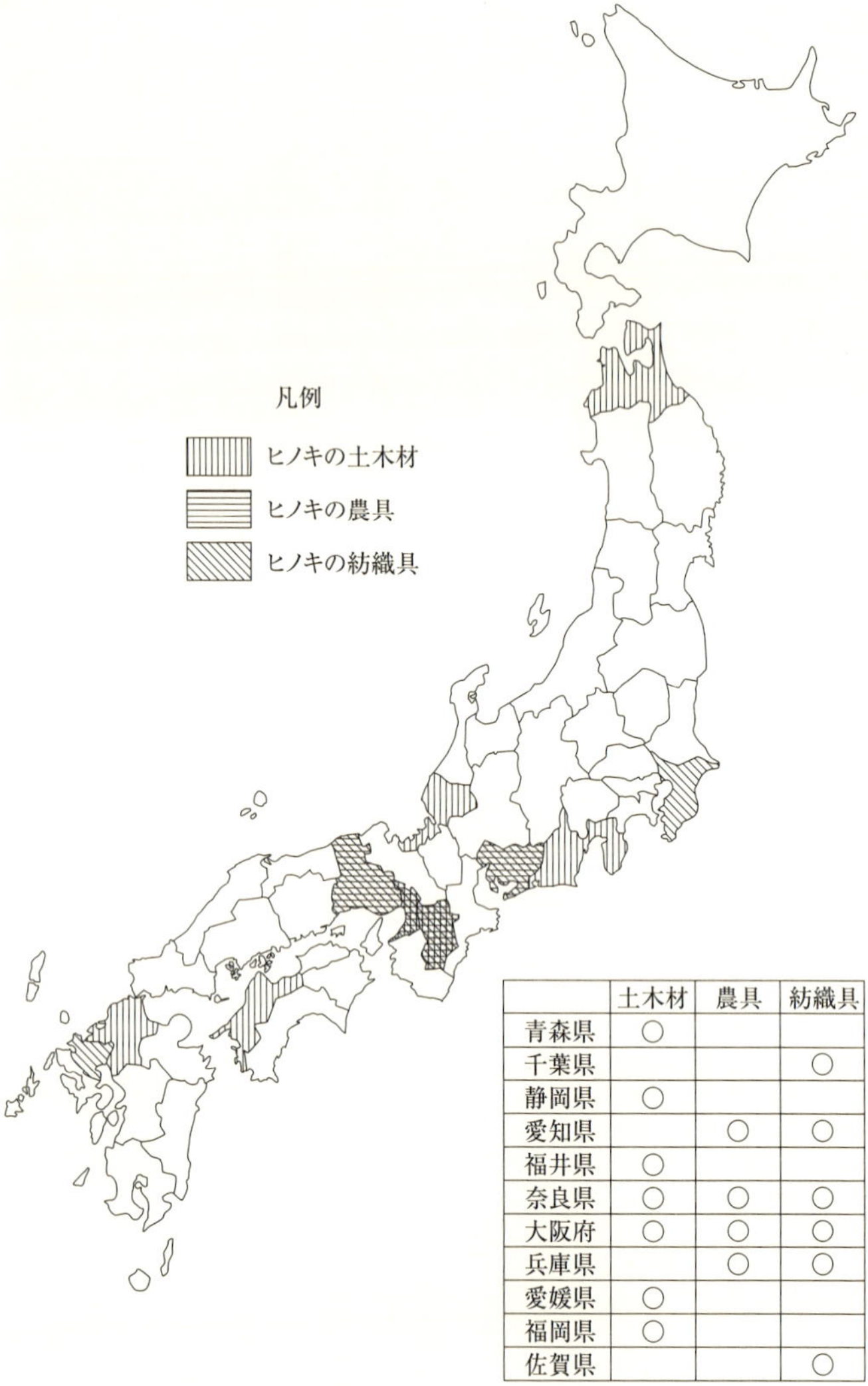

	土木材	農具	紡織具
青森県	○		
千葉県			○
静岡県	○		
愛知県		○	○
福井県	○		
奈良県	○	○	○
大阪府	○	○	○
兵庫県		○	○
愛媛県	○		
福岡県	○		
佐賀県			○

弥生〜古墳時代の遺跡からヒノキの土木材・農具・紡織具の出土した地域。
青森県はヒノキの自生地外なので、そこの土木材は疑問がある。

キ、エノキ、カキノキ、ウツギ、カマツカ、モチノキ、ゴンズイ、エゴノキ、アオダモなどである。樹種をえらばず工事場所の近くにある樹を適宜使用したようである。

ヒノキ製工具が出土した府県は大阪府、福岡県、奈良県であり、遺物一九件の内容は工作台、手斧柄、槌、柄、柄状尖頭木製品、柄状木製品、柄把手部、砧《きぬた》である。砧とは、織り上がった布を柔らかくしたりつやを出すために打つ木の道具のことである。

工具をつくるためには、鋭利な刃物でヒノキ材を切ったり、削ったりする細工が必要なので、刃先の鈍い石器を使用していた縄文時代のものはなく、鉄器が使われるようになった弥生時代以降のものがすべてである。

ヒノキ製農具の出土した府県は奈良県、大阪府、兵庫県、愛知県であり、遺物一二件の内容は鎌、手鎌、大足《おおあし》縦枠、鋤《すき》の柄、鋤状木製品、狭鍬《せまぐわ》（幅の狭《せま》い鍬）、鍬、広鍬、横杵、横槌である。大足とは、泥田に入るとき、足が泥にめりこまないように使う板製の大形の足駄《あしだ》のことである。

出土品の時代は、弥生時代中期から古墳時代のものである。工具と同様、鋭利な刃物で工作する必要があったため、弥生時代以降に加工されるようになったものと考えられる。

農具製作に使われたヒノキ以外の樹種は、スギ、マツ、クロマツ、コウヤマキ、モミ、カシ、クヌギ、クスノキ、アラカシ、アカガシ亜属、カキ、ウラジロガシ、サカキ、シイノキ、クリ、イチイガシ、クロガネモチ、ヤマグワ、ムクロジ、カエデ類、トネリコ類、チシャノキ、キハダ、ケンポナシ、ヤツデ、アカメモチ、ツクバネガシ、シャシャンボ、センダン、ネムノキ、ケヤキ、トチノキ、スダジイ、ツバキ、ヤブツバキ、ホルトノキ、アサダ、シキミ、ザイフリボクなどである。

ヒノキ製紡織具の出土した府県は兵庫県、佐賀県、奈良県、愛知県、千葉県、大阪府である。遺物三三件の内容は、かせ（紡錘《つむ》でつむいだ糸をかけて巻きとる工字型の道具）、ちきり（織機の部分品の一つで、経糸《たていと》を巻く中央がくびれた棒状のもの。千切）、糸巻状木器、織機類、石製紡錘車心棒、綜《そう》棒《ぼう》型木製品、布巻具、経巻具、編巻具、紡織具、有孔糸巻型木器である。出土する時代は弥生時代前期から古墳時代である。

紡織具として使われたヒノキ以外の樹種は、スギ、モミ、アスナロ、コウヤマキ、サワラ、カシ、ヤマツツジ、コバノミツバツツジ、ケンポナシ、カマツカ、ハンノキ、クヌギ類、ケヤキ、ヤマザクラ、ヒメユズリハ、イヌエンジュ、シロダモ、シイノキ、サカキ、ムクノキ、ウコギ類などである。

ヒノキ製運搬具としては、大型の丸木舟が高知県（出土遺跡不明）から一件報告されているが、いつの時代につくられたものであるのかは不明である。ヒノキの運搬具として出土した内容は、櫂《かい》および櫂状木製品の二種で、総数六件のみである。出土した府県は、大阪府および兵庫県である。縄文時代から古墳時代にいたる時代に舟をこぐ櫂が出土した件数は六一件と多い。

櫂として使われた樹種は多く、イヌガヤ（一六件）、ヤマグワ（九件）、シイノキ（五件）、ケヤキ（四件）、スギ、トネリコ属、カヤ、ヒノキ（五件）、カシ、サクラ、クヌギ、クリ属であった。

ヒノキ製漁撈具は、ヤスと尖り棒で、佐賀県、大阪府、福井県がそれぞれ一件ずつ出土している。ヤスとは、長い柄の先端に数本に分かれた尖った金属製の物をとりつけ、水中の魚を突き刺して捕らえる道具である。尖り棒は福井県の鳥浜遺跡の出土品で、時代は縄文時代前期である。

漁撈具として使われたヒノキ以外の樹種は、スギ、カヤ、クロベ、マツ属、モミ属、ハイイヌガヤ、クスノキ、サカキ、クロバイ、ヤマグワ、イスノキ、ウツギ、ケヤキ、コブシ、ヤブツバキ、ユズリハ、カエデ類、ムクロジ、トチノキ、エゴノキ、ヤチダモなどである。

遺跡出土の武具や容器類

ヒノキ製武具の出土した府県は奈良県、三重県、栃木県、大阪府、鳥取県である。遺物二八件の内容は、弓、玉纏《たままとい》の太刀《たち》鞘《さや》、直刀付着材、刀の一部、刀鞘《かたなさや》、刀鞘尻、木矢、槍、槍鞘、木の簇《やじり》、剣鞘、短剣鞘、鞘状木製品である。時代は弥生時代中期から古墳時代であり、弥生時代のものは三件とすくなく、ほとんどは古墳時代のものとなっている。

武具として使われたヒノキ以外の樹種は、スギ、コウヤマキ、マキ、イヌマキ、マツ、カヤ、イヌガヤ、イチイ、モミ、イタヤカエデ、カシ、クリ、ムクノキ、ケヤキ、シラキ、ハクウンボク、シイ、マユミ、クワ、ヤナギ類、カマツカ、トネリコ、ヒイラギ、アズサ、ツブラジイ、タイミンタチバナ、チシャノキなどである。

ヒノキ製服飾具が出土した府県は奈良県と大阪府であり、その内容は角と笄《こうがい》（頭髪をかきあげるのにもちいる具のこと）のそれぞれ一件づつで、年代は弥生時代から古墳時代である。なお、古墳時代が終わった以降の遺跡から出土するヒノキ製の服飾具には、留針、笄、檜扇《ひおうぎ》、下駄、木履《きぐつ》がある。

ヒノキ製の容器が出土した府県は奈良県、岡山県、大阪府、兵庫県、福岡県、佐賀県、静岡県という広範囲である。遺物三〇件の内容は、桶底、曲物《まげもの》、曲物底、刳物《くりもの》、盤、木椀、高杯《たかつき》、高杯（漆器）、蓋《ふた》、蓋状物、鉢、槽、栓、四脚付角形容器、箱型容器、不明容器、容器、朱塗木器である。年代は弥生時代前期から古墳時代である。ヒノキの曲物は現代も作られているが、その製品が弥生時代後期の岡山県の上東遺跡から発掘されており、この時代からヒノキ製品がつくられていたことがわかる。

容器として使われたヒノキ以外の樹種は、スギ、ネズコ、アスナロ、マツ（二葉）、コウヤマキ、サワラ、ヤナギ、クリ、トチノキ、サワグルミ、ケヤキ、ヤマグワ、クスノキ、クワ、ムクロジ、ヤチダモ、

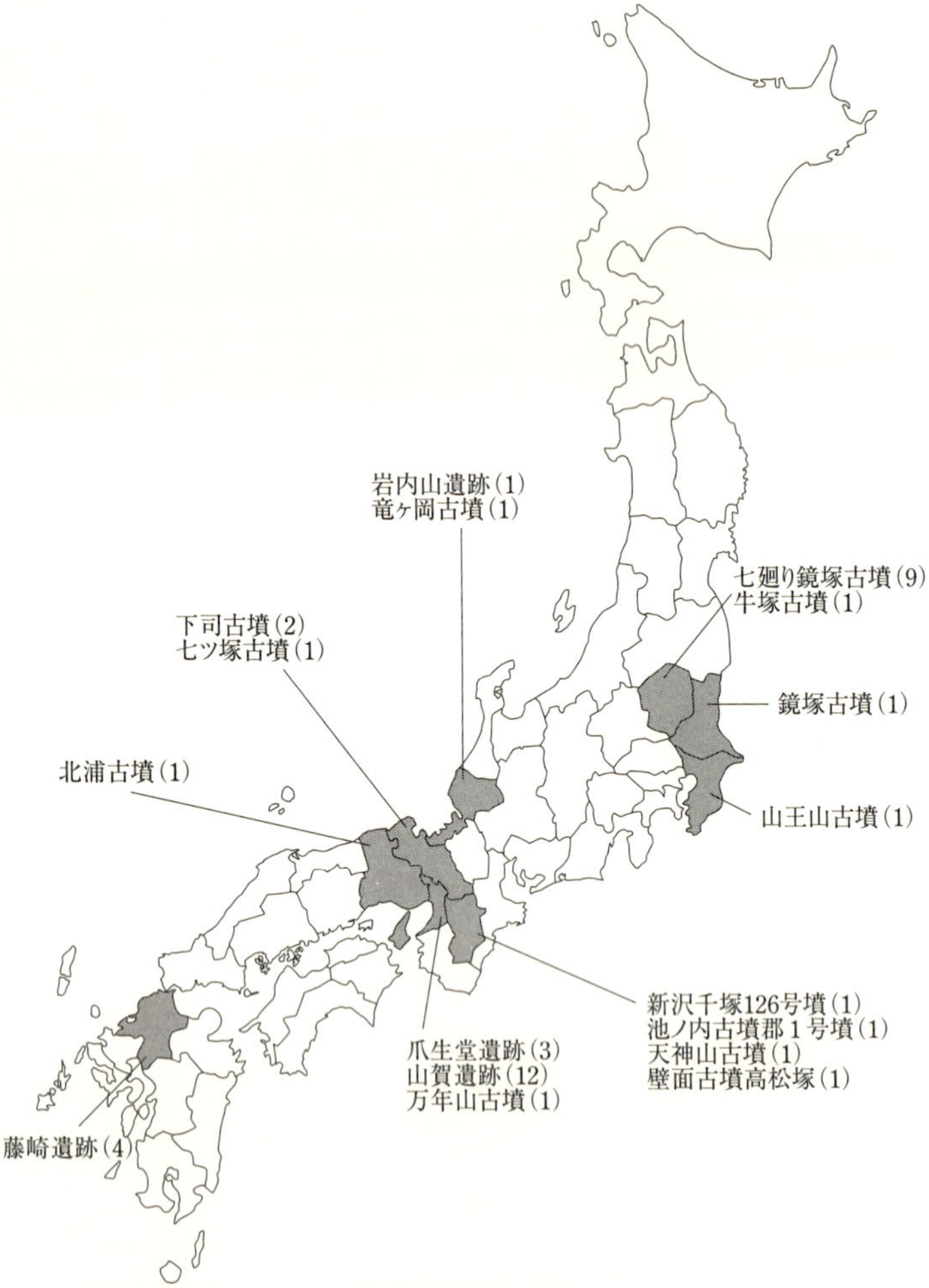

弥生〜古墳時代の遺跡からヒノキ製の埋葬具（棺）が出土した地域と遺跡名
およびその出土件数

サクラ類、ヤマナラシ、ハンノキ、カバノキ、イスノキ、バリバリノキ、ケンポナシ、エノキ、キハダ、ハリギリ、タブノキなどである。

ヒノキ製の祭祀具《さいしぐ》の出土した府県は大阪府、奈良県、愛知県、兵庫県である。遺物一九件の内容は、弓状加工木、弓状木器、剣、剣形、剣状木製品、舟型木製品、飾板様木製品、人形状木製品、鳥形品、鳥形木製品、刀形品、刀形木製品、馬形品、武器形木製品、戈《ほこ》形木製品である。年代は弥生時代から古墳時代で、弥生時代のものは弓状、舟型、鳥型、戈形をしたヒノキ製品であり、のこりは古墳時代となる。縄文時代から古墳時代にいたる間に使われていた木製品の祭祀具にはどんなものがあったかをみると、上記の物以外にはV字形木製品、綾杉文の板、笠形木製品、儀器《ぎき》、魚形木製品、弧文円板、斎串《いみぐし》、鋤形《すきがた》、人形《ひとがた》（人の形をしていて祓《はらえ》のときの形代《かたしろ》とする）、男茎状木製品である。

祭祀具として使われたヒノキ以外の樹種は、スギ、カヤ、モミ、クヌギ、ユズリハ、シイノキ、カエデ、ザイフリボク、トネノコ、アベマキ、イチイガシ、カシ、クワ、シャシャンポ、アラカシ、サクラ類、クスノキ、ヤチダモ、サカキ、コナラ、ウバメガシ、ネムノキ、ヤマモモなどである。

ヒノキ製埋葬具の出土した府県は栃木県、大阪府、京都府、福井県、茨城県、千葉県、奈良県、福岡県、兵庫県という広い範囲におよんでいる。埋葬具とは遺体を土葬するときに納める棺《ひつぎ》のことである。形については舟形と、組合わせという二種が挙げられているだけで、他は木棺とだけ記されており、その形はわからない。縄文時代から古墳時代までの間の出土遺物総数は一九九件であり、そのうちヒノキ製の棺は四三件あり、約二二％を占めている。

埋葬具とヒノキ

死者の遺体を埋葬することは、縄文時代から行われており、一般的な棺《ひつぎ》の使用は新石器時代からである。棺は材質により、石棺、木棺、陶棺、粘土棺、金属棺、乾漆棺などに分けられる。縄文時代から弥生時代にかけて、板石を組み合わせた箱式石棺が用いられたが、その後はしだいに木棺が用いられるようになり、現在まで引き継がれている。『日本書紀』巻第二五の孝徳天皇（在位六四五〜六五四年）の条《くだり》によれば、大化二年（六四六）三月二二日に墓制が設けられ、「王《おおきみ》以下小智以上の墓は小さい石を用いよ。庶民の死者は土中に埋めよ」とされた。棺については、「棺は骨を朽ちさせるに足ればよい」と言及され、その棺が木棺であるのかどうかは触れられていないが、このときから石棺での埋葬は急激に廃れ、木棺が使われるようになったのである。

さて、木棺に適した材はどんな樹種のものか考えてみるに、まず死者をここに納める容器となることがあげられる。納められた遺骸を住居から墓所まで運ぶという運搬作業と、深く掘った穴に埋める作業を容易にできるために、なるべく棺が軽いものであること。死者とはいいながら少しでも長くその肉体を保護してくれるためには、棺材が水湿や腐朽菌に強いことが必要である。これらの性質を満足する材が求められる木棺材といえよう。さらに死臭がただよう遺骸を納めることを考えれば、すこしでもよい香りをもつことも重要な要素となろう。これらの諸条件を満たす樹種はヒノキ（檜）、ヒバ（檜葉）、コウヤマキ（高野槇）、スギ（杉）、クス（楠）となる。

弥生時代から古墳時代までの木棺の樹種別の出土件数をまとめると、次のようになる。

ヒノキ　四三件（二二％）　栃木県、大阪府、京都府、福井県、茨城県、千葉県、福岡県、福井県

コウヤマキ　一二二件（六一％）　奈良県、大阪府、滋賀県、兵庫県、京都府、三重県、愛知県、福

岡県

スギ　九件　奈良県、大阪府、静岡県、岐阜県

サワラ　一件　福島県

マツ　一件　大阪府

アカマツ　一件　不明

モミ　一件　大阪府

トガ　一件　奈良県

ヒメコマツ　一件　大阪府

カヤ　一件　鳥取県

クスノキ　三件　大阪府、静岡県、福岡県

シイノキ　一件　大阪府

カツラ　二件　大阪府

ケヤキ　三件　山形県、神奈川県

広葉樹　一件　京都府

木棺の材料はコウヤマキが最も多く、『日本書紀』で須佐之男命がその用途を指定したこととよく合致している。ヒノキも木棺の材料としてはコウヤマキに次いでよく使われている。そして使用された地域の広がりは、コウヤマキの生育地が限られているため出土が関西方面に多いことに比べ、ヒノキは関東・北陸地方にまで及んでいることも特徴がある。

木棺の材料は、このように実にさまざまな樹種が使われている。志村史夫は『古代日本の超技術』（講

談社、一九九七年）のなかでつぎのようにいう。

スサノオノミコトが槙《まき》を木棺材に指定した。そして遺跡からの出土品で明かにされているように、実際に槙が木棺材として使われてきた決定的な理由は、槙の特有の匂いにあるのではないかと思う。（中略）槙の「特有の匂い」が死臭を抑え、あるいは死者への手向けの香りになったのではないかと思う。

志村はこのようにいうのであるが、棺材としてコウヤマキが用いられることができたのは、やはりコウヤマキの自生地がある地方の、天皇や王侯貴族、あるいは地方で勢力のある豪族のような地位の高い人々に限られたようである。そしてコウヤマキの棺材が使えない人びとは、ヒノキ材を優良材として用いてきたのであった。

古墳期まで発火具に使われていた樹種

ヒノキは俗に「火の木」といわれ、古代には火をつくるためによく用いられたと考えられがちであるが、遺跡からの発火具出土品は縄文時代から古墳時代までの年代からは一九件で、そのうちヒノキは古墳時代の平城宮跡から一件出土しているだけである。発火具には、火おこし、火鑽臼《ひきりうす》、火鑽杵、火鑽盤、火鑽板などがあり、最も多い樹種はスギの九件、シャシャンポの四件であり、ヒノキを含む他の樹種六種はいずれも一件づつである。発火具の出土品は、奈良時代から平安時代までのものをふくめ、全体で三〇件であり、遺物そのものの出土が少ないせいもあろう。

遺跡から出土した縄文から古墳時代の発火具（注・？件は一件と数えた）

火おこし　スギ　一件　縄文〜平安時代　神奈川県蔵屋敷遺跡

火錐杵	シャシャンポ	？件	古墳時代	大阪府利倉遺跡
火鑽杵	スギ	二件	弥生中期〜後期	富山県江上A遺跡
火錐臼	シャシャンポ	？件	古墳時代	大阪府利倉遺跡
火鑽臼	スギ	二件	弥生中期〜後期	富山県江上A遺跡
同	スギ	一件	古墳時代	奈良県布留遺跡
同	オニグルミ	一件	弥生中期〜後期	富山県江上A遺跡
同	クヌギ	一件	同	同
同	カエデ	一件	同	同
同	シイノキ	一件	古墳時代	兵庫県長越遺跡
同	ヒノキ	一件	同	奈良市平城京跡
同	シャシャンポ	一件	同	大阪府利倉遺跡
火鑽弓	スギ	一件	弥生後期〜末期	静岡市登呂遺跡
火鑽盤	スギ	一件	同	同
同	タブノキ	一件	同	同
発火具	シャシャンポ	一件	古墳時代	大阪府利倉遺跡
発火具未製品	スギ	一件	弥生後期〜末期	静岡県山木遺跡

この表では火錐《ひきり》臼と火鑽《ひきり》臼の両方の表記があるが、これは遺跡を発掘した報告書にこのように記されているもので、表記法が統一されていないため調査者によって異なった表現となっているが、同じものを指していると考えられる。

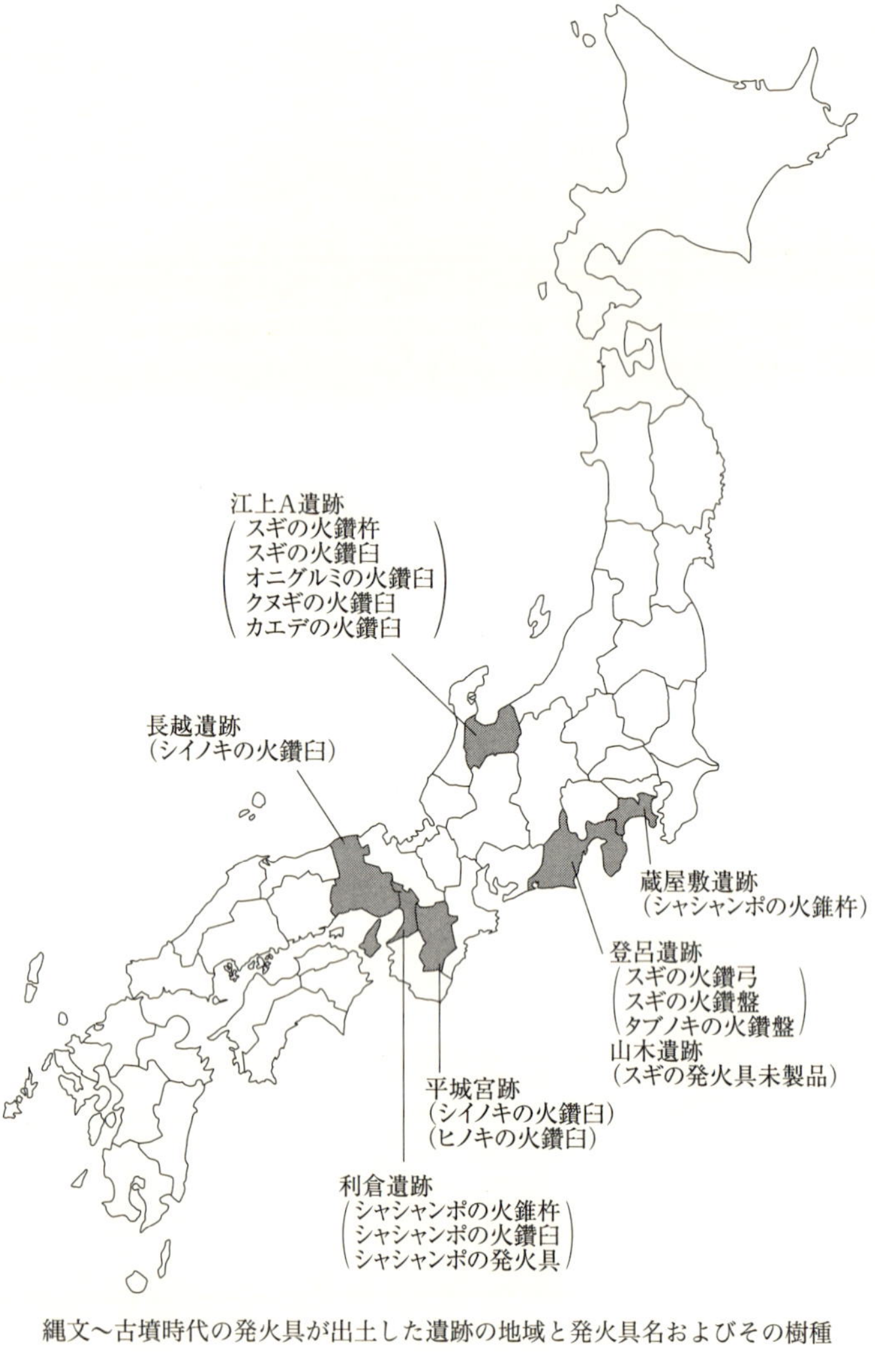

縄文～古墳時代の発火具が出土した遺跡の地域と発火具名およびその樹種

ヒノキを建物など、どこか適当な場所に用いようとして加工した製品も数多く出土しており、その総数は二四六件にのぼる。出土した府県は、福井県、奈良県、大阪府、兵庫県、福岡県、岡山県、静岡県、群馬県、鳥取県という広い範囲におよんでいる。遺物の内容とその出土件数は、次の通りである。

加工痕のある枝（一件）、加工材（二件）、細棒状（一件）、小板状木製品（一件）、断片（一件）、板（一二九件）、板材（二二件）、ヤリガンナ加工痕のある板材（一件）、板小片（六件）、板状加工木（一件）、板状木製品（七件）、板片（二件）、棒（四七件）、棒状品（一件）、棒状木製品（一件）、柾目板（一件）、木材（四件）、木器（二件）、木片（四件）、木棒（一件）、用材（一〇件）

遺物のなかでは板と名のつく製品が一七四件（七〇％）ともっとも多く、ついで棒と名のつく製品の四九件（二〇％）となっている。もっとも古いものは福井県鳥浜遺跡の縄文時代前期の地層から出土した加工痕のある枝（一件）と加工材（二件）である。縄文時代後期からの出土は鳥取県布勢遺跡の木（四件）と木片（二件）である。それ以外は、弥生時代から古墳時代の年代のものである。弥生時代後期の大阪府西岩田遺跡からは、ヤリガンナ加工痕のある板材が出土しており、どこかきわめて重要な場所に使うことを目的として加工されたものであろう。

遺跡からの出土遺物以外では、奈良の正倉院の伝世木工品に使われた主要材料の樹種を『正倉院の木工』（正倉院事務所編、日本経済新聞社、一九七八年）でみると、外来材の紫檀・白檀を除くと、針葉樹はヒノキ（五四点）、スギ（三四点）、イチイ（一点）、カヤ（三点）の四種で、合計九二点（五三％）、広葉樹はケヤキ、カシ、サクラ、ツゲ、クロガキ、キリ等一三種八一点（四七％）であった。ヒノキが使われている木器名は箱類（一九点）、几台類（二九点）、楽器類（一点）、遊戯具類（一点）、食器類（三点）、その他（一点）であった。なお箱には曲物・合子《ごうす》・筒・籠などが、几台類には書几・小架・蓮華座などが含まれている。
ヒノキとスギが圧倒的に多い理由は、通直で割裂性に富み、軟らかで加工が容易であるとともに、平城京の近くに生育地があり、手に入れ易かったためと推定できる。

ヒノキ材を大量に使った建物

奈良時代以前にヒノキのような良材を多量に使う建物としては、都城と寺社の造営があった。大和朝廷が成立してから後の都として知られているものには、崇神天皇の磯城《しき》の瑞籬《みずがき》宮をはじめとして、巻向《まきむく》の珠《たま》城宮《きのみや》（垂仁天皇）、巻向の日《ひ》代宮《しろのみや》（景行天皇）、志賀の高穴穂宮《たかあなほのみや》（景行・成務天皇）、大和の軽島明宮《かるしまのあきらのみや》・難波の大隅宮（応神天皇）、難波の高津宮（仁徳天皇）磐余《いわれ》の稚桜宮《わかざくらのみや》（履中天皇）、河内の丹《た》比柴籬宮《じひしばがきのみや》（反正天皇）、大和の飛鳥宮（允恭天皇）、石上の穴穂宮（安康天皇）、泊瀬の朝倉宮（雄略天皇）などがある。

天武天皇の飛鳥浄御原《あすかきよみがはら》宮には大極殿、大安殿、内安殿、向小安殿などが配置されていたうえに、京は左右両京に別れていたことも知られている。また持統天皇の代に造営されて、元明天皇の平城遷都までの都のあった藤原京には、平城京の前身と見られるだけの条件がそろっていたことが明かにされている。歴代、天皇の交替ごとに遷都するのが原則のように都が移動し、なかには天皇一代で、二度も三度も遷都をおこなった例もみられる。

これらの都の造営資材のおもなものは、ヒノキであった。古代の人びとは、ヒノキは宮殿のような建造物をつくる上で優良な材料であることを知っていた。それは、大和国には、これら宮殿のような大型の建造物を造営することが可能なヒノキの大木が生育していたことによる。それらを伐採し、宮殿や寺院などの建築に惜しげもなく用いていた。しかし、手近なところのものはたちまち伐りつくし、藤原宮の造営のころには、遠く近江国や伊賀国まで手をのばさなければならなくなったことが記録に残されている。菅沼孝之は「ヒノキ雑記」（雑誌『随想森林』第三号、土井林学振興会、一九八〇年）と題したエッセーの中で、奈良時代に栄えた寺院の建築材についてつぎのように述べている。

和田廃寺が現奈良県橿原市和田町の水田の中にある。七、八世紀の頃に栄えた同寺の遺跡の発掘に際して鴟尾《しび》の破片が出土した。比較的よく残っている一個の鴟尾の破片五五片の総重量は一三五キログラム、欠損部分を石膏、ステンレス製針金で補修した復元鴟尾の重量は一五〇キログラム、総高一二七・七センチであった（『奈良国立文化財研究所報』一九七六年による）。寺の屋根には鴟尾を少なくとも二個と多数の瓦をのせているので、重い屋根を支える柱の太さは想像に余りある。ヒノキの巨樹があったからこそ大きな寺院ができたといえる。

宮殿遺跡から出土したヒノキ

島地謙と伊東隆夫は、『古事記』『日本書紀』という歴史書に記されている樹木の使いかたを数量的にとらまえようと、遺跡の発掘調査で出土した遺物の記された文献を整理して、代表的な宮殿とそれ以外の遺跡とを比較するため平城宮跡（奈良県）をはじめ藤原宮跡（奈良県）および周辺遺跡、太宰府史跡（福岡県）、御子ケ谷遺跡（静岡県）から、それぞれ一五〇点、一五点、六点、一〇〇点の試料を手に入れ、樹種の同定をおこない、『日本の遺跡出土木製品総覧』（雄山閣、一九八八年）の中で発表している。

平城宮跡では資料一五〇点中、ヒノキ九一点（六一％）であった。

御子ケ谷遺跡では試料一〇〇点中、ヒノキ六四点（六四％）であった。ただし、板や板塀の支柱をのぞく建物柱、柵柱、井戸柱だけを比較すれば、試料は八五点となり、その中でのヒノキは六四点なので七五

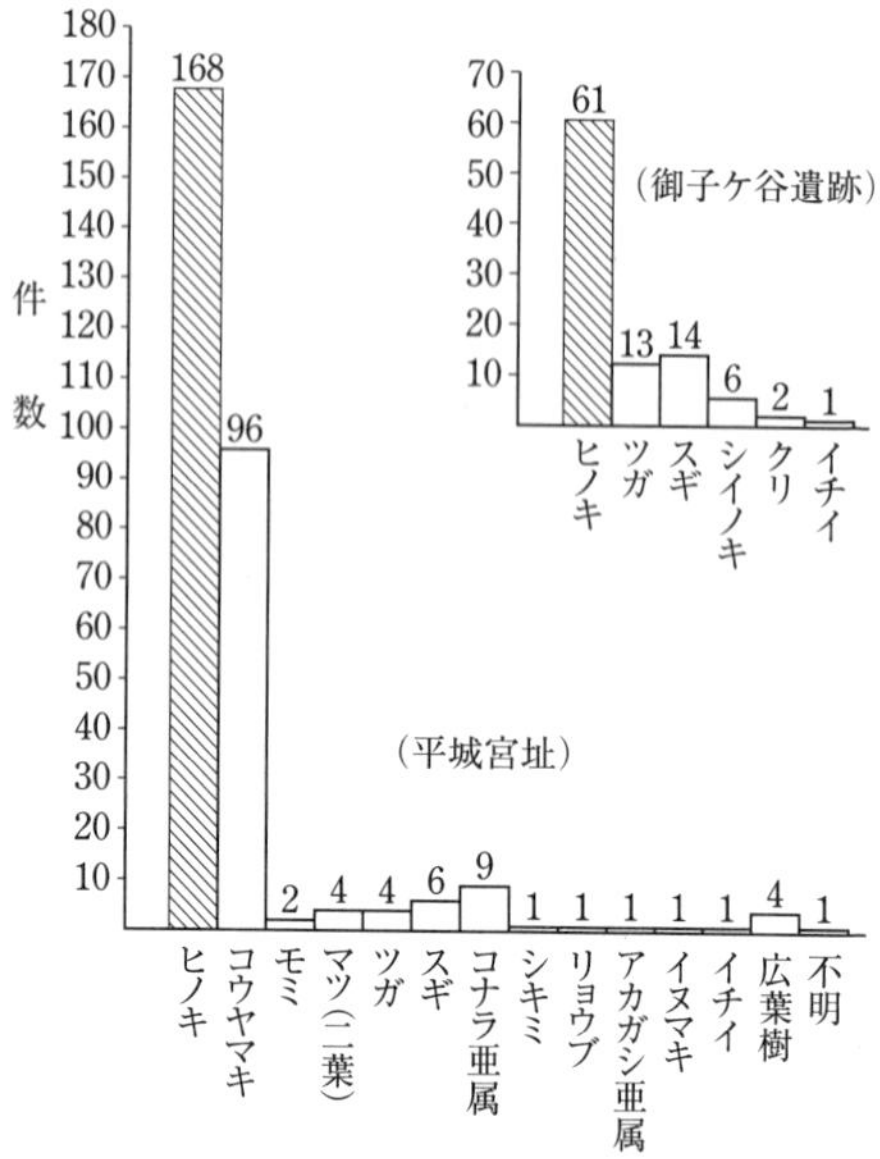

官の施設である平城宮址と御子ケ谷遺跡から出土した建築材（建物と柵の柱根）の樹種別件数

%の高率となる。

御子ケ谷遺跡は静岡県藤枝市南新屋で、昭和五二年（一九七七）に団地造成工事にともなって行われた発掘調査によって発見された遺跡である。ここからは掘立柱建物、門、板塀、井戸、道路などの遺構群が出土した。このときに「志太」の郡名や官職名、厨《くりや》を記した大量の墨書土器や木簡、硯《すずり》、食器類、木製品が多数出土したことから、奈良・平安時代の駿河国志太郡の郡衙《ぐんが》跡であるとわかったのである。

御子ケ谷遺跡は地方にある遺跡だが、その施設は官のもので、民《たみ》とよばれる庶民が使うものではなかったので、このようにヒノキ材の比率が高くなっているのである。

奈良国立文化財研究所がおこなった平城宮跡の出土遺物の樹種同定によれば、試料八八点中ヒノキは四七点（五三%）であったと報告されている（「木製品　平城宮発掘調査報告」『奈良国立文化財研究所学報』第四二冊、一九八五年）。

島地らの前掲『日本の遺跡出土木製品総覧』に収録されている六種類の文献から、平城宮跡から出土した建築材（ほぞのある角材、井戸柱根、井戸枠、建物柱根、柵柱根、礎盤など）の樹種を拾って掲げるとつぎのようになる。同様に御子ケ谷遺跡から出土した建築材（建物柱根、柵柱根のみ）の樹種を拾って掲げる。

	平城宮跡	御子ケ谷遺跡
ヒノキ	一六八点（五六％）	六一点（六三％）
コウヤマキ	九六点（三二％）	
スギ	六点	一四点
マツ（二葉）	四点	
モミ	二点	
イヌマキ	一点	
イチイ	一点	一点
ツガ	四点	一三点
コナラ亜属	九点	
シキミ	一点	
シイノキ		六点
リョウブ	一点	
クリ		二点
アカガシ亜属	一点	
広葉樹	四点	
不明	一点	
総数	二九九点	九七点

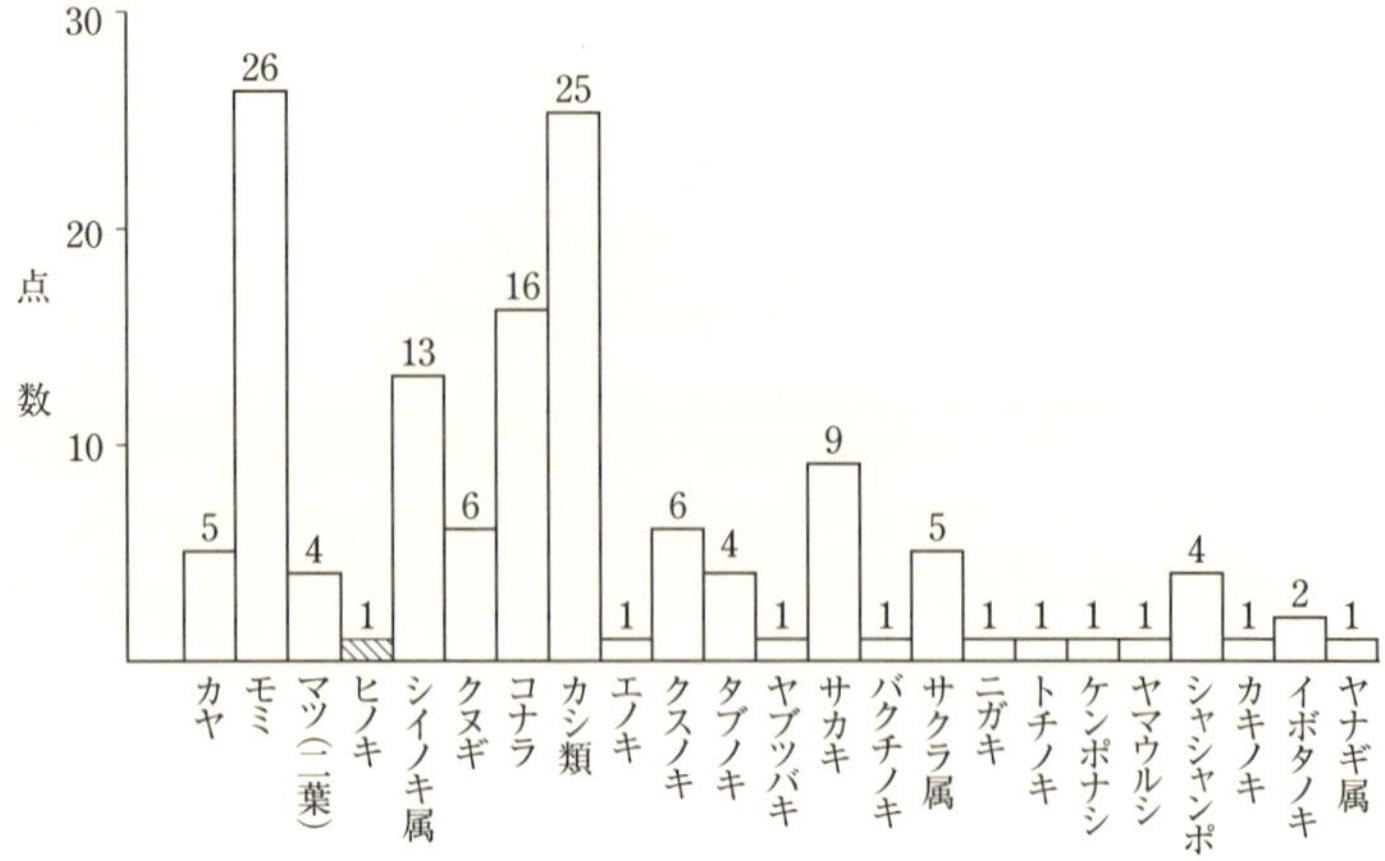

庶民遺跡である鬼虎川遺跡から出土した柱・杭の樹種別の数量。ヒノキの数量はきわめて少ない。

平城宮跡では樹種の同定できるものは以上の一二種で、ここに掲げた樹種以外は同定できないため広葉樹として一括されている。御子ケ谷遺跡での樹種は六種である。宮殿や寺院などの大型建造物ではなく、古墳時代以前の一般の民家では果たしてヒノキは使われていたのであろうか。

庶民遺跡から出土した建築材

島地らの前掲『日本の遺跡出土木製品総覧』によると、弥生時代中期から後期の大阪の鬼虎川遺跡の建築材の出土品は次のようになる。なお鬼虎川遺跡とは大阪府東大阪市宝町・弥生町にある遺跡で、昭和一六年(一九四一)に整地が行われたとき、多数の土器が出土したため調査がおこなわれた結果、近畿地方の弥生時代後期の重要な遺跡であることがわかった。この遺跡では大阪府東部にもっとも早く弥生文化をもった人びとの集団が住み着いたとみられている。

鬼虎川遺跡は土器や青銅器、石器、狩具など、弥生時代の代表的な遺物が数多く出土しており、近畿圏では奈良県田原本町の「唐古・鍵遺跡」、兵庫県尼崎市の「田能遺跡」、大阪府泉大津市の「池上曾根遺跡」などとならんで、弥生時代を代表する遺跡とされている。官の建物などのない、まったくの庶民が生活した遺跡である。

鬼虎川遺跡から出土した遺物の樹種とその用途

	(柱)	(柱又は杭)	(計)		(柱)	(柱又は杭)	(計)
カヤ	四点	一点	五点	モミ	二四	二	二六点
マツ（二葉）	四		四	ヒノキ	一		一
シイノキ属	六	七	一三	クヌギ	二	四	六
コナラ	一三	三	一六	カシ類	一二	一三	二五
エノキ	一		一	クスノキ	五	一	六
タブノキ	二	二	四	ヤブツバキ	一		一
サカキ	八	一	九	バクチノキ	一		一
サクラ属	四	一	五	ニガキ	一		一
トチノキ	一		一	ケンポナシ	一		一
ヤマウルシ		一	一	シャシャンポ	三	一	四
カキノキ		一	一	イボタノキ	一	一	二
ヤナギ属		一	一	（計）	九五点	四〇点	一三五点

鬼虎川遺跡から出土する用材の樹種は二三種におよぶという多さで、針葉樹ではモミが多く使われているが、とくに多いのはコナラやカシ類といったブナ科の樹種である。そのほかにもサカキやクスノキ、

ケンポナシ、ヤマウルシ、カキノキなど、宮殿の用材としてはほとんど見られなかった広葉樹が数多く出土している。

宮殿用材として最も多く使用されていたヒノキは、この遺跡からはわずか一点だけの出土であった。また鬼虎川遺跡で多用されている針葉樹のモミ（二六点）は、平城宮跡では建物柱根としてわずか二点利用されているにすぎない。このように比較すれば、おなじ近畿地方での遺跡ではあるが、宮殿や大きな寺院のような特殊な建物と民家集落とでは、建物に利用する樹種に大きな違いが見られるのである。当時のヒノキが宮殿や寺院などに専ら利用されていたことが浮かびあがってきた。まことに『日本書紀』に述べられているように、ヒノキは宮殿の建築材料であった。

古墳時代以前の建築材の樹種比較

古墳時代以前の遺跡から出土する建築材には、建物柱根、井戸用材、礎盤、角材、丸太などさまざまな製品が含まれるが、全製品にわたってヒノキが利用されているかというと、それぞれの製品によって使われる樹種に特徴がみられる。前掲の資料から古代に使われた建築材の製品別の樹種をみるとつぎのようになる。

柱とよばれる製品には、丸柱、角柱、建物柱根、井戸柱、柵柱根、真柱などの製品をすべてふくむ。柱材の総点数は八〇四点あり、針葉樹と広葉樹とでは、圧倒的に針葉樹材が多く利用されている。最も多いのはヒノキで二六六点（うち平城宮跡一三二点、御子ケ谷遺跡五二点、大瀬川C遺跡一六点）で、ついでコウヤマキの一一三点（平城宮跡八〇点）である。ヒノキとコウヤマキの二つの樹種だけで柱材の四七%を占めている。これより少し時代が下がるとスギの六二点、モミの三二点、カヤの二二点、マツの一六点となる。広葉樹ではコナラ類が最も多く四八点、ついでシイの三四点、カシ類の三三点となっている。

角材は、角材のほか角柱、角棒、角杭などを含む。角材の総点数は二九九点で、スギが圧倒的に多く一三九点、ついでコナラ類の六九点、モミの二三点であり、ヒノキはクリとともに一二点で、わずか四%を占めているにすぎない。

丸太は、丸太のほか丸柱、丸木、丸太状の製品をふくむ。丸太の総点数は三二二点で、イヌマキが一五五点を占めている。これはイヌマキの天然分布地の静岡県伊豆地方の山木遺跡からすべて出土したものである。ついでクリの七七点、カツラの三二点となり、ヒノキはわずか四点で比率は一%にすぎない。

板材は、板、柵板、化粧板、井戸板、天上板、壁板、羽目板、野地板、板塀、矢板などの製品がふくまれる。総点数は二二六点で、スギが九一点で圧倒的に多く、ついでヒノキの四七点となる。しかし、ここに集計されている板は、建築材として使用されたことがはっきりしているもので、用途が明確でないものは加工材として一括して記載されている。これら板材はおびただしい量が出土している。

井戸材も建築材として扱われており、総点数は九四点である。最も多いのはスギの三七点、ついでヒノキの二〇点となり、マツ類の八点、モミとクリの六点、コウヤマキの五点がこれにつづく。

第三章　建築材としてのヒノキの需給事情

法隆寺を支え続けてきたヒノキ材

六世紀にわが国に仏教が伝来した。仏教は、はじめは大陸から渡来した人々や蘇我氏などによって信仰されたが、蘇我氏が朝廷の実権をにぎると、朝廷の保護をうけて急速に発展し、朝廷のおかれた飛鳥を中心に最初の仏教文化がおこった。蘇我氏による飛鳥寺（法興寺）、聖徳太子による斑鳩寺《いかるがでら》（法隆寺）などをはじめ、諸氏も競って氏寺を建て、古墳に代わり寺院や仏像が豪族の権威をあらわすものとなった。

飛鳥文化は古墳文化のうえに、新しく百済《くだら》・高句麗《こうくり》などを通じて伝えられた中国の南北朝時代の文化の影響が加わって生まれた。なかでも建築では、従来の「底津岩根に宮柱立て」茅《かや》で屋根を葺く形式とは異なり、礎石をまず据えその上に柱をのせ、屋根は瓦で葺くという現代までつづく寺院の建築方法となった。飛鳥時代の建物として現存する法隆寺は、いったん焼失したのち七世紀後半に再建されたものと思われるが、飛鳥建築の特色をよく残しているといわれる。法隆寺は『日本書紀』に六七〇年焼失の記事があるため、再建・非再建をめぐって明治以降はげしく論争された。現在では、最初の法隆寺の建物とおもわれる若草伽藍《がらん》跡の発掘の結果などから、現存の金堂・五重塔などは焼失後に再建されたものと考えられている。

法隆寺の材料がヒノキ材であることについて、法隆寺の宮大工であった西岡常一は小原二郎との共著『法隆寺を支えた木』（NHKブックス、日本放送協会、一九七八年）のなかで次のように語っている。談話は断片的になっているので、ヒノキ材に関する部分を抜粋していく。西岡常一は昭和の最後の宮大工といわれ、長年法隆寺の修復にたずさわり、法輪寺三重塔、薬師寺金堂を再建し、そののち薬師寺の西塔の復興の棟梁をつとめてきた人で、木を語る第一人者であった。

法隆寺の堂塔に使われている木材は、鎌倉時代あたりから、ケヤキがいくらか使われだしますが、それ以前はヒノキしか使われていません。わたしが思うに、むかしの日本人は、大陸の建築技術が渡来する以前から、ヒノキのよさ、強さ、使いよさを知っていたようです。

（『法隆寺を支えた木』Iの2・法隆寺のヒノキ）

ヒノキは木目がまっすぐに通っていて、材質は緻密、軽軟、粘りがあって、虫害にも、雨水や湿気にも強いことはよくご存じの通りです。このヒノキを隅から隅まで使ったことが、法隆寺の建物を千三百年も持ちこたえさせた大きな理由です。ヒノキを削って、チョウナやヤリガンナで仕上げると、屑や木端が残ります。それも捨てないで、壁の下地の「木舞」などに使ってあります。

（『法隆寺を支えた木』Iの2・飛鳥人のひらめき）

とくに法隆寺のエンタシス柱がヒノキであることに、わたしは感銘を深くしています。あの柱が石や鉄ではこまります。木でもヒノキのほかではいただけません。お堂の雰囲気にふさわしいあの独特のまろやかさと柔らぎと暖かさは、ヒノキからでないと生まれてきません。

（『法隆寺を支えた木』Iの2・ヤリガンナ）

法隆寺の建物は、ほとんどヒノキ材で、主要なところは、すべて樹齢一千年以上のヒノキが使われています。そのヒノキが、もう千三百年を生きてビクともしません。建物の柱など、表面は長い間の風化によって灰色になり、いくらか朽ちて腐食したように見えますが、その表面をカンナで二〜三ミリも削ってみますと、驚くではありませんか、まだヒノキ特有の芳香がただよってきます。そうして薄く剝いだヒノキの肌色は、吉野のヒノキに似て赤味を帯びた褐色です。千三百年前に第二の生き場所を得た法隆寺のヒノキは、人間なら壮年の働き盛りの姿で生きているのです。

（『法隆寺を支えた木』Iの3・木の寿命）

法隆寺を1300年以上支え続けてきた大木のヒノキが林立する林。

西岡常一はこのように法隆寺の建物のほとんどの部材にヒノキ材が用いられていることを述べ、ヒノキ以外の木では創建当初の金堂で野地板（屋根の下地板のこと）にスギ板が使われていたと同書でいう。スギ板は、西岡が見たところしっかりしていたが、触っただけでボロボロにくずれ、まるで火に燃えて形だけ残った段ボールの紙のようだったという。

法隆寺でも鎌倉時代からは比較的手近で、安く手に入るケヤキやマツ、スギが使われていた。それらの寿命について西岡は、建築材のスギの寿命は赤味のいいところで七〇〇〜八〇〇年はあるようで、ケヤキとマツはともに四〇〇年くらいだという。道具や技法がどんなに進んでも、木造建築ではヒノキがどんな木よりも優れている。ヒノキが使われたおかげで、法隆寺は世界最古の木造建築として一三〇〇年を生き抜いて丈夫に立っているのだと、西岡は主張する。

仏教信仰の拡大と寺建立のヒノキ

西岡が法隆寺の昭和大修理に携わってわかったことだが、ヒノキ材の太さや材質、あるいは使われ方が建物により異なっていた。用材から見ると、金堂が一番早く建てられ、その次が五重塔であったようだという。法隆寺の用材は、どこで伐採され、どう運んできて使ったものなのかは明確ではない。使われたヒノキの材質から西岡が感じたところによると、木曽（長野県）でも、吉野（奈良県）でも、あるいは遠く離れた関東、中国、四国でもなく、しいて材質の似た産地をあてはめるなら吉野ということになろうと、法隆寺の建つ大和国の産物であったと推定している。そして法隆寺の用材は、ほかの寺社も同じだが、はじめはごく近くの運びだしやすいところから伐りだして使ったようだ。法隆寺の近辺には、ヒノキの原生林があり、そこから適材を運んできて建てたのではないかという。

西岡よりずっと以前のことであるが、三好東一は帝室林野局発行の部内機関誌『御料林』第七三号（昭和九年＝一九三四）のなかで、法隆寺の建築材について解剖学的な立場から調査した結果、産地は三重県多気郡大台町の大杉谷のヒノキに近い性質をもっていると述べている。小原二郎と尾中文彦は法隆寺の五重塔のヒノキ心柱を調査した際、伐採地は別としても、近畿系のものと判断して差し支えないと考えたと、前にふれた『木の文化』で小原二郎は述べている。なお、五重塔のヒノキ心柱は、頂上の九輪までの間を三本のヒノキの大木を継いでつくられている。最下部の柱からとられた円盤の年輪数などから推定を重ね、柱の樹齢は四二二～四五五年という年数が出ている。そして年輪幅から、生育地はかなり肥沃地で、長年月にわたり成長を続けていたヒノキだと判明している。

さて、仏教の信仰が朝野にひろがるにつれ、各地で寺や塔の造営がおこなわれ、木材の需要が増大していった。ことに大和国（現奈良県）では、諸大寺の創建とともに宮廷・官衙《かんが》ならびに皇族・豪族による規模豪壮な邸宅も営まれたので、木材の需要は一層多くなり、付近の山林は伐採されつくし、ついには木材供給地を流域外の、隣接する諸国に求めるようになった。天武天皇のあとをついだ持統天皇（在位六九〇～六九七）は、国家運営の中心として中国の都城にならった広大な藤原京を飛鳥の北方に造営した。この木材を近江国の田上山《たながみやま》に求めたことは、前に触れた。

これより前、飛鳥を中心に大和国南部ではしきりに都が動き、寺院が建築された。崇峻天皇（在位五八七～五九二）の時代、蘇我馬子は飛鳥真神原《まがみがはら》にはじめて法興寺を造った。崇峻天皇三年（五八九）冬十月、山に入り法興寺の用材を伐ったと『日本書紀』は記しているが、その山はどこか不明である。

推古天皇元年（五九二）、厩戸皇子《うまやとのみこ》（聖徳太子）は、摂津国に四天王寺を建立した。推古天皇二年（五九三）春二月一日、天皇は仏教の興隆をはかられ、このとき多くの臣《おみ》・連《むらじ》たちは君や親の恩に報いるため、きそって仏舎を造った。これを寺というと『日本書紀』は記す。寺とは、インドのパーリー語で長老を意味する thera から、または朝鮮語の礼拝所 chyol からきているといわれる。中国での寺は、もと外国の使臣を遇する所という意味をもつが、わが国では、仏像を安置し、僧または尼が居住し仏道を修行し、その教えや法を説くところとされている。当時の寺は、貴族たちが中国からの文化を学ぶ大学の役目をもっていた。もちろん官立である。

持統天皇（在位六九〇～六九七）は天武天皇の皇后であったが、朱鳥元年（六八六）九月に天武天皇が崩御されたのち即位の式もあげないまま（即位は朱鳥四年一月一日）、政務をとられた。朱鳥元年一二月に天武天皇の供養布施するための法会《ほうえ》を、大官大寺・飛鳥寺・川原寺・小墾田《おはりだ》豊浦寺・坂田寺の五つの寺で行われており、当時は飛鳥地方にこれだけの寺があったわけである。これほどの都や寺が造営されていたのであるが、その資材はどこから運ばれたのか、藤原宮がわずかにわかる程度で、これ以外はほとんど不明である。

平城京造営のヒノキ

『続日本紀』によると和銅元年（七〇八）二月、「まさに今、平城の地、四禽図《しきんと》に叶ひ、三山鎮を作し、亀筮《きぜい》並びに従ふ。宜しく都邑《とゆう》を建つべし」との元明天皇の詔がだされ、平城へ遷都するための工事を開始された。これ以後天皇はたびたび造営現場をおとずれ、工事を督励された。そして和銅三年（七一〇）、藤原宮から平城宮へ遷都されたが、平城宮の造営材はどこから運ばれたのかは詳らかではない。

いま島地謙・伊東隆夫編『日本の遺跡出土木製品総覧』（雄山閣、一九八八年）から、平城宮跡で発掘された木材のうち、建物や土木用材および建物の部材となりそうな加工材とされた樹種をみると次のようになる。時代は古墳時代から奈良時代におよんでいる。

①建築材（全二九九件）

井戸柱根　コウヤマキ二件・ヒノキ四件
井戸枠　スギ一件
井戸板　ヒノキ一件
角材　ヒノキ一件
丸柱　ヒノキ一件
橋脚柱根　ヒノキ二件

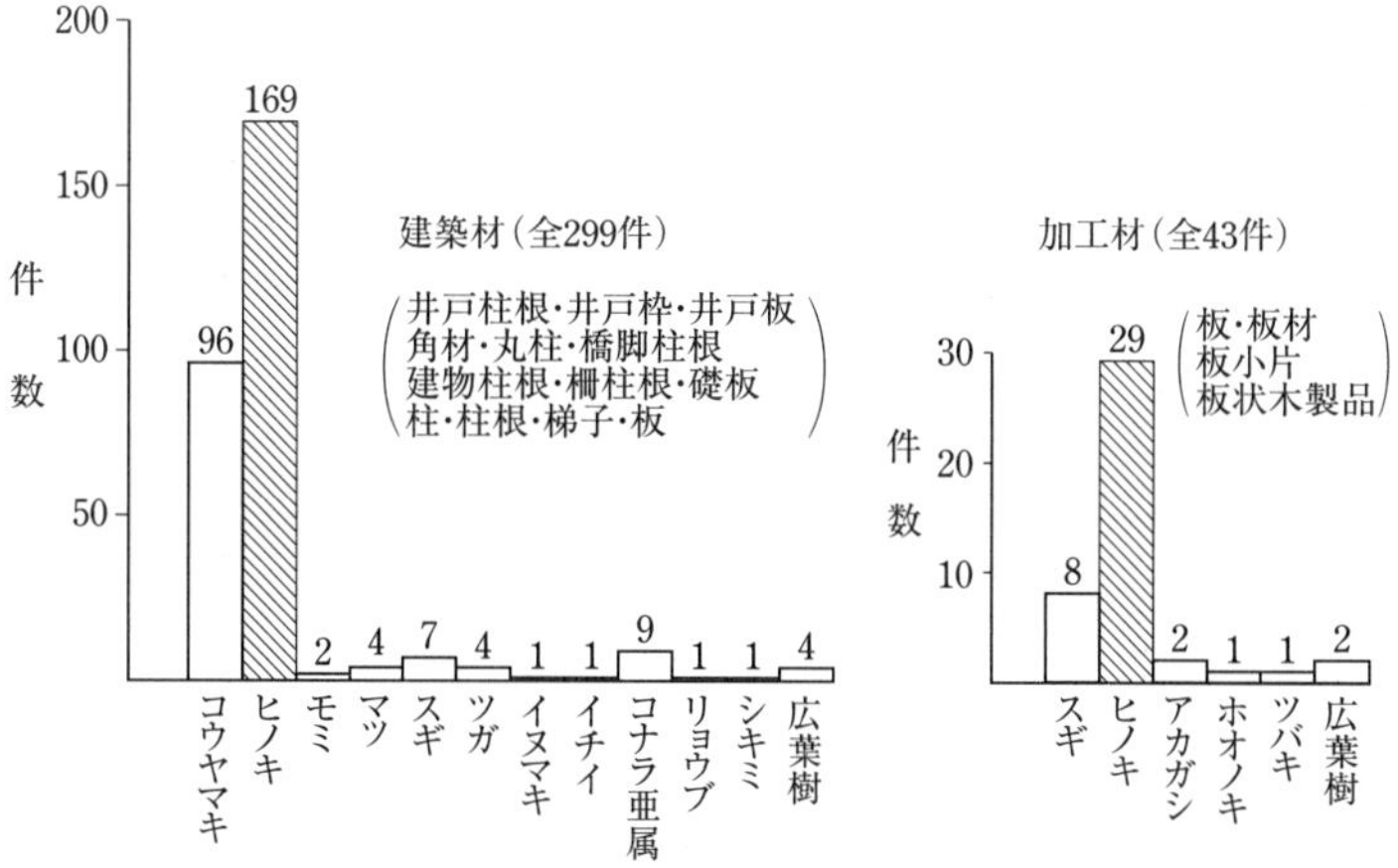

平城宮跡から発掘された建築材および加工材の樹種とその件数（『日本の遺跡出土製品総覧』をもとに作図）

建物柱根　モミ二件・マツ（二葉）一件・ツガ二件・コウヤマキ四五件・ヒノキ六四件
柵柱根　コウヤマキ七件・ヒノキ二一件
礎板　スギ五件・コウヤマキ七件・ヒノキ一三件
柱　マツ三件・ヒノキ二件・コナラ亜属二件・リョウブ一件・シキミ一件
柱根　ツガ二件・コウヤマキ三五件・ヒノキ四七件・広葉樹四件
梯子　コナラ亜属三件
板　イヌマキ一件・ヒノキ三件
板（ほぞ穴付）　イチイ一件・スギ一件・ヒノキ一〇件・コナラ亜属四件

②土木用材（全一件）
木樋　コウヤマキ一件

③加工材（全四三件）
板　スギ一件・ヒノキ八件・アカガシ亜属一件・ホオノキ一件・不明一件
板材　ヒノキ二件

板小片　　　スギ二件・ヒノキ六件
板状木製品　スギ五件・ヒノキ一三件・アカガシ亜属一件・ツバキ一件・不明一件

以上の建築材、土木用材、加工材の全件数は三四三件となる。そのうちヒノキは一九七件となり、全体の五七％と高い比率を占め、平城宮では宮殿をはじめとした官公庁といった格式の高い建物が高い比率を占めていたことを示している。

建物の柱（建物柱根、柱、柱根）に使われた材は、ヒノキ（一一三件）とコウヤマキ（八〇件）とが大きな比率を占めており、平城宮造営の重要な樹種であったことがわかる。しかし、残念ながらどんな建物に用いられていたのかは不詳である。

東大寺建立のヒノキ材の産出地と泉津

奈良時代の天平一七年（七四五）、聖武《しょうむ》天皇の発願により創建された東大寺は、ヒノキの校倉造《あぜくらづく》りで知られる正倉院をもっている。大仏殿の北西にある木造の大倉庫で、聖武天皇の遺愛品、東大寺の寺宝、文書など七〜八世紀の東洋文化の粋九〇〇〇余点が収められている。正倉院文書の数多い木材関連文書に記されているヒノキの産出地方は、ほとんど伊賀国と近江国で、一部山城国もみられる。それらの木材は泉《いずみ》河《がわ》（現木津川）の泉津《いずみのつ》を経て、平城京へと入っている。

平安時代の法令集である『類聚三代格《るいじゅうさんだいきゃく》』の寛平八年（八九六）四月二日付けの太政官符には、「東大元興大安興福等材木を採る山は泉河辺に在り、或いは五六百町、或いは一千町歩、東は伊賀に連なり、南は大和に接す」とある。つまり、東大寺、元興寺《がんごうじ》、大安寺、興福寺などの奈良にある大寺は、堂塔の造営や修理のための材木を採る山を泉河（木津川）の流域にもっていた。その広さは寺によって五〇〇〜六〇〇

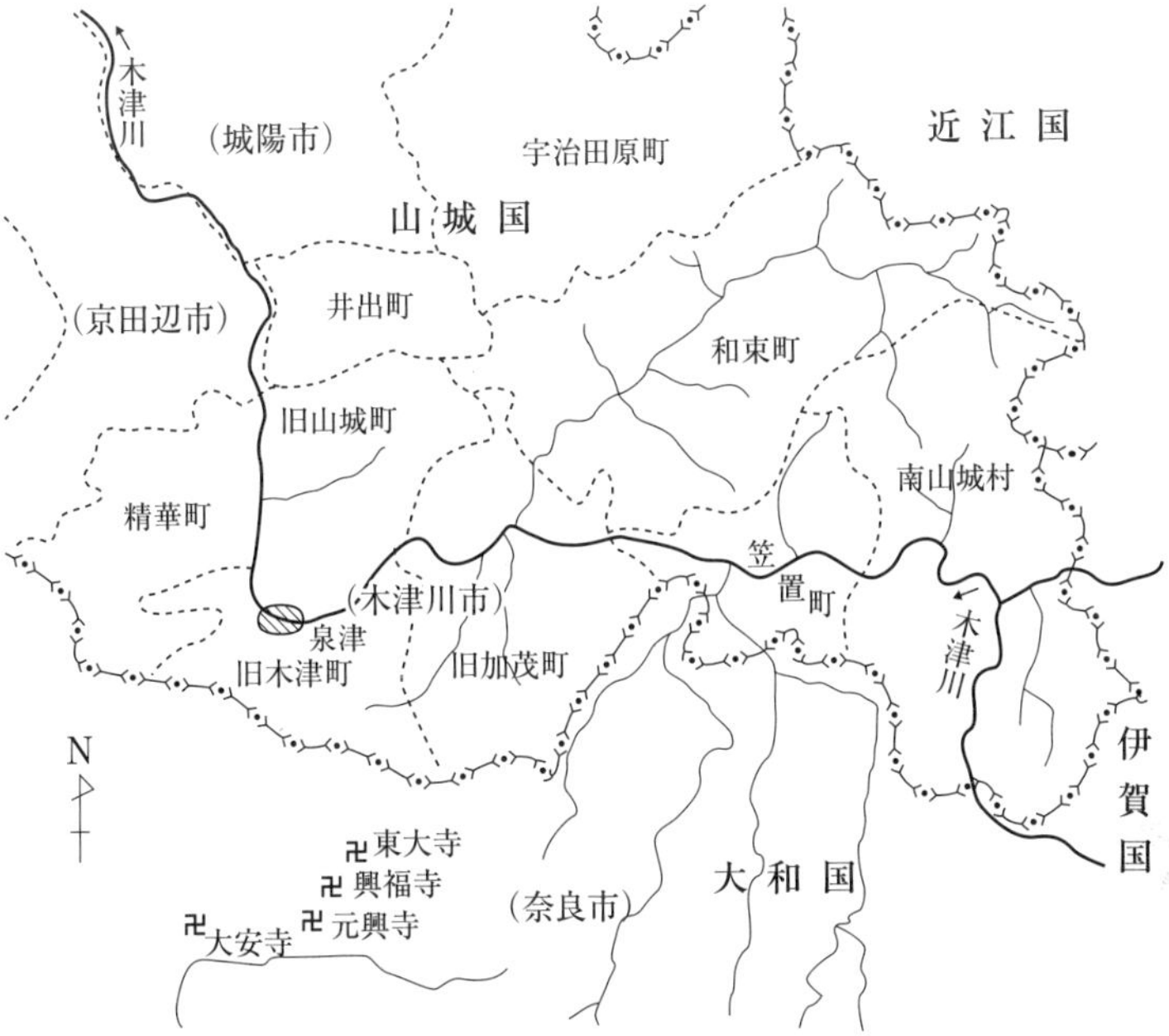

平安時代初期に東大寺・興福寺等が材木を採る山とされた山城国南部の概略図

町歩、あるいは一〇〇〇町歩にも及んでいた。その山々は、東側は伊賀国まで連なり、南側は大和国に接していたというのであるから、ほとんどは山城国で、現在の木津川市加茂町及び木津町、相楽郡南山城町、同郡笠置町、同郡和束町などであったであろう。

さて泉津《いずみのつ》とは、現在の京都府木津川市木津である。津とは船舶の泊まるところをいうものであり、別に川津の名もみえる。木津川はふるくから木材輸送の水路ともなっており、藤原京造営の際には、近江国田上山より伐りだしたヒノキ材を宇治川におろし、さらに木津川を溯らせて、峠越えで大和国の南部まで運んだことは、前に触れた。

それまでも大和国中央部（現在の奈良盆地の南部）に都が置かれていた時代には、西日本諸国から都へと貢納される各種の物資は、いったんは難波に集められ、そこから大和川の水運を利用したり、陸路をたどったりして都へと運ばれていた。しかし、大和川の支流は奈良盆地に入ると流れが細くなり、かならずしも効率的な物資運搬が行えなかった。

そこから淀川を遡及し支流の木津川へと至る水系が、河川水運の大動脈としてその任務を大きくしていった。そして淀川の支流である木津川が東部の伊賀国から流れてくる流路は、木津（泉津）のところで東の方向へと屈曲する。泉津は平城京のすぐ北方に位置するところから、ここ泉津は都へと膨大な物資を陸揚げする川港の性格を帯びるようになった。泉津からは標高差もわずかで、なだらかな奈良山丘陵を越えると、すぐに奈良盆地に出ることができた。

木材輸送の動脈である木津川沿いには、津（港）が設けられ、ここまで運ばれた木材を陸に引き揚げ、それを管理する木屋《きや》も置かれた。泉津（木津）は、平城京遷都により都の実質上の外港となった。とくに奈良にある諸大寺の用材を水運ではこんできたものを陸に引き揚げるところとして、木津川南岸の泉津は中心的な場所となっていた。泉津の周辺には中央官司や大寺院の荘がたちならび、川舟が頻繁に発着してにぎわっていたようである。平城京の造営も、ここまで川運で運ばれた木材がほとんど利用されていたと思われる。

早くは天平一九年（七四七）頃、大安寺（現奈良市）の木屋と薬師寺（現奈良市）の木屋が東西に相接して設けられており、大安寺の場合木屋に園地二町が付属しており、一種の荘園を形成していた（大安寺伽藍縁起幷流記資材帳）。また東大寺の泉木屋は、安元元年（一一七五）一二月の東大寺衆徒解案（東大寺文書）に、東大寺建立に際して良弁《ろうべん》が、伊賀国黒田杣（現三重県名張市）の用材筏《いかだ》を笠置山の盤石を破って通し、用材を引き上げたのに起源するとの話を記す。その後、宝亀九年（七七八）五月一六日に勅施入を受け成立したという（「久安三年印蔵文書目録」東大寺文書）。

（下中邦彦編『京都府の地名』日本歴史地名大系第二六巻、平凡社、一九八一年）

木津川の泉津は木材の集散が殊に多く、後世に至り木津の名を称するようになり、川の名称もこれにしたがって変わった。「正倉院文書」によれば、天平一一年六月に泉木屋所がおかれ、木材のことを管理し、運搬ならびに購入をおこなっていた。『大日本古文書』に収録の「正倉院文書」には泉木屋で材木を購入した文書があるので、意訳して紹介する。

泉木屋所解（「正倉院文書」）

泉木屋所解　買い申す進上の写経所の材木の事

合わせた請銭　一千一百六十二文

用状

一　合わせた買木　一百一十一材　直並車は一十六両　賃銭一千一百六十八文　返上遺《い》たす銭　一文

柱一六枝　直銭百九十二文　別に十二文

伐採現地事務所の山作所は四カ所

東大寺では当時は、木材を産出する山元には山作所《さんさくしょ》を置いて、伐採・運搬などの作業をおこなっていた。山作所は、山林の生育している樹木を伐採、製材するだけでなく、その材木を運ぶことをも担当する役所である。東大寺は現在の宗教法人ではなく、まったく官（国）の施設である。造東大寺司という長官をもつ官庁をつくり、建立の諸事業を行ったのである。山作所はその官庁の出先機関の一つであった。近江国には甲可《こうか》山作所、田上《たながみ》山作所、高島山作所の三カ所が、伊賀国には伊賀山作所が置かれていた。

東大寺の造営資材を産出する四か所の山作所

近江の田上山《たなかみやま》は、滋賀県大津市南部にある太神山《たなかみ》（六〇〇メートル）を主峰とした田上《たながみ》の山岳地一帯をいい、東大寺の杣山《そまやま》となっていた。杣山は材木用となる樹木が生育している山のことをいい、田上山には宮殿や寺、官衙などの建造物の建築に適したヒノキが高い生立割合を占めていた。

七世紀末の藤原宮造営のためのヒノキの角材が、勢《せ》田《た》川（現在の名称は瀬田川。宇治川の上流）から木津川へと運ばれたことは、『万葉集』巻一の「藤原宮の役民の作る歌」からわかる。田上山地域は、花崗岩地帯で地味が良好とはいえないので、やや乾燥した痩地《やせち》に生育するヒノキの生育に適した地域であったのであろう。この地は明治以降はひどいはげ山であったが、戦後のはげ山状態から治山や砂防工事によって現在は植生が回復してきており、その植生の下層にはヒノキの稚樹をあちこちでみることができる。

農林省編『日本林制史資料　豊臣時代以前』（朝陽会、一九三四年）に所載されている「正倉院文書」から、田上山作所に関するものをみると、天平宝字六年（七六二）正月廿八日の条《くだり》には収納雑材六十三物としてつぎのものが掲げられている。

廿八日　収納雑材六十三物

柱　十根　　束柱　四根　　桁　四枝　　方七寸桁　四枝

五・六寸桁十八枝　　歩板六枝　　幣直一枚　　佐須六枝又六枚
古万比十八枝
右、田上山作所より玉作子綿等の附、進上、件の如し
主典安都宿禰
（注・文書には各材の規格が記されていたが、ここでは繁雑となるので省略した）

この文書には材の樹種名が何であるのかは記されていないが、東大寺の諸建築に関わる材なので、ヒノキが主であったことは確実であろう。なお柱材はみな長さ二丈（約六メートル）で、元の径八寸（約二四センチ）、末の径六寸（約一八センチ）であり、あまり大きくない。

高島山は、近江国琵琶湖の西側にあたる滋賀県高島市（旧高島町）の鴨川上流部にある山と見られている。『高島町史』（高島町役場編・発行、一九八三年）は、「そこに山作所がおかれ、東大寺の東塔・歩廊《ほろう》や中門などの用材が高島山作所を通じて伐出された。（中略）高島山から伐り出された材木は、雇夫によって伐採場から引き出され、鴨川を流し河頭の小川津で筏に組んで、湖岸に沿って石山（勢多津《せたのつ》）に送られ、ここでいったん材木を集積して更に瀬田川（宇治川の上流部）に流し、宇治川より巨椋《おぐら》池（現在は埋め立てられて存在しない）を経て、木津川をさかのぼり、泉津で陸揚げして、ここから陸路となり雇車を使って奈良山を越え足庭（現場）に運搬された。山入りより運材が目的地に着くには数カ月を要したものと考えられる」と述べている。

『日本林制史資料　豊臣時代以前』に所載されている「正倉院文書」から、高島山作所に関するものをみると、天平宝字六年の「雑材并檜皮納帳」には、正月十五日に勝屋主《すぐのやぬし》が高島山よりスギ榑《くれ》二九六材を買い求めていることが記されている。榑は建築材の板、葺板、四ツ割、六ツ割などの中間製品のことである。

高島山のヒノキについて「正倉院文書」は明確に記していないが、同年正月二七日の高島山作所解には、進上榑の事として「合貳《に》伯玖《はくく》拾　肆《じゅうりつ》材」（合わせて二九一材）とあり、スギ榑とヒノキ榑を合わせて二九一材あったことを示す記述がある。ヒノキ材は自明のこととして、材に樹種名を記していないと私は考えた。

源平合戦での東大寺の焼失と復興

ヒノキ材で建立された寺の修理のため、朝廷や貴族は寺に山林を寄進した。『類聚三代格』十六「山野藪澤江河池沼事」には、「山林を諸寺に寄するは修理用材を採るためである」と記されている。ここにはヒノキと明示されていないが、修理用材なので松や杉なども当然使用されたことであろうが、やはりその大半はヒノキ材であったと考えられる。

平安時代末期の治承四年（一一八〇）、源平の戦の際に平重衡によって東大寺と興福寺は焼失した。その様子を『平家物語』（佐藤謙三校注、角川文庫、一九五九年）巻第五の一三「奈良炎上の事」は、つぎのように描写する。

夜軍《よいくさ》となって、大将軍中将重衡、般若寺の門の前にうち立って、暗さは暗し、「火を出せ」と宣《のたま》へば、播磨国の住人、福井の庄の下司《げし》、次郎大夫友方と云う者、盾を割り続松《たいまつ》にして、在家に火をぞかけたりける。頃は十二月二十八日の夜、戌《いぬ》の刻ばかりの事なれば、をりふし風烈しく、火本《ひもと》は一つなりけれども、吹きまよふ風に、多くの伽藍を吹きかけたり。（中略）

若しや助かると、大仏殿の二階の上、山階寺《やましなでら》の内へ、われ先にとぞ、逃げ入りける。大仏殿の二階の上には、千余人登り上り、敵の続くを登せじとて、階《きざはし》を引きてげり。猛火は正《まさ》しうおしかけたり。

（中略）

聖武皇帝、手ずからみづから磨き立て給ひし金銅《こんどう》十六丈の盧遮那仏《るしゃなぶつ》、烏瑟《うしつ》高く顕《あらは》れて、半天の雲にかくれ、白毫《びゃくごう》あらたに拝まれさせ給へる満月の尊容も、御頭《みぐし》は焼け落ちて大地にあり、御身《ごしん》は鎔《わ》きあひて山の如し。

このように、戦乱を逃れようとした民衆とともに大仏殿は焼け落ち、盧遮那仏は火災の熱で熔けて、山のようになったというのである。

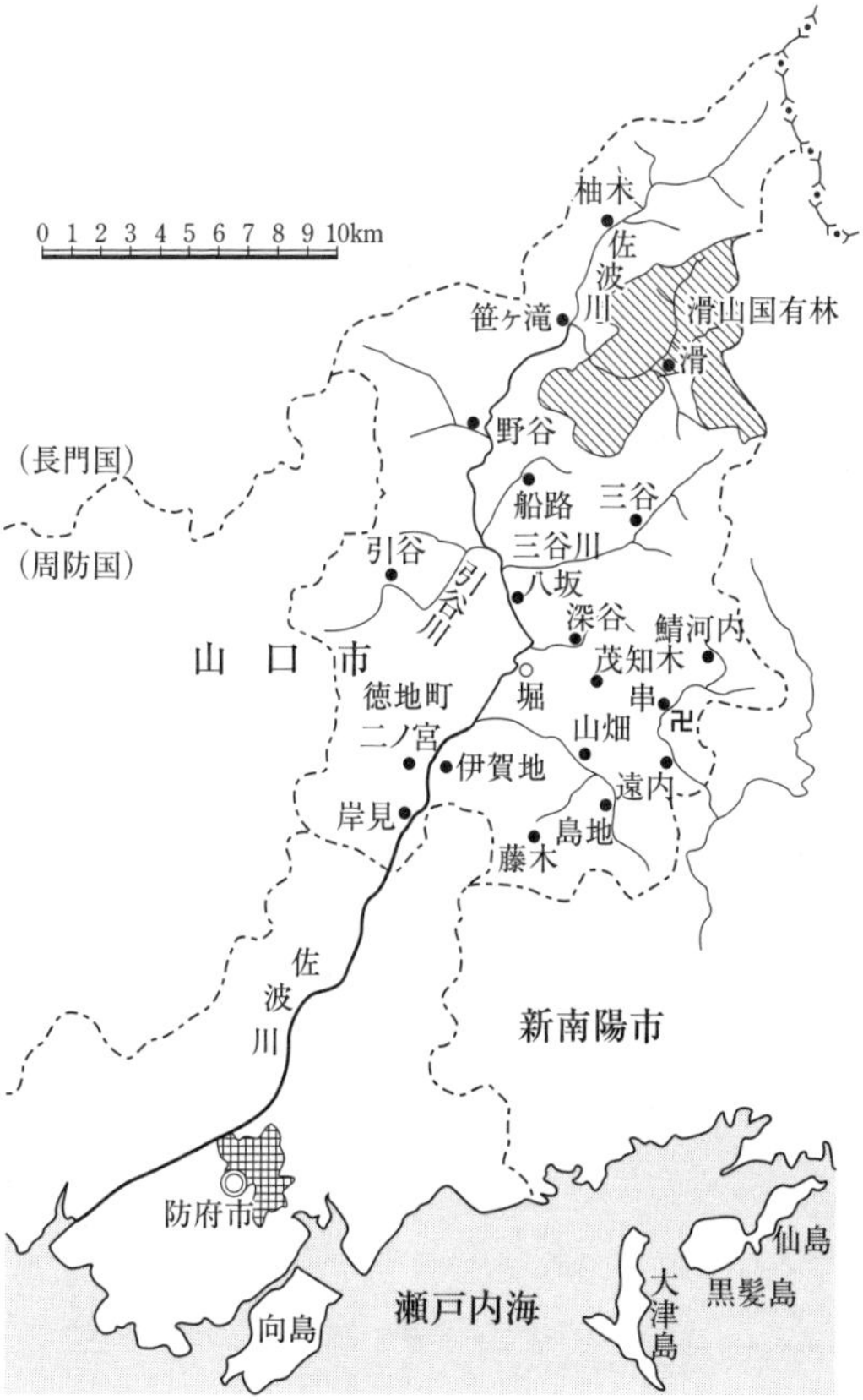

俊乗坊重源が東大寺再建用にヒノキ材を伐り出した周防国徳地の略図と運搬した佐波川流域図

翌年、僧の俊乗坊重源《ちょうげん》は復興を目指した勧進《かんじん》を開始した。東大寺大仏殿を建立するためには、おどろくほどの量のヒノキ大木が必要であった。だが奈良地方ではヒノキ良材は姿を消し、求めることができなかった。

焼失から六年後の文治二年（一一八六）三月二三日、東大寺造営のために周防国（現在の山口県の東半分）が寄進され、重源が所管するところとなった。同年四月一〇日には、大勧進以下十余人ならびに宋人の陳和卿、番匠《ばんじょう》物部為里、桜島国宗らがはじめて周防の杣《そま》に入った。周防国も先の源平の争乱で民は疲弊して、夫は妻を売り、妻は子を売り、あるいは逃亡、あるいは死亡する者は数知れないほどであった。残った百姓たちも飢えに苦しんでいた。重源《ちょうげん》は乗ってきた船の米をことごとく百姓たちに施すことが度々であった。重ねて農業用の種子も与え、人々に生きる張り合いを持たせた。

重源自身は、ヒノキ大木を見つけだすため、山々を巡った。なにしろ柱の大きさは口径五尺四〜五寸（約一六七センチ）、長さは七丈（二一・二メートル）〜一〇丈（三〇・三メートル）であったので、ヒノキの中でも超大木が必要であった。好木を得るために杣人たちに柱一本につき米一石《こく》という懸賞をつけて探させ、ついに佐波川の上流域にこれを見つけだした。

現在の山口県山口市徳地町の滑山《なめらやま》国有林を中心とした地域であり、この地域は東大寺の知行地となり徳地《とくじ》とよばれた。東大寺知行地から戦国時代には大内氏の領土となり、その後江戸時代には毛利氏の御山《みやま》で、明治以後は国有林となっている。筆者も国有林に就職して四年目の昭和三四年（一九五九）から、ここを管理している山口営林署（現山口森林管理事務所）の出先事務所に三年間勤務した。重源が東大寺の再建用材を伐採し、搬出したことは事務所にあった資料で読んだことを記憶している。

筆者が出先事務所にいたころは、もはや重源が伐採したような天然生のヒノキ林はなく、明治末期に植えられたスギやヒノキの人工林と、滑松《なめらまつ》と呼ばれる二〇〇年を超える優良な松が生育している針広混交林であった。昭和四〇年（一九六五）に造営された皇居の松風の間の内装には、ここの滑松材が使われた。

伐採されたヒノキ大材の輸送

さて、重源はヒノキの超大木を伐採したものの、大木でも中が空洞になっていたり、あるいは節が多いなど、良木を得ることは難しかった。ようやく必要な丸太を得ることができ、山中から運び出すのであるが、険阻な岩場の多い山から長大な重量物を運搬するため、搬出には困難をきわめた。山に平らなところはなく、人力で曳くことは叶わず、少ない人数では柱一本も動かせなかった。通常の方法では、柱一本で一〇〇人か、あるいは二〇〇人も必要かと考えられた。重源は宋への留学のとき身につけた土木技術を駆使し、ロクロを構え、柱一本に六〇～七〇人の人数で本流の佐波川まで引き出した。引き出した滑川と本流の合流地から、河口までは七里（二八キロ）もの距離があり、水深が浅く、柱材が水に浮くことができず、流下させることはできなかった。

重源は佐波川の河口までの間に一一八カ所の堰を作り、四月上旬から七月下旬という梅雨期の雨水を湛えては堰を切って水と一緒に柱材を流下させることを繰り返し、河口まで運搬したのである。水に浸かることが多い仕事なので、作業者の健康を維持するため、重源は川岸の岩をうがって岩風呂を何カ所も作っている。現在でもその岩風呂は残っている。岩穴の中で火を焚いたのち消して、水をうってから檜の葉などの木々の枝葉を敷き、そこに入って汗を流すという、いわばサウナ風呂である。

鎌倉幕府は院旨を奉じて、これらのヒノキ材の運搬を、畿内および西海道の地頭に命じた。運搬にあたっては、河口から筏《いかだ》に組んだのであるが、葛《かずら》や藤蔓《ふじづる》で編むため、周防国中のカズラやフジ蔓がなくなり、他国からも採取してようやく筏ができあがった。そして淀川を溯り、支流の木津川へとかかったが、ここでも川の水深が浅く、一本の柱材の両側に船二艘をくくりつけて浮かせたのである。木津で引き上げ、大力車に乗せ、牛一二〇頭で曳かせて、奈良まで運搬したのであった。

周防国で東大寺大仏殿の再興のためのヒノキ材が採られたことは、『日本林制史資料　豊臣時代以前』に収録されている年代不詳の「阿弥陀寺文書」の次の文章からもわかる。

一　国威一箇鉄印ナリ。文ニ東大寺トアリ。

右東大寺再興ノ時、後白河院ノ勅ニヨリ南都ノ鎮守五社ノ宝前ニ於テ、三箇の国威ヲ鋳テ、一ハ東大寺、一ハ摂州尼崎、一ハ院宣ヲ相副、周防佐波郡三谷引谷の一潒《みつあひ》木屋所橘奈良定屋敷ニ置。大仏殿ノ材木ノ国威ナリ。奈良定末葉、下徳地八坂村ノ民、是ヲ所持ス。寛文五年領主毛利就信是ヲ求得テ、当寺ニ寄附セラル。(以下略)

ここの鉄印は国の威光を示すため、東大寺再興用の柱材に打たれたものであろう。

またヒノキ柱材が伐採された滑山から約一五キロ下流にある徳地町串の法光寺(旧安養寺)には、ヒノキの一木つくりの阿弥陀如来座像がある。昭和六一年(一九八六)に山口県文化財に指定をうけたとき、仏像の年輪も調べてもらった。そして四年後、東大寺南大門の解体修理にともなう調査で、仁王像の右肘と、阿弥陀如来像の台座の年輪解析の結果が一致した。山口と奈良の二体の木像に使われたヒノキは、どちらも滑山から鎌倉時代に重源が伐採したものであることが立証されたのである。

『吾妻鏡』十八によると、鎌倉時代初期の元久二年(一二〇五)五月一二日、幕府は美作国(現岡山県)の神林寺に対して、先の将軍追福のための三重塔婆用材を、同国の杣山で採ることを命じている。

安土桃山時代において、全国でヒノキ・スギなどの木材産地として知られていたのは、四国の土佐国

（高知県）、九州、信州の木曽、紀州の熊野であった。当時は天下が統一され、各地で寺院、城郭、邸宅などの大建築がおこった。豊臣氏の大坂城（大阪市）、方広寺（京都市）、聚楽第（京都市）ならびに朝鮮半島への出兵のための船舶用材、徳川氏の駿府城（静岡市）などが大きなもので、それらの建築のため、木材、殊にヒノキ材の使用も少なくなかったことと考えられる。

江戸幕府のヒノキ材節約法

江戸時代に入ると、伊勢神宮の造営をはじめ、江戸城、駿府城再営、二条城、大坂城の造営、名古屋城の修築、また江戸の大火等があって、多くの木材を必要とした。その結果ヒノキ材の減少をみたので、徳川幕府はヒノキ等の乱伐を制止し、寛永一二年（一六三五）には武家諸法度で五〇〇石積み以上の造船を禁止（寛永一五年には商船を除外した）し、寛永一九年には家作の制限を命じるなどして、ヒノキ材等木材の節約を図った。なおヒノキをはじめ諸木竹の植栽を奨励したけれど、すぐに木が育つわけでもなかった。

寛文三年（一六六三）には、杉折、杉重、杉木具、杉台、檜重の五品目の製造は禁止し、これらの用材の節約を図った。その後も、竹木の伐採制限、武家邸宅および寺院の建築制限、立札用材の節約を命じ、人形箱の大きさまで制限を加えて、杉・檜用材の節約をおこなった。これらのことは、山地に生育しているスギ・ヒノキの原木が江戸時代初期の乱伐により減少し、供給できなかったことを物語っている。

江戸では大火が多く、明暦（一六五七年一月）の大火、江戸大火（一六八一年と翌一六八二年）、勅額大火（一六九八年九月）などがあり、度々の大火でヒノキ材使用に拍車がかかった。ことに明暦以後、貞享、元禄のころは、もっとも甚だしかった。他の原因も加わって、江戸に木材を供給していた肥後（熊本県）、土佐（高知県）、阿波（徳島県）、紀伊（和歌山県）、飛騨（岐阜県）、信濃（長野県）などの諸国をはじめ、

江戸時代の貞享（1684〜88）・元禄（1688〜1704）期に
江戸へ木材を供給していた諸国

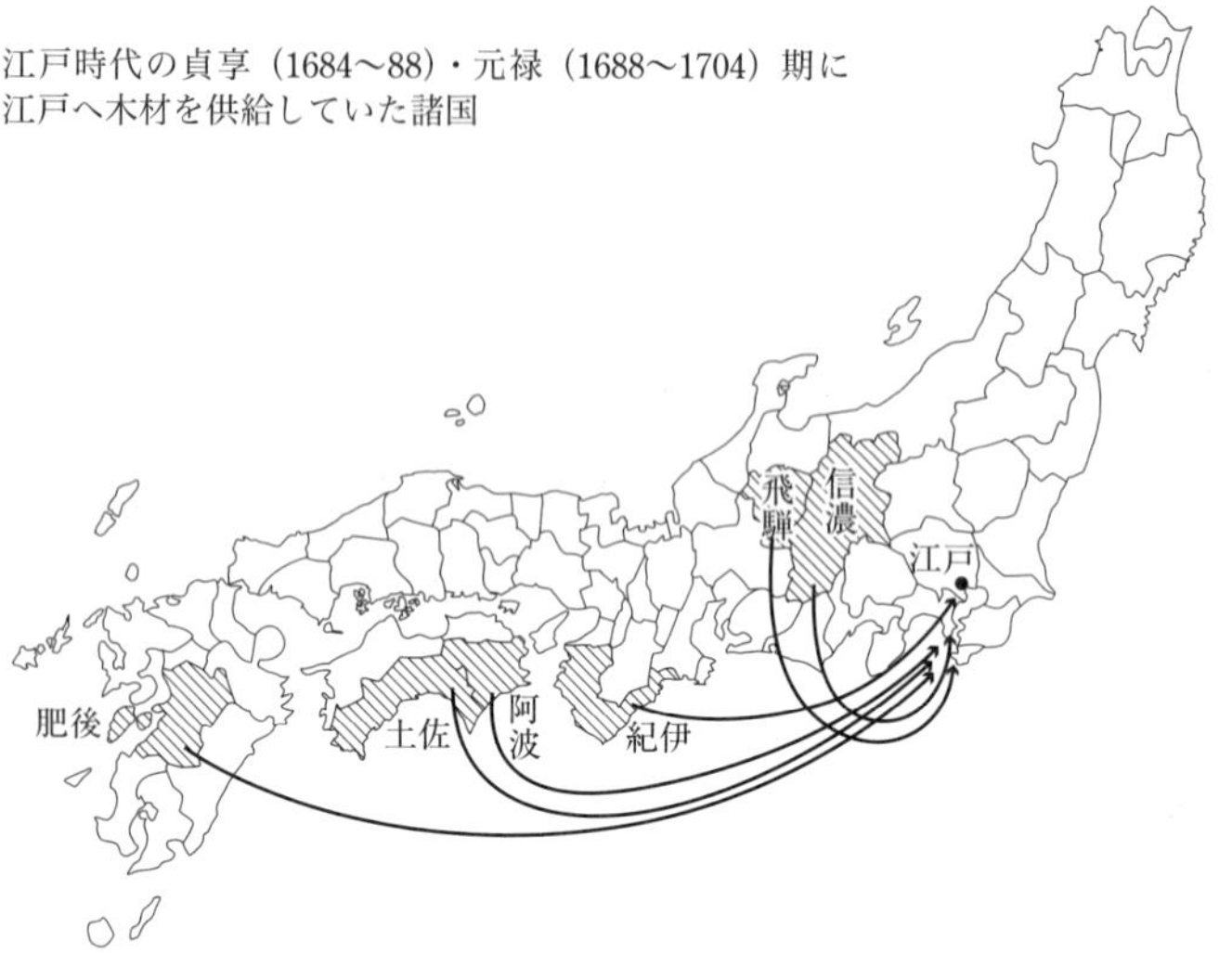

各地でヒノキ材は払底し、尽山《つきやま》と云われるように山地に樹木が失われた状態となった。

さらにその後も、ヒノキ材使用をうながす種々の原因が、つぎつぎと発生したので、徳川幕府もヒノキ・スギ等用材の伐採・使用などの制限や禁止、またヒノキその他竹木の植栽の奨励などを相次いで行った。明和年代（一七六四〜七二）にいたっては、ヒノキ、スギ等さし木の時期、方法なども通達し、極力それら用材の生産を図ったのである。

天明八年（一七八八）、京都で大火があり、徳川幕府は同年二月「この度京都大火につき、檜材木の儀は公儀御用のほか、売買は一切停止候」との触れを、天皇御料、私領、寺社領、町方に対して申し付け、全面禁止をおこなった。ヒノキ以外の樹種も売出しや高値売買を禁止したが、当時の災害は格別なものであったため、全国各地のヒノキ材が払底する原因となり、尽山が相次ぐような状態であった。寛政年代（一七八九〜一八〇二）に入りようやく、京都のヒノキ材売買は解禁されたが、それ以後もなお火災や震災、暴風などがしばしば発生し、ヒノキ材払底の原因となった。それらの災害のつど材木の値上げは禁止され、また幕府も将来をおもんばかり、苗木植栽などの布令を通達し奨励したのである。

武家政治の江戸時代における実質的な首都は江戸であったから、寺院、各藩の藩邸や下屋敷などの建築が江戸ではさかんに行われた。また、しばしば発生する大火災で、江戸城をはじめとして大建築物を失うことが多く、大量のヒノキ材を必要とした。安土桃山時代のヒノキ消費の中心であった京や大坂よりも、すでにヒノキ消費の中心は政治の中心地の江戸へと移っていた。全国的なヒノキ材の払底に対応するため、幕府をはじめ各藩では一般庶民のヒノキ使用を制限し、江戸ではヒノキ材の値上がり抑制措置がとられ、山林でのヒノキ林の愛護を奨励するようになっていた。

焼失した江戸城西丸御殿再建のヒノキ材

天保九年（一八三八）三月一〇日の早朝、江戸城西丸は台所から火を発して全焼した。西丸はその前年将軍職を次男の家慶《いえよし》に譲って退隠した家斉《いえなり》の居館であり、時を移さず再建工事が着手された。徳川幕府はこのような不時の災害に備えて、猿江材木蔵をはじめ、江戸城内にも相当量の用材が貯蔵されていたし、深川の木場にも少なからぬ商用の材が集積されていた。しかし、どちらもこの度の再建計画に適う用材は少なかった。なかでも、御座の間や大広間の柱となるような、木目のこまかなヒノキの良材はないことがわかった。

時の尾張（名古屋）藩主で家斉《いえなり》の子である徳川斉温《なりはる》（家斉の第一九子）は進んで、名古屋の白鳥貯木場に伐置《きりお》きの材八万余本を献上、その貯材で間に合わない場合は、木曽の「囲い山」にある大材の立木の提供を申し出た。ところが御普請御用をおおせ付けられた川路三左衛門聖謨が白鳥貯木場で調査してみると、再建御用向きの上材は一万本に過ぎなかった。

不足分は、名古屋藩のお囲い山である裏木曽（岐阜県側）の井手小路山から伐採・運搬された。幕府の伐り出しの目標は、市場ではもちろん、他の山でもこれを求めがたいヒノキの大材三〇〇本と予定されていたが、実際に伐りだされたものは、所三男の論文「江戸城西丸の再建と用材」（「徳川林政史研究所・昭和四八年＝一九七三度研究紀要」）によればつぎのようなものであった。

一　今度伐出したる檜材之内、長九尺先にて指渡し三尺の材、小口にて木目かぞへ見れハ、千年の余に見ゆる由。

一　今般御伐出しに成りたる材木、大旨左之通

一　檜大材之分三百本長三間より九間迄の材元口二尺一寸より五尺六寸迄末口一尺八寸より三尺六寸迄此内長九間二本。長八間之材壱本。此内ニも殊ニ大木延のよき第一番の木カナテコと呼たるは、長十三間余、元口に而五尺六寸、廻り壱丈七八尺有。此山内に此上の大木なし。木目をかぞへ見れば千年の余に見へたり。かほどの大材は伐残の内になし。寔《まこと》ニおしき事也。

一　同（檜）大丸太五十本、長弐間より三間半迄。

一　同角・方五・板子・丸太等千四百三十六枚。長二間より四間迄。

一　椹 榑木《さわらくれぎ》八千八百弐十八梃、長六尺五寸。

一　同丸太三千六百六十九本、長弐間半。

〆壱万四千弐百八十三枚。

ここに見るように、ヒノキの大材の三〇〇本は、長さが三間〜九間（五・四〜一六・二メートル）、元口の直径が二・一尺〜五・六尺（約六四〜一七〇センチ）で、末口直径が一・八尺〜三・六尺（約五四・五〜

一〇九センチ）という巨大な材がそろっていた。この中にはカナテコと呼ばれた材で、長さ一三間（約二四メートル）の丸太で、元口の直径が五・六尺（約一七〇センチ）で、年輪を数えると一〇〇〇年を超えていたというのである。

所三男は前掲の論文で、これら伐り出したヒノキの数量などを引用した『近来世珍録』には、これらのヒノキ大材が江戸へ到着したときには、西丸の普請はおおかた竣工していた。そこで総数二万余材のうちおよそ四〇〇〇本を選びだし、残りははね出し（除外し）た。このヒノキ大材の払い下げをめぐって、江戸の材木屋が騒ぎ立てたことなどを記していると、付記している。そしてこの四〇〇〇本の材価は、二〇万六七四二両余となったと、所は記す。

一八世紀なかばごろから、外国船がしきりに日本近海に姿を現しはじめた。ロシアは寛政二年（一七九二）に根室で、文化元年（一八〇四）には長崎で通商を求めてきた。国内は尊王攘夷の論が台頭するなど世情は騒然とし、国防の必要性を痛感していた。海上交通も頻繁となって、多くの船舶を要することになり、造船用ヒノキ材の需要がこれまでの上に加わった。嘉永六年（一八五三）九月一五日、「荷船の外大船停止の御法令に候処、方今の時勢大船必要の儀につき、自今諸大名大船製造致し候儀御免成られ候」と幕府は大船建造を解禁した。これによって造船用のヒノキ材の需要が加わったのであるが、ここに至るまでの間に、飛騨（岐阜県）、信濃（長野県）、紀伊（和歌山県）、大和（奈良県）、三河（愛知県）、遠江（静岡県）、武蔵（東京都ほか）、伊豫（愛媛県）、甲斐（山梨県）などの各地のヒノキの大径木はおおかた伐りつくされて、残っている立木は小径木ばかりで、造船材として役立つものは少なかったと思われる。

幕府の大船建造解禁によって、諸藩では大船をつくるところが続出したことは十分に想像できる。それによりヒノキ山は洗いざらい伐りつくされ、「檜材の用途も一時に加わり、各地の残檜は引続いて伐採され、万延の頃国内の過半は尽山となったので、現今我国各地に存立して天然林と見做されている檜林はこの時伐り残された不良木か幼稚樹の成林したものと推想し得る」と、昭和初期ごろヒノキ天然林とみられるところは、伐り残されたものが大きく成長したものであろうと、帝室林野局の『ヒノキ分布考』（林野会、一九三七年）は分析している。

西国各藩のヒノキ事情

江戸時代の各藩のヒノキ事情の概略をみてみよう。

九州の熊本県南部の人吉藩では、江戸時代のはじめごろはヒノキが相当存在していたため、元和年代（一六一五～二四）には自藩用以外にも、隣藩の麦島城修繕にあたってヒノキ材を供給した。しかし元禄年代（一六八八～一七〇四）には、檜奉行の名称が同藩の記録にみられ、「指杉植檜《さしすぎうえひのき》」の制度が定められ、スギの挿し木、ヒノキの植栽が制度として確立している、その後も藩ではヒノキ等の人工植栽を奨励し、杉檜林の造成に努めてきた。それにもかかわらず安永（一七七二～八一）の頃には、またヒノキ・スギが払底し、藩の公の修理でも切板葺とのところを小板葺にしなければならないほどになっていた。

薩摩（鹿児島）藩では寛永二〇年（一六四三）江戸城修築のためヒノキ材を献上しているが、領内では慶安三年（一六五〇）に檜物師に運上を申しつけ、延宝五年（一六七七）には檜底樽の他国出しを禁止しているなどからみると、領内のヒノキはそのころ既に保護を要するほど減少していたと考えられる。同藩は江戸時代後期に、ヒノキを御用木の一つとして保護し、仕立て方も指導したので、領内であった現在の宮崎県南部にあたる東諸県郡《ひがしもろがたぐん》ではヒノキの植栽がさかんにおこなわれた。民間の人でヒノキやスギ苗を養成して希望者にはこれを分け与える者や藩命でヒノキ・スギ・マツ等を植える者もあり、慶応（一八六五〜六八）のころには、ヒノキは山林の産物として他国へ出すことができるようになっていた。

四国の高知（土佐）藩は白髪山・野根山等のヒノキ産地を擁しており、豊臣時代には木材生産は全国第一と目されていた。慶長五年（一六〇〇）に山内氏が入国して以来、藩用および幕府などへの夥しい献上用材の伐採のため、藩主忠豊の頃には用材として利用できるものはきわめて少なくなっていた。明暦三年（一六五七）に江戸城が炎上した際にも、国内はすでに尽山となっていて、ヒノキ・スギの用材を供給するものが少なく「有合之材木《ありあわせのざいもく》」の献上を申し出なければならなかった。このため、藩では林政を改革し、ヒノキその他の樹木の伐採を制限して山林を保護するとともに、ヒノキ等の植栽を強制的に行わせた。元禄年代（一六八八〜一七〇四）にはヒノキを留木《とめき》の一つとして特別の場合のほかは伐採を厳禁し、藩用その他の木材生産に努力した。江戸時代の中頃の高知藩は、藩有山林の積極的な経営方針に影響され、領内各地にヒノキ等の植付けが行われ、天然生の苗木とともに保護育成された。後期にも引き続きヒノキ等の植付けが行われ、それまでの天然更新の山林と相俟って、諸所に美林が形成されていた。

徳島藩は阿波国（現徳島県）一円を領地としており、元和八年（一六二二）に「公御用と為す」として太栗山《たぐりやま》のヒノキ、スギの伐採を堅く禁止しているが、承応三年（一六五四）には海部郡の百姓に木《き》頭山《とうやま》のヒノキ、スギの伐採・搬出を解禁している。そののちも藩としては禁制は緩められることなく、藩としてヒノキの保護に努めていたが、元禄八年（一六九五）には海部郡では尽山になりかける所が生じるほどになった。

現在の山口県一円を領有していた萩藩は、鎌倉時代に東大寺再建用材を伐り出した周防国佐波郡徳地の滑山官林等の荒地に享保元年（一七一六）にヒノキ、スギを植えさせ、さらに年々春秋の二度、大坂から苗木六万本を買い求めて植えさせた。明和三年（一七六六）にはヒノキ、スギ等は御用木なので容易には伐採を許可しない旨を通達、同八年には御立山の大木が減少しているため良木の多い山は禁伐とするとともに、ヒノキやスギのように利用の多い樹木は、ふさわしい土地を見立てて植付けるように命じた。萩藩は安永年代（一七七二〜八一）に入り、領国内の山々でヒノキ等は長さ二間（三・六メートル）の末口五寸（一五センチ）以上の木は御囲《おかこいぼく》木として遠近を問わず記帳を命じた。ヒノキ、ケヤキ、カヤ、クスノキ等は、拝領屋敷と給領寺社分以外は小木も御囲木として登録させた。しかし天明期（一七八一〜八九）には、それらも少なくなり、山林はマツばかりとなった。

近畿地方のヒノキ事情

近畿地方ではヒノキは主として紀伊、大和、伊勢、近江、山城、丹波等の諸国で産出していた。なかでも丹波国（現京都府）桑田郡は皇室御料としての長い歴史をもっていたし、紀州の高野山も古くからヒノキが植えられ、名が知られていた。

紀州の高野山金剛峰寺は、那賀郡と伊都郡に広大な山林を領有しており、そこへヒノキ、スギ等を植えたと伝えられている。金剛峰寺では正徳四年（一七一四）に「山林諸法度條々」を定め、ヒノキの伐採や檜皮《ひわだ》採取の取り締まりにつとめた。享和年代（一八〇一〜〇四）には山方四人を新たに設けて山林の保護を厳重にし、諸寺院等の再建の用材は、コウヤマキ三分、ヒノキ七分とした。そのころ山内では千手院山のように非常に荒廃した山ができたため、文化年代（一八〇四〜一八）に入って、ヒノキ、コウヤマキ、スギの伐採禁止や、檜皮の他所への持ち出しを禁止した。さらに、ヒノキ、コウヤマキ、モミなどの六種の樹木を制木として、枝葉や枯葉までも一切採らせないようにしたが、その後も堂宇修理用等として山内から伐採されるものがすくなくなかった。

紀州和歌山藩領内では、寛永一三年（一六三六）に奥熊野の山林について令達をだし、奥熊野は留山とし、ヒノキ、スギ、マツの立木で目通り七〜八尺（二四〇センチ＝直径八〇センチ）以上は伐採禁止、また黒印木のほかでも大きなものは堅く伐採停止を命じた。

和歌山藩領の伊勢国（現三重県）度会《わたらい》郡野後村の吉田善三郎および紀伊国（現和歌山県）西牟《む》婁《ろ》郡太間川村の前岩次郎助などは、宝永年代（一七〇四〜一一）より、それぞれがその村内に、ヒノキ、スギ、マツの造林をはじめている。紀伊国北牟婁郡（現三重県）尾鷲《おわせ》南浦村（現尾鷲市）の土井喜八郎は、安永八年（一七七九）から文政三年（一八二〇）に至る間に、ヒノキ、スギ、マツ等の造林に尽力したので、鬱蒼とした森林ができあがった。そののちも以前にも増して造林は行われ、尾鷲でのスギとヒノキの混交林がはじめられた。

津藩領の伊勢国（現三重県）鈴鹿郡加多村の村主市兵衛は、自分で育成した一万七五〇〇本のヒノキ苗を、明和元年（一七六四）から村内の山林に造林し、育成に努めた。

大和国（現奈良県）では元禄一三年（一七〇〇）、徳川幕府は大和国山中に高札をたて、「北山領、檜、杉、松、槻公儀御用之外一切伐採べからず、但末木雑木は前々の如く杣採致べし、若し違背し他の杣を入れ、山をあらすにおいては曲事と為す可きもの也」と令し、ヒノキ等の伐採に制限を加え、その保護を図ってきた。同国吉野郡では、小野宗左衛門父子の尽力もあってか、当時の川上、黒滝、西奥、北山、小川、十津川、中庄、池田、国巣《くず》等の諸郷では、すでにヒノキ、スギの人工造林が始められており、慶長年間（一五九六〜一六一五）には京都の桂離宮の造営にあたって多くの吉野産ヒノキ・スギ材が用いられたと伝えられている。

このように江戸時代は、大小のちがいはあるが、わが国の国土は領主に領有され、それぞれの領主が自らの領土の運営を行っており、山林も同様であった。

明治維新から終戦までのヒノキ事情

明治にいたり幕藩体制が崩壊し、中央集権の新政府が発足、諸制度は新しくなり、いわゆる開明が進んだけれども、この時期にわが国の山林は大きな損害を受けて、森林の衰退や荒廃が全国各地に現れたのである。

明治二年(一八六九)一月、薩摩・長州・土佐・肥前の四藩主による版籍奉還の建議があり、これをうけ新政府は同年六月、各藩に対し版籍奉還を命じた。そして旧大名には石高《こくだか》にかわる家禄《かろく》を与え、旧領地の知藩事《ちはんじ》に任命し、そのまま藩政にあたらせることにした。これにより、旧大名は形式的には温存された。明治四年七月にいたり、新政府は一挙に廃藩置県を断行し、知藩事は罷免され、東京居住を命じられた。このとき、江戸時代の幕藩時代には藩の御用木などとして定められていたヒノキ、スギなどの伐採禁止が正式の命令がでないまま、実質的には解除されたのである。

廃藩置県の令がだされると、これまでのタガが一気に外れ、林制は緩んでしまった。その結果について帝室林野局編『ヒノキ分布考』は「堰を切られた水の如き勢いで、盗伐、濫採《らんさい》頻々と起り、従来雑木の使用しか許されなかった者までが檜を用ふる様になって、遂に停止する所を知らぬ有様であった」と、分析して述べている。

『ヒノキ分布考』が述べるように、これまで武士や社寺といういわば特権的の人たちの利用に限られていたヒノキの使用が、一般庶民も財力があれば自由に使えるようになり、ヒノキ材の消費に大きな変化が生まれたのであった。人口の上で圧倒的多数を占める庶民が住居建築などにヒノキ材を使うようになり、山のヒノキは当然一挙に減少した。このことは民間においてヒノキ人工林造成が行われる転機ともなり、ヒノキ材が商業材とされる機運をつくった。そして諸藩邸の建築や、神仏分離令によって神仏混淆が認められなくなり、仏よりも神が尊崇されて神社の修築が盛んとなった。また造船等各種工業の勃興による材価の騰貴があり、それらが直接的に森林の荒廃の原因となった。これらのことが起因し、当時の檜縄、檜皮、檜笠、檜杓子、檜籠、檜曲物等の檜製品及び檜丸太・檜板等を産出していた福岡、鹿児島、高知、鳥取、兵庫、京都、和歌山、長野、山梨、静岡、神奈川等の府県のヒノキ林はその影響を受けることになったのである。

明治政府はヒノキ材の大産出地である長野県の木曽谷と岐阜県飛騨地方の裏木曽とよばれる地方のヒノキ林を、政府のものとし、国有林とした。木曽のヒノキは、江戸時代は領有していた尾張藩の藩営事業として、主として名古屋市場に供給され、江戸にも運ばれた。国有林も引き続きヒノキの伐採を行い、材の供給を続けた。

明治二七～二八年（一八九五）の日清戦争の結果、台湾が日本の領土となった。台湾の山中にヒノキ原生林を発見し、はじめ民営で、二年後に国営で伐採・搬出がおこなわれるようになった。このヒノキ材は東京・名古屋・大阪などに運ばれ、販売された。台湾ヒノキは大径木が多いうえ、木曽ヒノキにくらべ価格が安いため流通量が漸増した。木曽ヒノキの大材は伊勢神宮や皇室などが優先的に使用したので、大正一〇年（一九二一）ごろからさかんに建設された神社、寺院その他の大建築物で、大量でそのうえ大型のヒノキ材を必要とする工事では台湾ヒノキの使用が圧倒的に多かった。台湾ヒノキは価格が割安な点や、シロアリその他の害虫に強いこと、耐朽性が強いことなどから、並材は鉄道枕木、橋梁材、車輛材などで、軍需産業に振り向けられる数量の比率が増えた。木曽ヒノキでは充足できない軍需用ヒノキの量的な供給は、台湾ヒノキによらなければならなかった。

大正三年（一九一四）に勃発した第一次世界大戦は、日清・日露戦争を経て、早いテンポで成長を続けていたわが国資本主義に画期的な繁栄とより高度な段階への飛躍をもたらした。産業の異常なまでの繁栄は海運業に未曾有の隆盛をもたらし、大戦が終息すると今度は恐慌がおそい、さらに大正一二年（一九二三）九月一日に関東大地震に見舞われた。

第一次世界大戦中および戦後の未曾有の好況に支えられ、諸企業は事業を拡大し、都市人口も急激に膨張したため、工場建設用材、住宅建築用材の需要につながり、需要量は増大した。急激な木材需要の増加は国内生産からの供給では満たすことができず、開国以来木材貿易では木材輸出国であった日本が、大正七（一九一八）～八年にかけて逆転し、輸入国となった。大正一二年の関東大震災での膨大な木材類の焼失、その後の復興事業は外材の緊急輸入という事態におよび、外材の大量流入の契機となった。

大正一〇年ごろから、アメリカ太平洋岸のオレゴン・ワシントン両州に産する米檜《べいひ》（ローソンヒノキのこと）の丸太が輸入されるようになった。木曽ヒノキは特殊用途に優先され、台湾ヒノキが神社・仏閣などの大建築の需要増で値上がりする傾向のなかで、木曽ヒノキの丸太価格のほとんど三〇％内外、台湾ヒノキに比べても七〇％内外という驚くべき安価で供給されたため、ヒノキの代用として用途が広まった。

明治の末期から西日本において盛んにヒノキは造林された。このことは、民有林および当時の国有林（御料林を除く）の西日本におけるヒノキ林の面積の増大となった。

戦後のヒノキ需給事情

昭和二〇年（一九四五）八月の第二次大戦終結とともに、戦後の復興がはじまった。復興は昭和二五年

（一九五〇）にはじまった朝鮮戦争に伴う特需にかなりの部分を依存しており、これに伴って木材需要は大幅に拡大した。ヒノキ材の供給は天然林に依存していたが、その資源が年々減少し、出材量は急速に減退したが、明治末期から行われていた造林地から材が産出されるようになり、ヒノキの人工林材の生産が増加した。

天然ヒノキは大径級材が特徴で、資源の減少にともない、価格は希少価値を加味して急激に上昇した。一方の人工林のヒノキ（造林ヒノキ）は、天然ヒノキの代替的な用途にはほとんど使われなかった。天然ヒノキの大径材の製材品はいわゆる心去り材であったが、造林ヒノキは天然ヒノキとは全く異なる心持ち小角の生産が中心となった。やや年数を経たヒノキでも、それが造林木の場合は年輪幅が広いという装飾的用途としては決定的な欠点があるため、その用途は自ずから新しい分野を開拓しなければならなかった。

木曽ヒノキに代表される天然ヒノキと造林木のヒノキとは同じヒノキ材でありながら、全く用途の異なった分野で消費されることとなった。造林ヒノキのうち造林する際にスギの生育不適地に植えられたヒノキは、正角として一般住宅建築用の土台角として使用されることによってその市場は拡大された。

昭和三一年（一九五六）には神武景気と名付けられた好況期が訪れ、木材関連産業、特にパルプ業を中心とする木材工業が再び飛躍的な発展をとげ、木材需要は著しく増大した。同三六年に入っても経済成長は急テンポで続いたため、建築着工面積は前年に比べ二五％増という著しい増大を記録し、これに伴い製材品の需要も拡大した。三五年から三六年にかけて国内の木材価格が急騰した結果、三六年からは米ツガを中心とする針葉樹材が大量に輸入されることとなった。

米ツガの大量輸入の重要な内容は、米ツガ材がスギ正角の代替材に変わったことである。そのためスギ角は、米ツガとの価格競争で市場シェアを保つために苦しい立場におかれた。

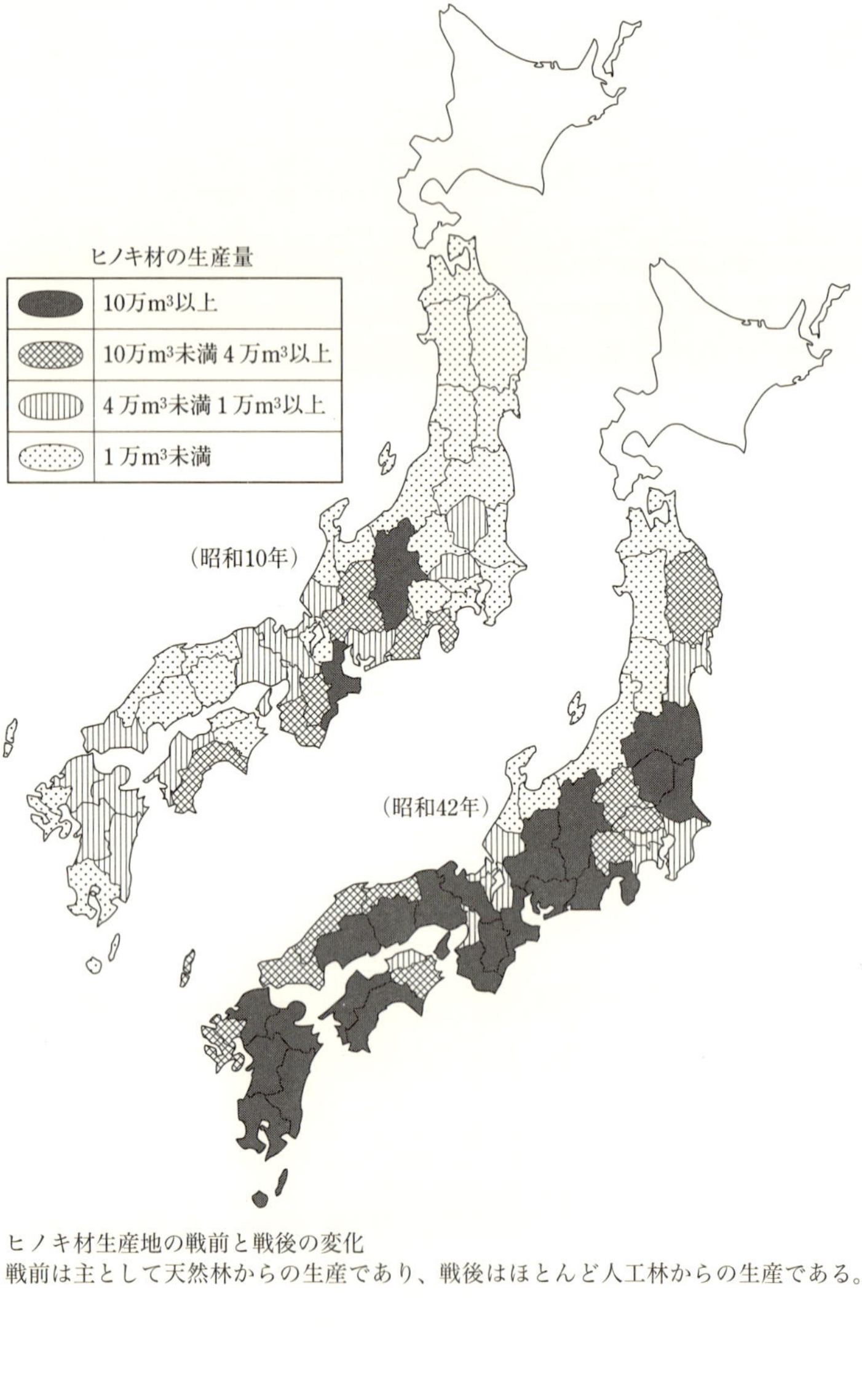

ヒノキ材生産地の戦前と戦後の変化
戦前は主として天然林からの生産であり、戦後はほとんど人工林からの生産である。

昭和四〇年代あたりからヒノキ材生産は、天然林生産から人工林生産中心に大きく変化した。それは質から量への転換であった。昭和初期のヒノキ材は天然林からの生産が主体で、同一〇年（一九三五）には全国のヒノキ伐採量が九〇万九〇〇〇立方メートルであったが、戦後の同四二年（一九六七）には素材生産量が五一四万一〇〇〇立方メートルと五・七倍になった。同時にヒノキ材生産地の府県が大幅に変動したのであった。

戦前と戦後のヒノキ材生産地の変化

〔生産量〕	〔昭和一〇年（一九三五）〕	〔昭和四二年（一九六七）〕
一〇万m³以上	長野・三重	鹿児島・宮崎・熊本・大分・福岡・高知・愛媛・広島・岡山・兵庫・京都・和歌山・奈良・三重・岐阜・愛知・長野・静岡・栃木・茨城・福島
一〇万m³未満〜四万m³以上	高知・和歌山・奈良・岐阜・静岡	長崎・佐賀・山口・島根・鳥取・徳島・山梨・埼玉・群馬・岩手
四万m³未満〜一万m³以上	宮崎・熊本・大分・福岡・山口・愛媛・兵庫・京都・大阪・福井・愛知・埼玉・栃木	香川・滋賀・福井・神奈川・東京・千葉・宮城・大阪
一万m³未満	（九八頁の図を参照。府県名は省略）	

高度経済成長期にはいって外材輸入が激増し、国産材と外材との競争が強まったが、ヒノキ角は米ツガ

では代替えできなかったため、米材との競争上有利な立場におかれ、価格はほとんど下がらなかった。昭和四二年（一九六七）ごろには、ヒノキ材の価格が急上昇しはじめ、スギ材とさほどの値開きのなかった価格が一年間くらいで、スギ材の二倍近くにはねあがった。これで国産材はヒノキ材でなければ……との、のちにヒノキ信仰ともヒノキ神話ともよばれる現象が生まれ、ヒノキは有利な造林樹種となった。このためヒノキの造林が一挙に拡大していった。

ヒノキの一年間の造林面積は、昭和二五年（一九五〇）の四万五〇〇〇ヘクタールから、四〇年（一九六五）には七万二〇〇〇ヘクタールとなり、四五年（一九七〇）には一〇万一〇〇〇ヘクタールへと拡大した。その後造林の全体的な落ち込みを反映して減少傾向をたどるが、五七年（一九八二）にはスギ造林面積の五万三〇〇〇ヘクタールを超え五万四〇〇〇ヘクタールとなり、ついにヒノキとスギは並ぶまでになったのである。

第四章　伊勢神宮式年遷宮用材と御杣山《みそまやま》の変遷

遷宮のための新殿造営材料

伊勢神宮とは『広辞苑』でみると、「三重県伊勢市にある皇室の宗廟。皇大神宮（内宮）と豊受《とようけ》大神宮（外宮）の総称。皇大神宮の祭神は天照大神、御霊代《みたましろ》は八咫《やた》の鏡。豊受大神宮の祭神は豊受大神。二〇年ごとに社殿を造りかえる式年造替《ぞうたい》の制を残し、正殿の様式は唯《ゆ》一神明造《いつしんめいづくり》と称」とあるが、実際は内宮と外宮の二つの正宮と別宮、摂社、末社を併せて伊勢神宮と総称し、神宮とよばれる。

伊勢神宮では二〇年ごとに社殿をすべて造り替え、旧殿から新殿へと祭神が遷《うつ》られる式年遷宮《しきねんせんぐう》がおこなわれることが、よく知られている。

式年とは二〇年に一度の定めの年のことで、遷宮《せんぐう》とは宮遷《みやうつ》しを意味している。そして式年には、殿舎の造替《ぞうたい》と御神宝装束の調進がおこなわれるが、御神宝装束についてはこの本では触れない。

式年遷宮の制度は、壬申の乱（六七二）に出陣した大海人皇子が朝明郡《あさけのこおり》（現三重県三重郡）迹太川《とおかわ》において神宮に戦勝を祈願し、桑名に本営を構えたことによって勝利をおさめ、天武天皇として即位したことに起因する。この天武天皇の宿願によって式年遷宮の制度が確立したとするのが定説となっている。

社殿を造営する材はすべてヒノキである。
中西正幸著『神宮式年遷宮の歴史と祭儀』（国書刊行会、二〇〇七年）からの孫引きであるが、『古来御遷木勘文』『御遷宮御材木目録』などによると、両正殿および別宮に要する造営材料は次のとおりである。

皇大神宮

正　殿	三五五本
蕃垣御門	六本
瑞籬御門	八六本
東西宝殿	一六五本
玉串御門	八一本
第四御門	六八本
御機殿	七三本
荒祭宮	一〇一本
月読宮	九三本
風　宮	九八本
一　宮	五一本
伊弉諸宮	四六本
替　木	一〇〇本
計	一三二三本

豊受大神宮

正　殿	二五四本
瑞籬御門	一九二本
蕃垣御門	五本
玉串御門	七四本
第四御門	六八本
東西宝殿	一六〇本
御供殿	六六本
幣帛殿	七二本
高　宮	九七本
土　宮	八二本
月読宮	七七本
風　宮	七六本
替　木	一〇〇本
計	一三二三本

（総計　二六四六本）

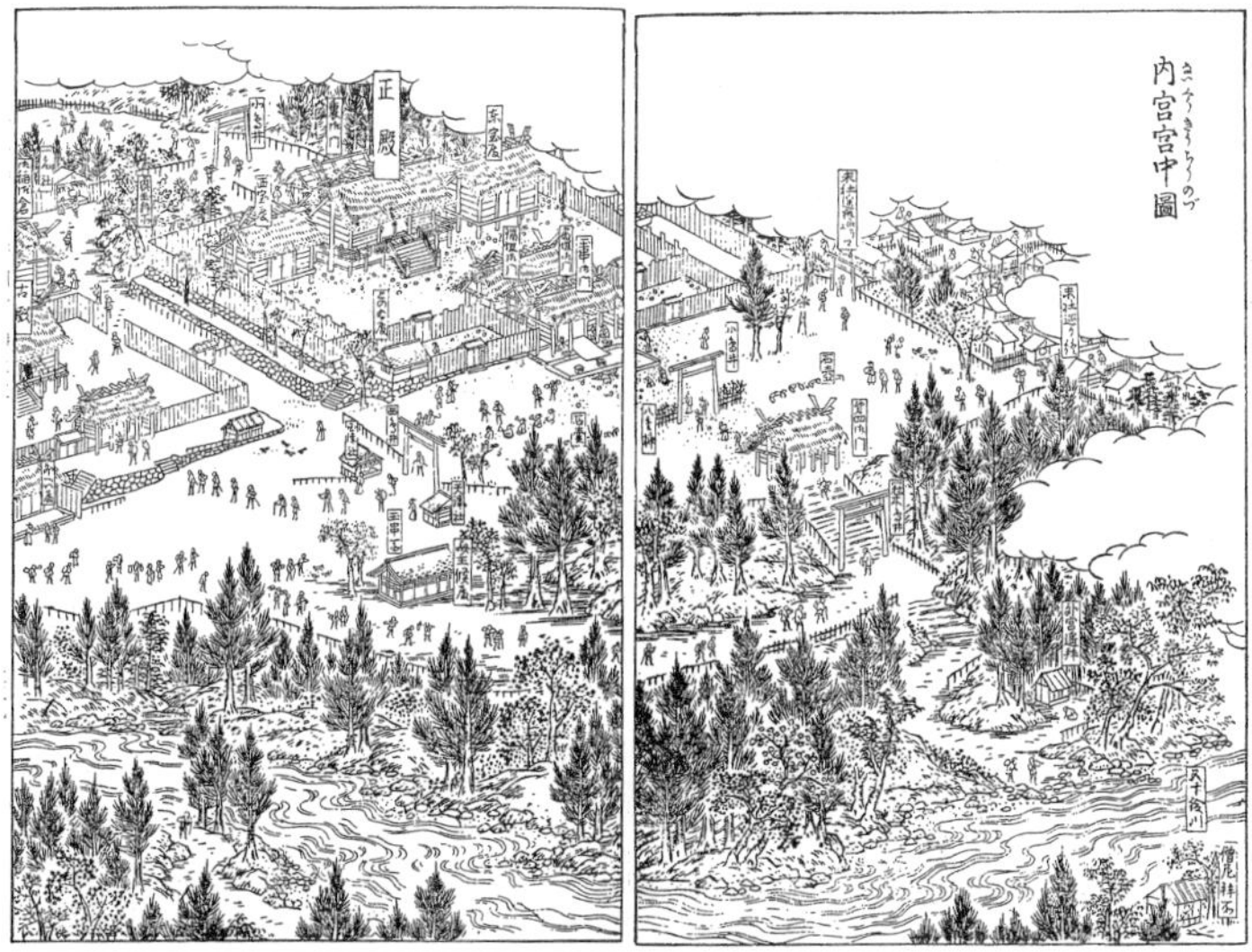

江戸時代後期に描かれた『伊勢参宮名所図会　巻五』の内宮の様子。正殿と記されているところが現在の神殿で、遷宮のとき図左の古殿に造替され、遷られる。（近畿大学中央図書館蔵）

二つの正殿の造営用のヒノキ材の本数だが、式年造替は正殿とともに別宮、摂社、末社をも併せて行われるので、平田利夫の『木曽路の国有林』（林野弘済会長野支部、一九六七年）によれば昭和四八年（一九七三）式年遷宮の用材は一万三五八七本、九八二〇立方メートルという量であった。

ここでは材の大きさは記されていないので、「外宮削立の大木の覚え」（雑誌『グリーン・パワー』二〇〇五年一一月号掲載、木村政生「御造営用材」）から引用する。この数字は原木の大きさではなく、削りたてて仕上げたときの寸法であることに注目すべきである。

一、拾本　御柱　長二丈四尺　末口二尺
一、弐本　御棟持柱　長三丈三尺　末口二尺二寸
一、四本　御千木　長三丈七尺　広一尺厚七寸
一、三枚　覆之板　長六丈四尺八寸　広

二尺四寸　厚一尺
一、六枚　左右之板　長五丈六尺四寸　広二尺三寸五分　厚四寸
一、弐枚　御扉板　長七尺五寸　広三尺四寸　厚二寸六分
一、四本　一・二鳥居柱　長二丈四尺　末口一尺六寸三分
一、弐本　同笠木　長三丈一尺　広一尺三寸　厚一尺一寸
一、弐本　三鳥居柱　長二丈三尺　末口一尺九寸
一、一本　同笠木　長三丈一尺五寸　広一尺五寸五分　厚一尺二寸
右御材木在于宮中及宮川
寛文七年十二月八日
進上大宮司殿
頭頭代小工

木村政生は「現在の寸法と殆ど同じである」と前掲の文章のなかで述べている。

ここに掲げたのは古い単位で表示されているので、いくつか現在のメートル法に書き換えてみると、その大きさがわかる。

一、一〇本　御柱　長七・二七メートル　末口六一センチ
一、二本　御棟持柱　長一〇メートル　末口六七センチ
一、四本　御千木　長一一・二一メートル　広さ三〇センチ　厚さ二一センチ
一、三枚　覆の板　長一九・六三メートル　広さ七三センチ　厚さ三〇センチ
一　二枚　御扉板　長二・二七メートル　広さ一〇三センチ　厚さ八センチ

二本の棟持柱《むなもちばしら》は一〇メートルの長さのもので、梢《こずえ》に近い細いほうの末口の直径が六七センチだという

のである。これは耐久力の劣る辺材部を削り立てたときの太さなので、丸太にすれば七三〜七四センチとなり、元口では八二〜八三センチと推定される。覆いの蓋板では、長さ約二〇メートルで、末口が七三センチとなり、棟持柱よりもさらに大きな材となる。最大の太さは、御扉板で広さ（幅）が一〇三センチの一枚板が取れる大きさの丸太が必要である。

このような神宮の造営用材を伐採する森林のことを、御杣山《みそまやま》という。造替《ぞうたい》工事を意味する庭作《にわさく》に対し、御杣山での伐採作業を杣作《そまさく》・山作《さんさく》と呼び習わしている。

御杣始めの日程は式年遷宮の八年前に

式年遷宮は歴史的には「正遷宮」といって、延暦二三年（八〇四）に神宮によって作られた儀式帳には外宮の正遷宮は九月一四日に正殿を奉飾《ほうしょく》し、翌日に遷御《せんぎょ》する。一方、内宮は一五日に正殿を奉飾し翌日遷御すると記されている。一日違いであるが、実は豊臣秀吉以前は内宮の後一年ないしは二年おいて外宮で斎行されていた。秀吉の天正一三年（一五八五）の第四一回式年遷宮のときから同一年に行われるようになった。

皇大神宮（内宮）の大きさは、神宮要綱によると次の通りである。

皇大神宮　正殿壱宇　神明造　萱葺　高欄御階付　金銅金物打立
　　行三丈三尺六寸　妻一丈九尺　高二丈一尺一寸　南面

行《ゆき》とは棟のことで、この大きさは一〇・〇九メートル、妻《つま》は棟に直角の壁面のことで、この大きさは五・七六メートル、高さは六・三九メートルとなる。

これは「延暦儀式帳」と構造についてはほとんど差がないといわれる。

伊勢神宮の祭神が旧殿から新殿へと遷られる遷宮の祭の様子。（『伊勢参宮名所図会　巻五』近畿大学中央図書館蔵）

式年造替をつかさどるのが造神宮使という官職である。明治二〇年（一八八七）には造神宮使庁が設置され、造神宮使は神宮祭主、副使は内務省社寺局長が任命された。式年遷宮は中世を経て、江戸幕府の体制下において、現在にも引き継がれる遷宮格式が確立しているのである。少し古いが享保一四年（一七二九）の遷宮のため、両宮作所が造宮奉行に提出した御杣山の選定から遷宮の儀式終了までの日程は次の通りである。

一五年前　御杣山選定を公儀に願出る
一三年前　公儀は木曽湯船沢山に御杣山を指定する
一〇年前　御杣山内見　両作所が頭、頭代、小工を率いて立木調査の後注進
九年前　遷宮諸祭の最初の山口祭斎行を願出る
八年前　山口祭斎行
御杣山詰　両宮の頭、頭代四人、

小工一〇人が御杣山に詰め、作所選定の日時に木本祭（御杣始祭）斎行。この後用材の伐出にかかる

錦織詰　尾張役人、作所役人が錦織湊に詰めて用材を受領、材に「太一」の伐判をし、筏組に当たる

大湊詰　木曽川河口から伊勢湾に回漕されてきた用材を小工が着岸を注進、神宮、作所、頭、頭代二人、小工五人が両宮分に分ける

御木曳　用材を両宮に曳き入れる

七年前　普請小屋、忌鍛冶小屋を建てる

木造始祭斎行

六年前　小工の木取、忌鍛冶の細工開始

五年前　番小屋を建て木取や細工を見回る

一年前　古殿をやすみ奉る

神材検察のため両神宮使、作所が上京

式年　神財、金物伝馬にて到着

御地鎮祭、御柱立乃御祭、御上棟之御祭、御萱之儀、御甍祭、清鉋之儀、御殿内細工、白石奉敷、御遷宮、成就御礼。

遷宮の用材については『延喜式』に正殿、宝殿、外弊殿は「新材を採りて構え造る」とされ、「自外ノ諸院ハ新旧通用」とされており、前記の三つの殿舎以外は古来から新材に古殿の古材を再利用していたと推定される。現在でも、二〇年間使われた両宮正殿の棟持柱は、再び加工されて内宮の宇治橋両側の鳥居

の柱として二〇年間使われる。そしてもう一度東から伊勢に入る桑名の渡し場に立つ鳥居の柱として、また西からは関宿の参宮街道の入口の鳥居とされ、六〇年間神宮に関係して使われる。

遷宮用材の伐採は御杣始祭の儀式で開始

平成二五年（二〇一三）に予定されている第六二回式年遷宮のための御杣山《みそまやま》は、平成一七年（二〇〇五）二月三日勅許の御治定《ごじじょう》により長野県木曽郡の木曽山および岐阜県の裏木曽山とすることがきまり、同年六月三日上松町域において御杣始祭《みそまはじめさい》が斎行された。大正九年（一九二〇）の第五八回までは御杣山木本祭《このもとさい》とよばれていたが、昭和一六年（一九四一）から御杣始祭に名称が変えられた。さらに一層祭儀を盛大に行うための改称である。御杣始祭は御杣山に初めて斧《おの》を入れるに当たって行われる祭で、神儀の鎮まる「御樋代《みひしろ》」を造る木の前で行われる。

平成一七年の御杣始祭の祭主は、昭和天皇の四女池田厚子さんがお務めされた。伊勢神宮の古式通りの祭祀が変わらぬまま執り行われた。一時間半以上にわたる祭祀は厳粛で、神職の所作一つ一つが醸し出す深遠さに、数百人の群衆は物音一つたてずに見守った。

午前一一時四〇分ごろから、地元木曽在住者で三ツ紐伐りの技術伝承者である七人の杣夫により御神木の伐採がはじまり、約一時間で内宮、外宮それぞれ一本ずつが伐り倒された。六・七メートルの御神木は、特別仕様のトラックに積まれ、六月六日に上松町を出発した。

戦前の木曽山が御料林であった時代には、御杣始祭の行事は天皇が所有する森林であったため、すべて官営でおこなわれ、この準備のための係が当時の御料林木曽支局に設けられ、伐採は御料林を管理する出張所と協力しておこなわれた。招待客が三〇〇人におよび、それに観覧の一般市民とあわせ、盛大な規模

昭和40年（1965）6月に行われた木曽・小川国有林での御杣始祭の神事。この儀式で遷宮の一連の儀式が始まる。左の円内写真は内宮と外宮の御樋代木の伐採の様子。（中部森林管理局提供）

と、厳粛な山林の祭として木曽谷最大のものであった。

　戦後木曽山の御料林は、昭和二二年（一九四七）の林政統一によって皇室所有から農林省所管の国有林へとかわった。駐留米軍総司令官マッカーサーの命による「国家神道」廃止令により、遷宮用材は神宮が独自の浄財で国有林から必要資材を買い取ることになっている。昭和四〇年（一九六五）に上松営林署管内（長野県木曽郡上松町）の小川国有林丸山沢八一林班い小班でおこなわれた戦後初めての御杣始祭の行事では、神宮が候補木を買い取り、祭典は神宮が主催し、これを地元の奉賛会（木曽谷住民の組織）が協力し、国有林を管理している長野営林局および営林署がいろいろな面で協力していた。以後、現在までこの形がとられている。

　御杣始祭は神宮の御神体を納め奉るための御用木といわれる御神木（御樋代木《みひしろぎ》）のヒノキの大木を伐採するための儀式であり、山に関係のある神宮の儀式のうちでは最大の規模である。この伐採で式年遷宮の一連の作業が始まるのである。

その前に山口祭《やまぐちさい》が行われる。山口祭は造営着手のはじめに御杣山に入ろうとするため、まずその山口の神を祭るための祭典であり、式年遷宮の諸祭の最初の祭である。神宮の御杣山ははじめ、皇大神宮は神路山、豊受大神宮は高倉山であったため、古くから皇大神宮はその山口である岩井田山の岩社の森の上（石井神社）でこれを祭り、豊受大神宮は高倉山の北麓にある土宮の前でこれを祭ることを例としている。後世、御杣山は他所にかわっていったのであるが、山口祭場はいまもなお依然としてその所を変えることがない。

木本祭《このもとさい》は、心御柱《しんのみはしら》の御料木を伐採するにあたり、この木本に坐《いま》す神を祭る祭儀のことである。伐採した木（ヒノキ）の本（もと）と末（すえ）をお返しし、中ほどの部分をいただくお祭である。『神宮要綱』（神宮皇学館館友会編・発行、一九二八年）によると、木本《このもと》を祭ることは古来、心御柱木奉採のときと御船代《みふなしろ》木奉採のときの二度ある。この材料は、もと御杣山の内より採って用いていたが、後世御杣山が他の場所にうつされるに及んで、皇大神宮は鼓ケ岳の東尾根にあたる檜尾山《ひのきおやま》からこれを採ることが通例となっている。また豊受大神宮においては、高宮の東の山口、比々良木《ひひらぎ》の杣、高宮の奥の山中にある檜尾から伐採することが旧記にみえているという。

御杣始祭（御杣山木本祭）は後一条天皇の寛仁（一〇一七〜二一）以後、御杣山が宮域外に移されたために始められたもので、造替の御料木を採るため、伐採しようとする木本《このもと》の神を祭るのである。

御杣始祭で伐られる御樋代木の選定と伐採法

御杣始祭で伐採されるヒノキの御神木は、厳選のうえ定められた品格のある大木で、候補となるヒノキ大木を選び出す作業は御杣始祭の行われる五年ほど前から行われている。前に触れた平田利夫の『木曽路の国有林』は、御樋代木の選定にあたった現場の人の苦労を記しているので要約・補足しながら、紹介する。

御神木となる木曽ヒノキの選木は相当苦労したらしく、御料林時代には、当時の伐木事業所に在職する林業錬士（俗に旦那衆）といわれる杣《そま》（伐木・造材のこと）、日雇《ひよ》（運材のこと）経験者であり、且つ指導者で、その道の練達の人が神宮備林に分け入り、くまなく山を歩いて、厳しい選定条件に適合した候補木を探し歩いた。

山中を探しまわってこれ以外にはないと一応決まると、それを伐木事業所主任に報告した。さらに上部の支局の係の人がこれを確かめた。もし伐倒して少しでも空洞やささくれが心材部にあった場合は、「腹切りもの」（辞職もの）と覚悟していたようである。したがって、御神木選定にたずさわる古老練達の人たちは、鉈《なた》の背でヒノキの大木の樹幹をたたいただけで、この木には空洞や腐れがある・ないを見分ける特殊技術（勘《かん》）を身につけていた。それでも、なかなか骨の折れる仕事であったという。

昭和四〇年（一九六五）のときの候補木はつぎの通りの選定の条件で選ばれたが、古来のしきたりによって上松営林署相沢農林事務官が主になって選び、神宮に伺ったところそれほど難しい注文はなかったという。

一　御神木は南面に生育したもので、樹《た》っているところの近くに小川があること。
二　樹幹は通直四方無節一等材、枝下高一八尺（約五・五メートル）、胸高直径六〇センチ位で、五・五メートルの丸太にしたときの材の末口径四六センチが採れるもの。
三　内宮の御樋代木と外宮の御樋代木との距離は、二〇メートル以上離れていること。伐採して倒す際は、タスキ掛けといって内宮の御樋代木の倒れた樹冠部の上に、外宮の神木がある一定の角度をもって倒されること。

同年の御神木の選定は、前記の条件に合致するものを候補木として、内宮・外宮とも四本を選んだ。一本は必ず副木《そえぎ》とする。もし御神木に傷があったり、伐倒の際傷ついた場合などは、直ちに伐採できるようにするためである。候補木は神宮支庁の少宮司に閲覧してもらい、内宮と外宮の御樋代木が決定したのであった。

チェンソーによる木曽ヒノキの伐採。受け口を作っているところ。現在、樹木の伐採はほとんどすべてチェンソーで行われ、遷宮用材伐採を斧で行う杣夫の技術伝承が課題になっている。（中部森林管理局提供）

御神木の伐採は、鋸《のこぎり》を用いず、斧《よき》だけで伐倒するのである。木曽では古来から鋸の使用は禁止されており、すべて斧による伐倒である。

元伐《もとぎ》りは倒そうとする方向の側面の根際に斧を打ち込んで樹心部に達する孔（これを受け口という）を開け、その背面のやや上部に同様の孔（追い口）を開け、この二つの孔の両側面に残った伐りのこし（追い弦《つる》）を徐々に切断して倒すという方法が木曽での大木の伐倒のしかたであった。鼻緒伐《はなおぎ》りともいわれる。また「三つ伐り（鼎伐《かなえぎ》り）」とも称して、受け口一個、追い口二個を開け、三個の伐り残しを切断して倒す方法もあった。

この伐り方で倒した木の伐り口は、半円錐形になっており「頭巾《とうきん》」とよばれた。この頭巾が運材作業を容易にし、運材のときの突き割れを防ぐ役目を果たしていた。そのため伐採木を丸太にする造材のときには、末口にも頭巾をつけた。

現在は大木もそうでない木も、樹木を伐採するときはほとんどすべてチェンソーで行われる。昭和四〇年六月の木曽の上松町でおこなわれた御杣始祭で御神木を伐採するしごとに従事した杣《そま》も、当時の伐採はほとんどチェンソーによるものであった。そのむかしは、斧のみの鼻緒伐りの経験は少しくらいは経験していても、そのとおりに実現されるとは限らないため、御杣始祭の始まる何日か前に付近の用材候補木の伐採をおこない、はじめて自信をつけた。そして、斧だけでピシリ、ピシリと大木を伐りこんでいく古式による伐採方法が、なかなか技術的であり、汗もかく重労働であったことをしみじみと味わうと同時に、「むかし、とったきねづか」と、練習後に見せた誇らしげな笑顔は当代山男の晴れ姿とみえたと、平田利夫は前掲書の中で記している。

御杣始《みそまはじめ》祭《さい》の祭典終了と同時に伐採にかかるが、御神木を伐倒する方法は現在でも斧で、つるを鼻緒《はなお》のように三本残して伐倒方向を正確に決める鼻緒伐りである。このとき御神木の伐り口から飛び散る木端《こっぱ》はお守りとして、むかしから珍重されている。

樹木の伐採がチェンソーで行われる現在、この鼻緒伐りの技術をもった杣夫《そまふ》(伐採夫)がほとんどいなくなったので、この技術の後継者の養成が必要となっている。

なお、御神木の伐採にあたって、懸《か》かり木(伐採した木が、他の立木に寄りかかって倒れないこと)、たすき掛け不良など不祥の事故のときは、責任者のえらい人が死ぬという伝説がある。大正九年(一九二〇)には懸かり木ができ、ときの御料林長野支局長内藤氏が、高血圧で庁内ドア前で亡くなられたことが最近の証しだとされている。

伐採された御樋代木《みひしろぎ》は、品格寸法に切断され、両端は頭巾で丸く化粧《けしょうが》掛けされた後、剝皮《はくひ》され、南向きであった側に「太一」と切判墨入れし、新しいこもを綱で巻く。伐採後一日仮安置所に保存され、日割れを防ぐため青竹で水をそそぎかけた後、次の日に山を下る。

式年遷宮開始初期は神宮の裏山が御杣山

『神宮要綱』は、「神宮御造営の用材は一定の御料林があって、その林内の樹木が使用された」といい、これを御杣山《みそまやま》というと記している。そして「初め皇大神宮の御杣山は神路山《かみじやま》にして、豊受大神宮の御杣山は高倉山なり」という。

この山は伊勢神宮の南部に位置し、現在では神宮宮域林とよばれているものであり、三重県伊勢市の南部に位置し、内宮から南を包み込む約五五〇〇ヘクタールの山林地域である。宇治山、天照《あまてる》山、鷲《わしのひ》日山、太《み》山、神福山、大福山、津長原、転法輪山などの別称があり、神垣山、於保《おほ》山ともよばれた。神路山の標高は二八六メートル。

神宮宮域林は、最高地点は標高五四四メートルであり、ほとんどは五十鈴《いすず》川と島路川という二つの川の流域となっており、島路川は内宮の上流で五十鈴川と合流している。内宮の入口である宇治橋の下を流れる五十鈴川は、宮域林からの清流である。宮域林の一部五〇〇ヘクタールほどは、伊勢市市街地の北を流れる宮川の流域となっている。

伊勢神宮の遷宮制度がはじめられた一三〇〇年前の第一回式年遷宮の内宮の用材を伐りだす御杣山は、内宮の裏山ともいうべき五十鈴川の上流にあたる現在の宮域林であったことは当然である。前に触れた木村政生は「史料によれば、その当時闇神路《やみかみじ》といわれたほどの鬱蒼とした昼なおくらい原生林であったことが想像できる」と述べている。

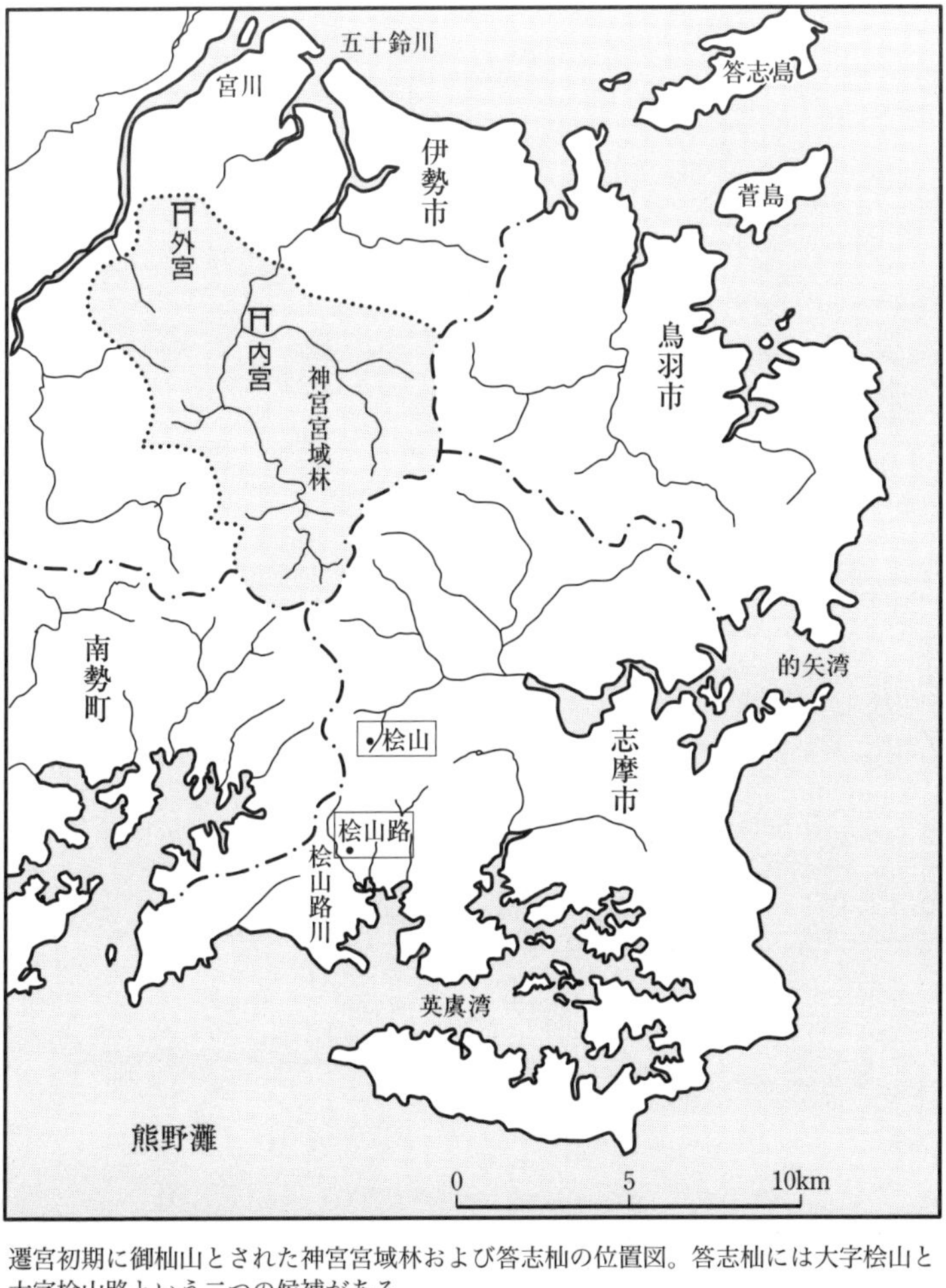

遷宮初期に御杣山とされた神宮宮域林および答志杣の位置図。答志杣には大字桧山と大字桧山路という二つの候補がある。

一三〇〇年前は、稲作農耕がようやく普及してきた時代であり、同時に針葉樹の大木を伐採するに適した鋭い刃をもつ鉄器の使用が行われはじめた時期であったから、神宮が創建されるところとはいえ、森林にはほとんど伐採の手が入っていなかった。どんな植生であったのか明確ではないが、おそらく常緑広葉樹林の中にスギやヒノキの針葉樹がかなりの割合で混交していたような針広混交林であったと考えられる。

律令時代の神宮の造営は、役《えだち》（人民に課された労役）の制度によって行われた。山口祭、木本祭の後、一カ月を三旬にわけ、伊勢国はもとより美濃国、尾張国、三河国、遠江国という五カ国から、国司に率いられた一日一〇〇〇人以上の役夫が御杣山に入り、伐採された用材の搬出に従事した。

この制度も平安時代中期のころになると、神税《しんぜい》（神社の神田および神戸《かんべ》から収納した租《そ》を蓄積したもの、または出挙《すいこ》した利稲を神社の諸経費に充てるものをいう）、役夫の調達が困難となったため、第二二回式年遷宮のときから遷宮費を全国に課した役夫《えだちふ》工《く》米《まい》によることとなったのである。

内宮の御杣山が宮域林以外で伐採された最初は、平安時代中期の後一条天皇の御代である寛仁三年（一〇一九）の第一八回式年遷宮のときのことで、史料には志摩国答志《とうし》郡杣（三重県志摩市浜島町桧山路）との記事がみられる。このときは「神路御杣子細有之由」と記されていることから、宮域の神路山のヒノキの良材が伐り尽くされたから、他の山での材を使ったということではなかった。

実際に神路山のヒノキ良材が伐りつくされ、御杣山を他の山に移さなければならなくなったのは、それから二八〇年後の鎌倉時代末期（南北朝時代）の嘉元二年（一三〇四）の第三三回式年遷宮のときのことである。南北朝時代の重要な史料である洞院公賢《とういんきんかた》の日記『園太暦《えんたりゃく》』（応長元年＝一三一一から延文五年＝一三六〇までの記録）のなかに「神道山料　木尽《りょうぼくつきる》」とあり、さらに「改神道山採用他山例、起自嘉元之濫觴」とあることから、神路山の良材を伐り尽くし、御杣山が五十鈴川の流域以外の山へと移動した最初のことであった。『師守記《もろもりき》』にも同様な記事が見える。なお、『師守記』とは、南北朝時代の公卿・中原師守（生没年不詳）の日記で、朝儀や公事、公領、家領の記述のほかに後醍醐天皇の崩御や、足利将軍尊氏らが見物した橋勧進田楽についてなど当代の政事、軍事、社会の状況が豊富に記された当代一級の史料である。第三三回（一三〇四年）と第三四回（一三二三年）は、神路山の用材も共用されている。

以上は内宮の遷宮用材であるが、外宮の方は神域の高倉山であったが、その面積は少なかったうえ、木材運搬は川の流れを利用した流送であったから、宮川の上流へと、神宮領のどことは特定はできないが、ヒノキの良材の産する地へと伐りすすんでいた。内宮と外宮とでは、式年遷宮用材を調達する御杣山は同じ山ではなく、造替《ぞうたい》年次もずれているのである。

それにしても第三三回までの六六〇年の間に、広域な五十鈴川上流の山に生育しているヒノキの良材を伐採し尽くしていたのである。これはヒノキという材を利用することだけが頭にあって、それを育成しようとする考えが全くなかったことを物語っている。例えば、初回に伐採した跡地にヒノキ苗を植えておれば、三三回までには六六〇年の年月を経ることになり、立派に遷宮用材として利用出来る大きさに成長できているはずである。しかし、いくらでもヒノキの良材を産出する原生林が各地にあった当時としては、ヒノキの育成を考えることは、愚の骨頂と考えられていたにちがいない。

宮川流域を水源へと遡る御杣山

伊勢神宮（内宮）の遷宮用材山が神域の五十鈴川領域から離れたのは、寛仁三年（一〇一九）であり、そこは神路山からは南部となる志摩国答志《とうし》郡杣（志摩市浜島町桧山路）であった。志摩半島の南部にあたる地域で、リアス式海岸として名高い英虞《あご》湾の入口にあたる湾に注ぐ小さな川の流域で、現在も大字名として桧山路という地名が残っており、当時は鬱蒼とした森林が繁茂し、良材となるヒノキがたくさん生育していたのであろう。五十鈴川の河口までは直線距離で一〇キロ程度であり、海に落とせば運搬は比較的容易だったと考えられる。もう一カ所志摩市の旧磯部町の最西南地に大字名を桧山としている地がある。前掲の桧山路とは低い山の背中合わせの地であるが、地図をよく見ると現在は志摩市域だが、かつては紀伊国の領域であるので該当しないおそれはあるが、候補地の一つとしておきたい。

遷宮には膨大な量のヒノキの良材が必要なため、神域周辺の山から用材を得ることは困難となった。鎌倉時代の文永五年（一二六八）の外宮遷宮用材には、宮川の上流域で神宮の別宮である滝原宮に近い度会《わたらい》郡阿曽山（度会郡大紀町阿曽）が、後一条天皇の御代の嘉元二年（一三〇四）には、江馬山と阿曽山が候補に上がり、江馬山（三重県多気郡大台町江馬）が卜定《ぼくじょう》（吉凶を占い定めること）されている。

宮川を流送された外宮の遷宮用材は上ノ口から陸路を宮域に運ばれ、内宮分は河口まで流され伊勢湾を経て五十鈴川を溯って運びこまれたと考えられる。

江馬山は南北朝の争乱がつづくなかで、南朝方の北畠国司（津市美杉町）から近く、南朝方の勢力下にあったため、神宮の遷宮を行う北朝がここでの杣入りの小工《こだくみ》や役夫が集められない状況であった。やむを得ず康永二年（一三四三）の第三五回の内宮の遷宮用材は三河国の豊川の上流である設楽《したら》山（愛知県北設楽郡設楽町）に求めた。康暦二年（一三八〇）の第三六回外宮遷宮では、美濃国の北山（つまり木曽山）に求められた。

戦国時代（室町時代の末期）の後奈良天皇の天文一〇年（一五四一）の外宮仮殿遷宮では、江馬山に加え、宮川の水源にあたる大杉山から伐り出されることになった。本来、御杣山は内宮・外宮それぞれ別個に定められていたが、天正一三年（一五八五）の第四一回遷宮において、宮川の水源にあたる大杉山を御杣山としてより、両宮とも同じ山から伐り出すこととなった。以来、再び二〇年ごとの式年遷宮の制度に戻った。この遷宮資金として織田信長が三〇〇〇貫文を、豊臣秀吉が一万貫文と金子《きんす》五〇〇両を献納している。

江戸時代になると、大杉山は紀州和歌山の徳川家の所領となっていた。大杉山からは、慶長一四年（一六〇九）の第四三回、慶安二年（一六四九）の第四四回と、しだいに上流へと伐り進み、万治二年（一六五九）の臨時遷宮と寛文九年（一六六九）の第四五回遷宮からは、大杉谷渓谷に入り御用材を伐り出した。元禄二年（一六八九）の第四六回遷宮のときには、さらに奥地の急峻な一一カ所の谷々から伐り出し、ヒノキの良材はほとんど伐り尽くした。

第四三回から第四六回の四回にわたる遷宮用材調達で宮川の水源域のヒノキ林を伐り尽くしたため、第四七回目の遷宮の御杣山はまた木曽山へと移ることになった。木曽山は尾張藩が領有する山であったから、木曽谷の入口にあたる湯船澤山に決まった。調査の結果、ここには遷宮に必要なヒノキの材料が、三〜四回分はあると見積もられていた。

神宮では、徳川幕府から支給される三万両（江戸時代を通じて毎回この額）では不足となるため、山田奉行を通じて幕府へ、公費（幕府の費用）での伐採・集材・運材を願い出た。これを受けた幕府は、尾張藩の費用で伐り出したうえ、木曽川中流の、同藩の木材集積場となっている錦織《にしごおり》（現岐阜県加茂郡八百津町錦織）の網場《あば》で、遷宮に必要な数量の丸太を引き渡すとの決定通知が老中からあった。この制度は宝永六年（一七〇九）の第四七回式年遷宮のときから明和六年（一七六九）の第五〇回の式年遷宮まで続いた。木曽山で伐採・造材された材は、支流を通じて本流の木曽川へ送りこまれ、管流《くだなが》しとよばれて材一本ずつを流れに乗せて運んだ。錦織では川を横断する綱と網を張り、この網で流れ下る材を止め、集めて筏《いかだ》に組み、河口へと流れに任せて運んだのである。

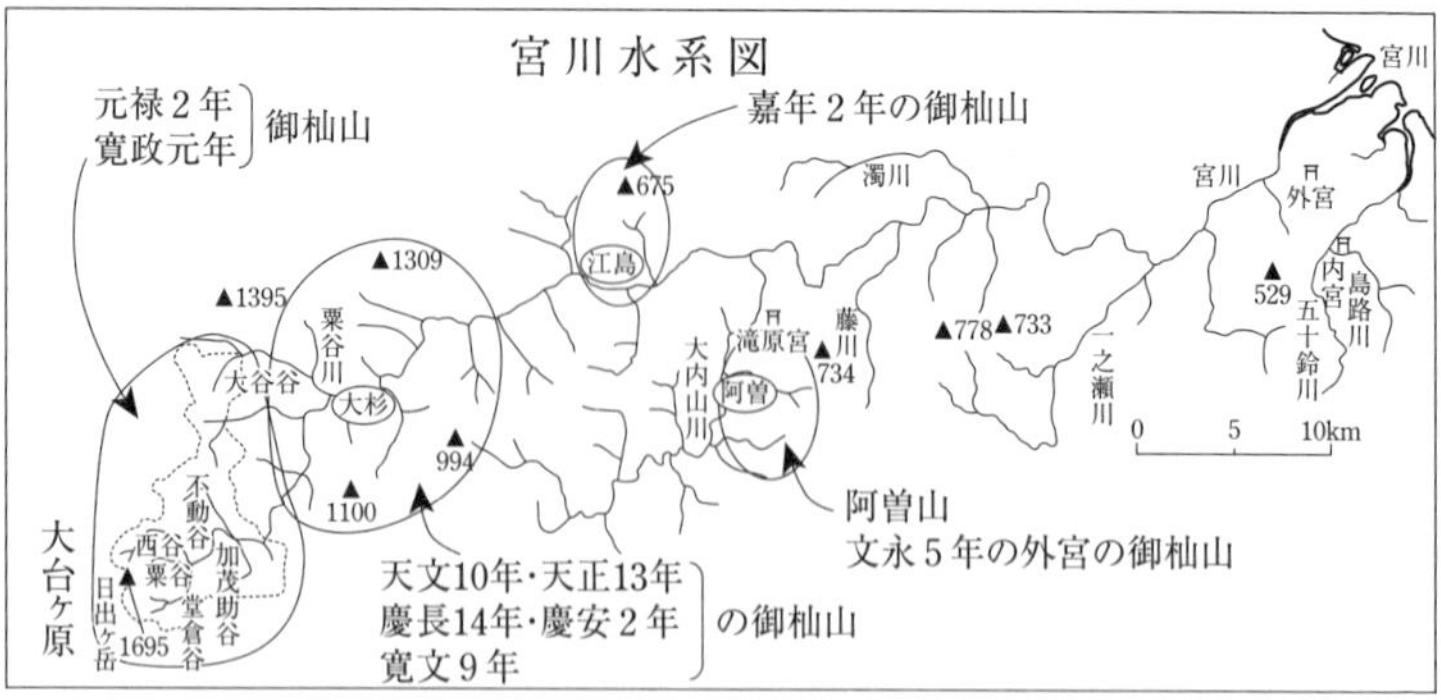

鎌倉時代の文永5年（1268）から御杣山は宮川流域を遡りつづけ、江戸時代の寛政元年（1789）の御杣山で、ヒノキ良材は伐り尽くした。

伐り尽くした大杉山が再び御杣山に

元禄二年（一六八九）の第四六回遷宮の際に伐り尽くしたとされた宮川の源流部にあたる大杉谷へ、寛政元年（一七八九）第五一回遷宮の御杣山が再び戻ってきた。

神宮では前例によって山田奉行を通じて、木曽の湯船澤山を御杣山とし、造営用材を伐り出すことを申し出ていたが、尾張徳川家からは湯船澤山もその他の山も大木は伐り尽くしたことを理由に、御用材の伐り出しを拒否された。

安永七年（一七七八）五月二一日から同年七月二一日までの両宮御造営御木用見分日記である「寛政御造営木曽山内見分日次」によると、「尚又湯船澤御木品数少く、殊ニ峰ニ生立候木斗ニ而、風荒キ所故丈短く枝近く、何れも悪木節木ニ而、猶亦嶮岨之上一向敷木等無之、御山出し難成様子ニ而、甚当惑之仕合御座候」など、この山には峰に生育しているヒノキ樹ばかりで、樹高も低く、それも下まで枝があり、材にするばかりで節ばかりとなる悪木である、というのであった。

しかし式年遷宮の御杣山が、またまた木曽山へ戻っていることからいって、湯船澤山のヒノキ良材を伐り尽くしたとは認め難いところであり、真相は不明のまま、第五一回遷宮の御杣山が、紀伊山地の中でももっとも険阻な大台ヶ原直下の大杉谷と定められたのである。神宮の遷宮関係者からは湯船澤山も大杉谷も資源の枯渇は同じとみられ、木曽山よりは距離的に近いということから、大杉谷が御杣山として再び選ばれたと考えられる。

すこし溯るが、大杉谷で万治・寛文・元禄の遷宮の際に御用材が伐採されたところは、つぎのような場所であった。

万治・寛文の遷宮時の伐出し場所（四カ所）

から杉谷　大杉村より凡《およそ》二里半下　古河谷　大杉村より凡二里下

父ケ谷　大杉村より凡六七丁上　うぐい谷　大杉村より凡二里上

元禄の遷宮時の伐出し場所（一二カ所）

大熊谷　大杉村より凡三里半十丁下　熊ケ谷　大杉村より凡三里半十丁下

父ケ谷の内　三大夫山・釜ケ谷・黒倉谷・美濃谷・野谷・嘉兵衛谷・地獄谷・不動谷・大杉村より凡八九丁上から六里上

粟ケ谷　大杉村より一五里上（この道筋に大滝三ケ所何れも難所　七ツ釜滝・凡二七五尋、光滝・凡一五〇尋、樋滝・凡四五尋）

このように、万治・寛文の遷宮時は、最も奥まった集落の大杉村からおよそ二里（八キロ）までの場所で、御用木を伐り出してきていた。元禄の遷宮時はそれよりさらに奥へとなり、大杉村からの距離は最低で一里（四キロ）も奥まっている。

再び戻ってきた寛政の遷宮時は、これよりさらに奥へと進んだところも局所的にはあったが、古くからの目録通りの材を確保することはとうてい不可能であったので、前回の伐り残しを拾い、中材、小材を取

大杉谷渓谷にある七ツ釜滝。千尋滝、堂倉滝、光滝など、多くの滝が流下する急峻な上流部で、ヒノキの良木は伐り尽くされた。

りまとめて必要量を確保したのであった。

寛政時の伐採場所は一五カ所あり、大杉村よりの距離は最も短いもので一二里半（二六キロ）で、遠方の場所は一五里（六〇キロ）もあった。その場所は、堂倉谷の内（坊主ケ上、登り谷、金之丞谷、牧右衛門谷、地池谷、犬戻谷、むわた脇谷、喜佐衛門谷、又右衛門谷）、栗ケ谷の内（壱之澤、檜皮小屋谷、弐之谷、参之谷）、西谷の内（大川内、くれ澤）であった。

とくに又右衛門谷、参之谷、くれ澤は大杉谷の最も奥まった険阻な場所で、伊勢国と大和国の国境にあたる大台ヶ原（日出ケ岳・一六九五メートル）の直下にあたっていた。

大杉山は谷が深く、険阻な山地なので、ふだんは杣人《そまびと》も入らないので道もできていなかった。道はこの山を管理する紀州藩の田丸（三重県度会郡玉城町）の郡奉行が、地元住民に命じて、拓り開くことになっていた。元禄の伐採から四〇年を経て森林はほとんど復活しており、道を造って山に入った時が、ちょうど狼が子育ての時期に当たっていた。狼が人に襲いかかってきたので、そこに居合わせた紀州藩の侍が刀で切り伏せたという話もある。

杣小屋への食料など荷物の運搬も、山地が嶮岨《けんそ》なため牛馬の通行は不可能であったので、人の背によって荷揚げをした。米五升を背中にして暗いうちに里を出て、小屋には星をいただくころにようやく到着したという。

大杉谷での集運材は、ここに携わった小工《こだくみ》によると、木曽山に比べ一〇倍以上も困難であったという。木曽山では三年で出材できたものが、大杉山では五年も出材がなく、木造始祭等の遷宮諸祭にも支障をきたすようになった。ところが、ここ大台ヶ原一帯は年間四〇〇〇ミリを超える降水量がある地域である。天明八年（一七八八）六月一六日集中豪雨があり、この洪水でほとんどの材が流れだし、山田中島へ流れ着いたという。伊勢湾に流れ出たものも、三河、尾張、知多などへ漂着したものも、六月中に集められ宮川に着いた。この洪水による出材で、ようやく式年遷宮も期日に斎行された。

また伐出費用も多額にのぼったが、木村政生によると、「幕府からの遷宮費として受け取った米の相場が高騰したので、前代未聞の高値で換金されたことによりほとんどすべて支払いすることが可能であったという。洪水による出材とともに『神慮不思議也』」と小工の日記は記しているという。

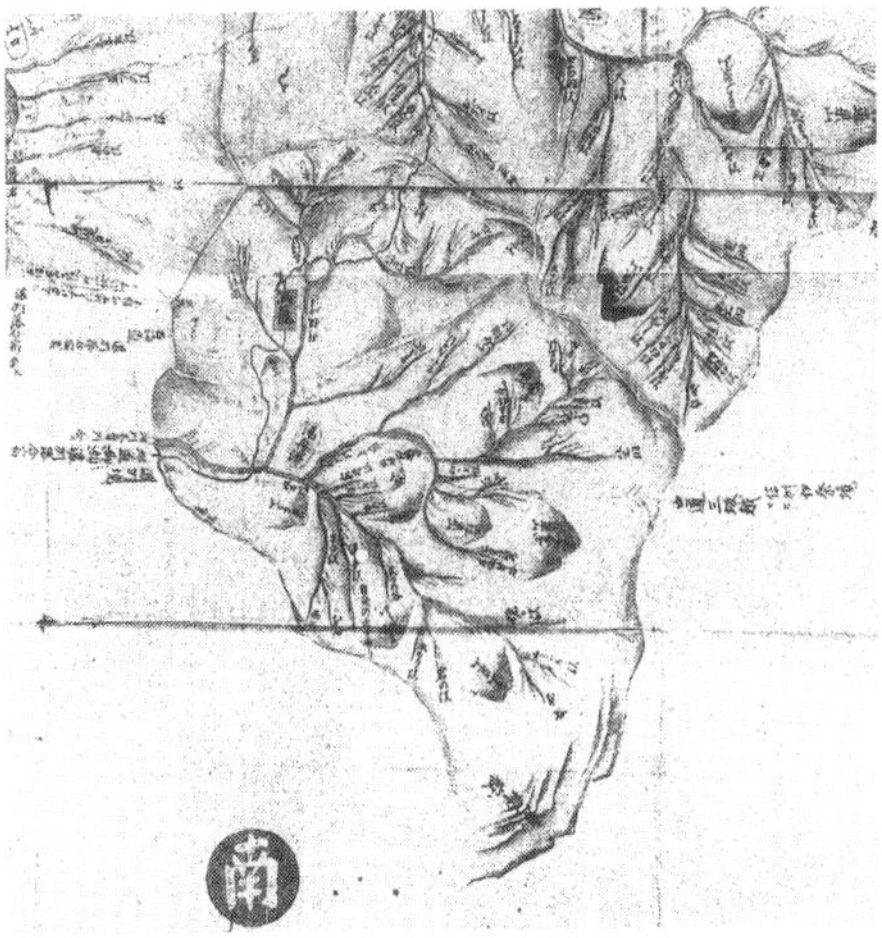

文化６年（1809）の第52回遷宮の御杣山となった木曽の湯船澤山の絵図。正保２年に幕府へ提出された「木曽御山絵図」の一部。（農林省編『日本林制史資料　名古屋藩』朝陽会、1933年）

このときの遷宮を最後にして大杉山のヒノキは伐り尽くし、次の遷宮御杣山は三たび木曽山へと移った。大杉山は明治期に国有林となり、御杣山であった縁で皇室の財産である御料林に編入されていたが、現在に至るまでヒノキの大径の良木をみることはできない。

第五五回遷宮まで木曽山が御杣山

文化六年（一八〇九）の第五二回式年遷宮の御杣山は、木曽の湯船澤山及び隣接する蘭山《あららぎやま》へと移動することになった。木曽山は尾張藩が領有していた。

尾張藩は古来の目録通りの御用材を伐り出すためには、木曽山のどの場所からでもよいと認めた。神宮としては木曽川の難所である寝覚《ねざめ》ノ床《とこ》より上流からは、木曽川を使っての流送はできないとして、上流の山での伐り出しは断念した。なお寝覚の床とは、木曽川の上松町域にあって急流に沿って花崗岩の柱状節理が西岸や川の中に起伏している場所で奇観であるが、川の流路が狭まり、木材の流送にはひじょうに難しい場所である。

江戸時代を通じて御杣山は、湯船澤山および蘭山を動かすことはなかった。

その理由は、御用材の伐り出し費用および神宮までの運搬費用は、幕府から支給される三万石の内での支出であったからで、遷宮に関わる全費用をこの三万石から支出しなければならなかったからである。したがって、木曽川の難所である寝覚ノ床より上流部にいくら良木があっても、伐採・搬出の費用面での負担がさらに大きくなるため、木曽山の入口の山から伐り出したのであった。

一方、尾張藩でも湯船澤山・蘭山を御杣山として、一カ所から伐り出すことは、管理上からも、技術上からも得策であったからである。

尾張藩が御用材の伐採と川下に対して特に便宜を与えたことについて、『神宮要綱』は前引頭々代小工の口上書を引き「木曽山は遠方の儀、別して難所に御座候故、役人ども力に及び申さず段、お願い申し上げ候はば、お聞き届けに成り下され、尾張様より御本伐成り下され、濃州錦織まで山出し川下しに成られ、滞り無くご造営ご成就に御座候、其の後享保、寛延、明和の御遷木、何れも木曽山より御伐出しに成られ下され候得ども、毎度先例の如く錦織に於いてお渡し下され候御事」とあり、尾張藩が神宮の御用材を木曽山において伐採し、錦織の網場《あば》まで川下しをしたうえ、神宮の掛かりに渡していたのである。錦織の網場は木曽川の沿岸で、現在は存在しないが、岐阜県加茂郡八百津町錦織にあたり、木曽山の下流二〇里（八〇キロ）のところにあった。ここまで、一本ずつ川の流れにまかせて下らせた材木を、この地で筏《いかだ》に組む定めとなっていた。

木曽山のヒノキ材は、錦織の網場での受け渡しがおわると、筏で木曽川を下り、その河口に近い伊勢国桑名郡又木（現三重県桑名市又木）に係留し、そこからは海に浮かべて度会郡大湊（伊勢市大湊町）にある貯木場に運搬した。

大湊に着いた御用材は、ここで二つの宮分にわけられる。

そして御樋代木《みひしろぎ》とそれ以外の御用木とは、違った取り扱いがされる。御樋代木は、御樋代木奉曳式《ほうえいしき》といって宮内に曳き入れる式を行う。皇大神宮の御料は、五十鈴川を溯り、中村から神宮の職員数名が式列を整えて供奉《ぐぶ》し、神領民の奉仕で川の中を曳き、大宮の前より曳き上げ、大宮司以下の神官等が奉迎して修祓《しゅうばつ》をおこない、東宝殿の床下に納める。豊受大神宮の御料は、宮川を溯り山田中島より車輌に載せ、皇大神宮と同じく式列を整え、奉仕の人たちによって宮中に引き入れ、北御門口で修祓をおこない、大宮司以下奉迎して西宝殿の床下に納める。

御正殿の棟持柱《むなもち》に充てる巨材は、人びとの奉仕によって奉曳する。皇大神宮にあっては、旧宇治六郷の人たちが五十鈴川の中を曳き、手洗場より宮中に曳きあげ、二の鳥居にて大宮司以下の神官が奉迎して修祓をおこない、正宮の御料は五丈殿の前に、その他は各別宮の古殿地に安置する。豊受大神宮では伊勢市内の小川町・中島町・八日市場町・本町・河崎町の人たち等が、宮川より車に積みこれを奉曳し、北御門

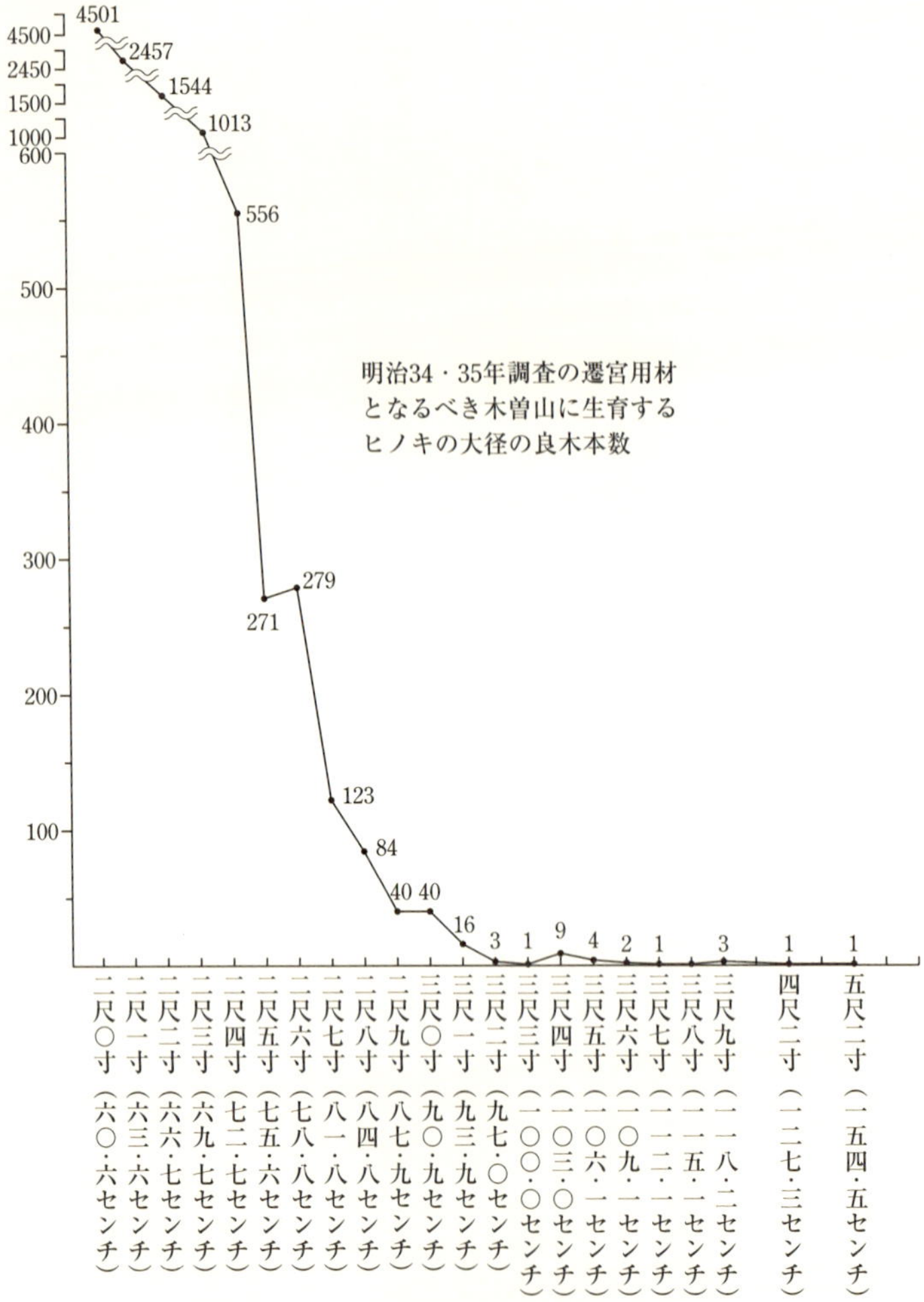
明治34・35年調査の遷宮用材
となるべき木曽山に生育する
ヒノキの大径の良木本数
4500
2450
1500
1000
600
500
400
300
200
100
4501
2457
1544
1013
556
271
279
123
84
40 40
16
3
1
9
4
2
1
3
1
1
二尺〇寸（六〇・六センチ）
二尺一寸（六三・六センチ）
二尺二寸（六六・七センチ）
二尺三寸（六九・七センチ）
二尺四寸（七二・七センチ）
二尺五寸（七五・六センチ）
二尺六寸（七八・八センチ）
二尺七寸（八一・八センチ）
二尺八寸（八四・八センチ）
二尺九寸（八七・九センチ）
三尺〇寸（九〇・九センチ）
三尺一寸（九三・九センチ）
三尺二寸（九七・〇センチ）
三尺三寸（一〇〇・〇センチ）
三尺四寸（一〇三・〇センチ）
三尺五寸（一〇六・一センチ）
三尺六寸（一〇九・一センチ）
三尺七寸（一一二・一センチ）
三尺八寸（一一五・一センチ）
三尺九寸（一一八・二センチ）
四尺二寸（一二七・三センチ）
五尺二寸（一五四・五センチ）

口にて奉迎修祓される。正宮御料は五丈殿の前に、他は別宮の古殿地に安置される。

遷宮用材を供給し育成する神宮備林

明治維新により木曽山の持主が替わった。尾張藩の領有していた山地が、国の所有となったのである。明治以降は、明治二年（一八六九）、二二年（一八八九）、三二年（一八九九）（臨時遷宮）、昭和四年（一九二九）、二八年（一九五三）、四八年（一九七三）、平成五年（一九九三）に遷宮がおこなわれ、その都度木曽の国有林から造営用材が伐り出された。この伐採は遷宮の年より一〇年前におこなわれた。

木曽山が尾張藩有から国所有になってから間もなくの明治二八年（一八九五）一二月、皇室の財産の基礎を確立するためとして、大面積の官林、官有山林原野、官有鉱山等が帝室一般財産（御料）に編入することが決定され、宮内省に御料局が設けられた。同二二年（一八八九）五月一三日木曽山が御料地に編入され、翌二三年一一月二七日には「世伝御料地」とされ、重大な事由のない限り、これを解除することも譲与することもできなかった。

宮内省は明治天皇の「神宮の御遷宮は我国の固有の建て方である。これを見てこの国の建国の昔の古いことを知る。現在の建て方は全く永世不変のものでなくてはならない」とのお言葉を受けて、明治三八年（一九〇五）「神宮造営制度」を創設し、木曽の世伝御料林の中に、面積八三三八町歩におよぶ「神宮備林」を設定した。これにより神宮の遷宮用材を永久に供給できる体制が整えられたのであった。

なぜ「神宮備林」が設定されたかというと、明治三二年の臨時遷宮造営用材を木曽山から供給したのちに、ヒノキ大径木の供給が将来困難になることが予想されたためである。明治三四・三五年に、その時点で生育している目通り直径二尺（六〇センチ）以上のヒノキで、適材見込み木が調査された。萩野久一郎

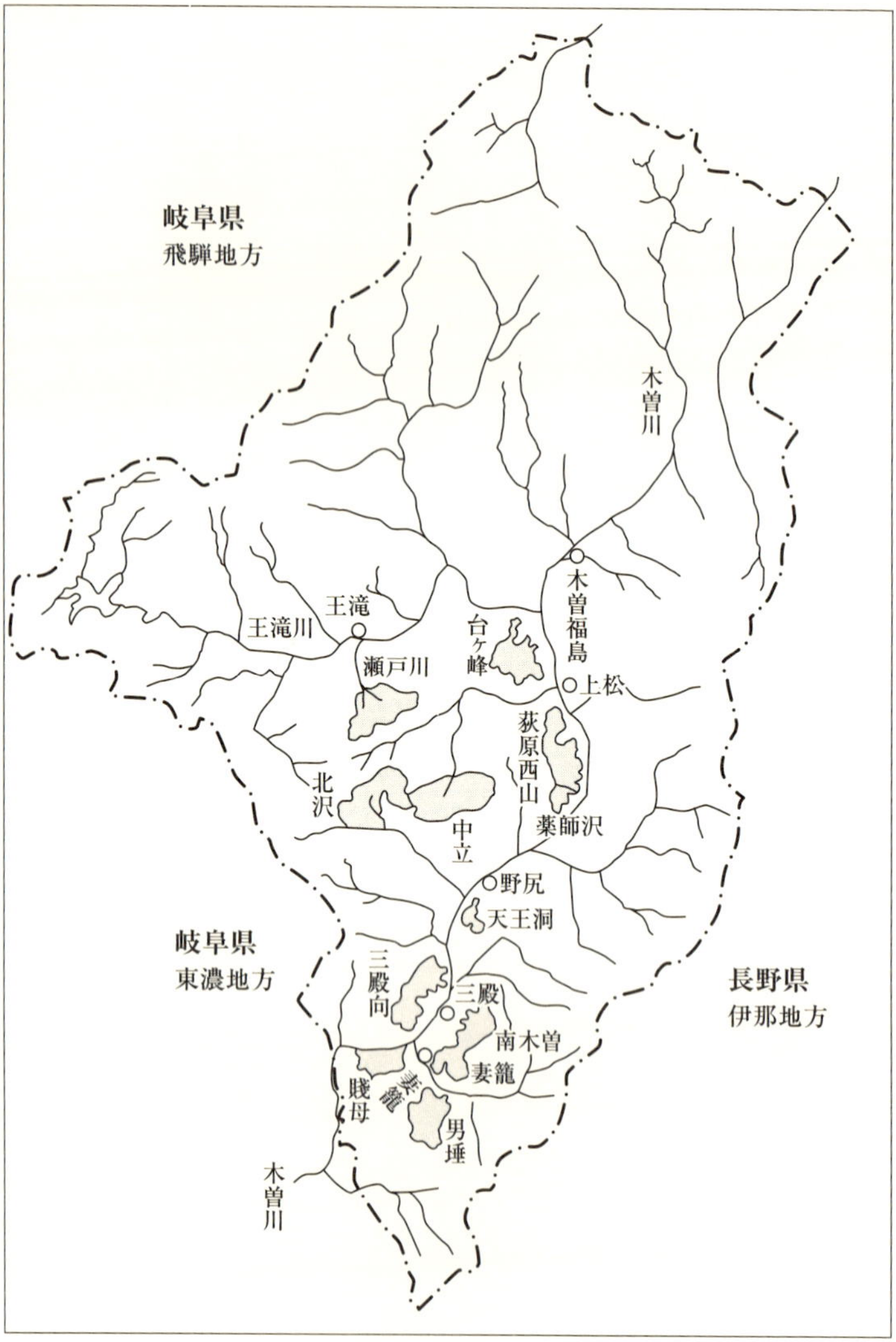

木曽山での神宮備林の位置（昭和17年製版「木曽支局管内御料地位置図」より作成）

の「神宮備林施業誌」（雑誌『御料林』九八号、帝室林野局、一九三六年）によると、次の表のとおりであった。

明治三四・三五年のヒノキ大径木本数

（胸高直径）	（本数）	（胸高直径）	（本数）	（胸高直径）	（本数）
二尺〇寸	四五〇一本	二尺一寸	二四五七本	二尺二寸	一五四四本
二尺三寸	一〇一三	二尺四寸	五五六	二尺五寸	二七一
二尺六寸	二七九	二尺七寸	一二三	二尺八寸	八四
二尺九寸	四〇	三尺〇寸	四〇	三尺一寸	一六
三尺二寸	三	三尺三寸	一	三尺四寸	九
三尺五寸	四	三尺六寸	二	三尺七寸	一
三尺九寸	三	四尺二寸	一	五尺二寸	一
計	一〇九四九本				

この調査結果から、胸高直径三尺一寸（九三・九センチ）以上の大径木が急激に減少していることが理解された。この結果に基づいて、永久に造営用材を供給するため神宮備林が設定されることになった。実際の場所の選定は明治三九年度以降の施業案の編成または検訂《けんてい》（施業案編成後五年毎に、前に編成した施業案の見直しを行うことをいう）の際に行われ、ヒノキの大樹が現存するか、または今後保護育成に適すると思われる区域八三三八町歩をもって神宮備林が設定されたのである。

帝室林野局編・発行の『帝室林野局五十年史』によれば、神宮備林は次の一五カ所であり、木曽山から裏木曽までの広い範囲にわたっていた。神宮備林には、永久備林と臨時備林の区別があった。永久備林とは、永久に造営用材を供給する森林で、緩傾斜地の地味肥沃な上にヒノキの良質で巨大樹の多いところが選ばれた。臨時備林とは永久備林が一〇〇年をかけて整備され、永久に遷宮用材の生産を開始するまでの約一〇〇年間、造営材を補給する森林で、ヒノキの大樹に富み、かつ運搬の便利な森林が選ばれた。

神宮備林のある御料林名とその面積等

(選定年度)	(事業区名)	(御料林名)	(面積)	(備林の種類)
明治三九年度	小川	中立	一一七五町九八	永久
〃	小川	麝香沢《じゃこうざわ》・荻原西山	七五五・七一	臨時
〃	伊奈川	天王洞	一七七・八八	臨時
〃	台ケ峰	台ケ峰	六五三・四七	臨時
四〇年度	蘭	妻籠・男埵《おたる》・賤母《しずも》	一三三〇・九一	臨時
〃	柿其	三殿向	六四五・一〇	臨時
〃	王滝	瀬戸川	七一〇・二五	永久
〃	阿寺	三ケ其・北沢	一四五九・五七	臨時
大正　二年度	裏木曽	出小路	八二六・五六	臨時
四年度	与川	南木曽	四三一・三三	臨時
〃	阿寺	薬師沢	一七一・〇七	臨時
計			八三三七・八三	

この中で中立・北沢・瀬戸川という三つの国有林以外の備林は、主として木曽川に面した急峻地で、国土保全のため皆伐することが制限される地域に当たっていた。これら備林はのちに、第一備林、第二備林、

第三備林に分けられ、それぞれの目的によって経営することになった。

神宮備林からの遷宮用材の伐り出し

帝室御料林から遷宮用材として伐採された一つの事例をあげると、昭和四年（一九二九）の遷宮ために大正九年（一九二〇）に伐採されたヒノキは、一万一四七六本（別にサワラ一六本）、材積三万三六二三石（九三四七立方メートル）（サワラの材積一七立方メートル）であった。ほかにこの御用材を無傷で運搬するための木馬《きんま》道《みち》用材、留《とめ》・臼《うす》用材などの道具に用いる材として二二万四三二四本、材積一八万七〇一四石（五一九九立方メートル）という造営用材の五、六倍もの樹木を伐採していたのである。なお、伐採し玉切りした丸太は修羅《しゅら》などで木材を滑走させて山から下ろしてくるが、その木材の方向変換をしたり、あるいは停止させるところを留《とめ》とか臼《うす》とよぶ。

明治38年（1905）から昭和22年（1947）まで神宮備林として遷宮用材の御杣山とされてきた中立備林（現在は赤沢自然休養林）で、昭和60年（1985）に御神木が伐採された箇所（覆いのあるところ）と周辺のヒノキの大木。

当時は木材を伐採して山地から運び出すための機械化および林道網が未発達であり、もっぱら人力に頼っていたので、このように多量の道具木を伐採しなければならなかったのである。と同時に、いかに造営用材が大切に扱われたかという、ひとつの証しでもある。

神宮備林はあちこちに散在していたので、帝室林野局木曽支局管内の王滝、上松、野尻、三殿、妻籠の五出張所、および名古屋支局の付知出張所により管理と育成事業が実施された。昭和九年（一九三四）九月に室戸台風が来襲し、瀬戸川・中立・台ケ峰・北沢備林を中心に、五七ヘクタール、二万二〇三二立方メートルに及ぶ被害が発生した。

昭和二〇年（一九四五）の終戦、そして同二一年の新憲法発布とともに宗教に対して国が特別の保護をすることが禁じられたため、昭和二二年（一九四七）三月をもって、神宮備林制度は廃止された。そして皇室の御料林は農林省が主管する国有林となり、林野庁のもとで管理・経営されることとなった。神宮は神道指令により、宗教法人となった。

この間昭和二四年（一九四九）に第五九回式年遷宮を行う予定（実際には昭和二八年に実施となった）で、昭和一六・一七年度にかけて次の表のように中立・妻籠・賤母など九つの神宮備林から、二万二七二八立方メートルの御用材が伐採され、ほとんど伊勢に入っていた。表の数値などは、帝室林野局木曽支局の『昭和一六・一七年度造材運材事業実行簿』（『林業技術史　第二巻・地方林業編下』日本林業技術協会編・発行、一九七六年）による。

昭和一六・一七年に神宮備林から伐出された遷宮造営用材

（出張所）	（備林名）	（本数）（本）	（材積）（㎥）
王滝	瀬戸川	……	六三〇八
上松	台ケ峰	四四〇	一四四一
上松	中立	三三四二	六五九四
上松	荻原西山	一二二	四一二
野尻	北沢	二一一〇	四九六七

三殿	三殿向	三〇四	七二五
妻籠	妻籠	二二八	八一一
妻籠	男埵	一〇三	四二〇
妻籠	賤母	三〇八	一〇五〇
合計			二二七二八

この時の造営用材は二万二七〇〇立方メートルを超えている。昭和四年（一九二九）に行われた第五八回式年遷宮は、この時に限り全殿舎を新材により造替した築別の遷宮であったが、素材本数は一万一七〇五本で、材積は約一万立方メートルであった。前回の新材ですべての殿舎を造替したものよりも、二・二倍もの材を伐採しているので、運搬に必要な木馬《きんま》道などの資材が含まれていたのであろうと推定される。

戦後ふたたび国有林として経営されはじめた木曽山の旧神宮備林は、面積こそ減少しているが、木曽谷のなかでも優良なヒノキ大材が生産できる森林であるため、現在は「木曽ひのき大材保存林」として保存されている。

木曽ひのき大材保存林（昭和四〇年現在）

（営林署）	（保存林名）	（面積）（ヘクタール）
福島	油木沢	九九・三七
王滝	瀬戸川	一三四八・五四
上松	中立	六四三・八一
野尻	北沢	九一一・八五
野尻	天王洞	一四四・九五

妻籠　妻籠　七七・二四
合計　三三五五・七六

このほかに、王滝署の瀬戸川、野尻署の賤母、坂下署の神坂国有林に、五六〇ヘクタールの、人工林ひのき大材生産林が設定され、良質な建築材生産を目標とし、とくに伐採時期を明示しない人工林地が設けられている。

神宮が宗教法人として斎行した昭和四八年（一九七三）の第六〇回、平成五年（一九九三）の第六一回式年遷宮の御杣山も、もちろん国有林となった木曽山で、御造営用材は全量国有林から購入している。

神宮宮域林に御杣山がもどる

平成二五年（二〇一三）に予定されている第六二回式年遷宮の御用材は、御杣山である木曽の国有林から購入されているが、その一部、材積で二四％にあたる約二〇〇〇立方メートルが、ふたたび三重県伊勢市にある神宮宮域林から生産されるようになった。

神宮宮域林は古来神領と認められており、豊臣秀吉は宮川以東は大神宮敷地として古くからの守護不入の地と認め、一切の課役を免じていた。家康もこれを認め、神領として年寄の自治は明治維新まで続いたが、慶長八年（一六〇三）に山田奉行を置いていた。明治維新の際の社寺領上《じょうち》地処分《しょぶん》（社寺が領有していた山林を政府に返納させる措置）により官有となり、その後明治二二年（一八八九）に皇室付属地に編入され、御料地となった。しかし、地元の入会《いりあい》による薪炭林の売り払いは認めていた。

江戸時代にはお陰まいりといわれる爆発的に参拝者が増大する時期が何度もあり、さらに明治、大正、昭和初期にも参拝者の入込みは大変な数にのぼった。その人たちに対する薪炭材を供給する山として、神宮宮域林も充てられていた。もちろん宮川流域の紀州藩領の山野からも、薪炭材は供給されていた。庶民による伊勢神宮参拝に対応するための薪炭材の伐採により、宮域林はすっかり荒廃していた。

宮域林における最初の調査となった明治三三年（一九〇〇）の調査では、面積五四〇〇ヘクタールの宮域林のほとんどは薪炭材の伐採跡地で、広葉樹の幼齢二次林で、その中にアカマツが入り混交林へと移行する初期段階であった。そして二〇年後に行われた大正八年（一九一九）の調査では、天然林の約二分の一は、一五年生以下の幼齢林であった。最初の調査後も、薪炭材の伐採が続いていたのである。

宮域林に人工造林が始まったのは、明治に入ってからであるが、本格的造林は昭和三〇年（一九五五）代からである。

大正一二年（一九二三）神宮司庁は、当時の林学の権威者、川瀬善太郎、和田国太郎・本多静六たちを中心として「神宮神地保護調査委員会」を設置し、将来にわたっての森林の管理経営の方針を審議した。

神宮宮域林においてもヒノキ・広葉樹が半々の混交林として、遷宮用材として使われる時を待ちつづけている。

この委員会で「神宮森林経営計画」の基本方針が決定され、この方針は現在でも踏襲されている。

宮域林は、第一宮域林と第二宮域林に大別された。

第一宮域林は伊勢の市街地から望まれる神宮の風致上最重要な地域で、面積は約一〇〇〇ヘクタールある。ここでは風致の増進と水源の涵養《かんよう》に必要な手入れのほかは、生木の伐採は一切禁止した。

第二宮域林は、第一宮域林以外の林地で、面積は約四四〇〇ヘクタールである。ここでは水源涵養と風致増進を目的として、ヒノキを毎年六〇ヘクタール植栽し、ヒノキを主木とする針広混交林を三〇〇〇ヘクタール仕立て、御杣山を復元することを目標としている。二〇〇年後には、植栽されたヒノキの一ヘクタール当たりの蓄積は一二〇〇石（三四八立方メートル）となり、ヒノキ人工林全体では三七五万石（約一〇四万立方メートル）に達する。二〇年に一度の式年遷宮に使用されるヒノキ材は約一万立方メートルで、歩留まりを三分の一としても、伐採量は総蓄積のわずか三〇分の一にすぎないので、水源涵養、風致の保存にも影響はないとしている。

目標としている森林は、伊勢神宮の別宮にあたる滝原宮（三重県多気郡大紀町滝原）の四〇ヘクタールの境内林で、ほぼ三〇〇年前の江戸時代の宝永六年（一七〇九）に山田奉行が植林したヒノキ林である。ヒノキと広葉樹がほぼ半々に生育しており、風格、景観は天然林とすこしも変わらない。

平成一七年（二〇〇五）現在、ヒノキ人工林は二五〇〇ヘクタールに達している。これには第二次世界大戦による労力不足と伊勢湾台風の被害が影響している。「神宮森林経営計画」が実施されてから七〇年後の平成三年（一九九一）に時間雨量八一ミリ、一日雨量四八六ミリを記録した集中豪雨があったが、神宮宮域林を水源とする五十鈴川からは伊勢市内へはもちろん、内宮参道へも水は上がることはなかった。森林が充実したことにより、貯水能力が十分になったことの証明と考えられている。

神宮宮域林で最初にヒノキが植えられてから八〇年を経た平成一七年（二〇〇五）に、八〇年生のヒノキ造林地九ヘクタールの全立木を調査し、その中で平均的に成長している立木を伐採し、八〇年間の成長過程が克明に解析された。今後もその成長が二〇〇年間以上続くとすると、ヒノキ二〇〇年生では平均胸高直径六〇センチ、樹高三三メートルに達すると推定された。別に調査された六〇年生、七〇年生のヒノキ人工林の解析結果からも、同様の結果が得られた。

天然林の木曽ヒノキは胸高直径五三センチに成長するのに二〇〇年を要しているが、神宮宮域林のヒノキ人工林では七〇年生前後であった。大樹候補木七八本の四〇年生のときの胸高直径の年平均成長量は六・五ミリであった。今後は成長量が逓減《ていげん》することを考えて推測すると、一〇〇センチを超える年齢は一五五年とみられた。

神宮宮域林では、全ヒノキ人工林についてヒノキの成長を促すようにヒノキ造林木とともに混交している広葉樹を伐採する受光伐方式で、大樹候補木を設定する作業が進行中である。一〇〇年後ぐらいから、遷宮の御用材はすべて、復元された御杣山の神宮宮域林から持続的に供給することが可能となる。

次に行われる第六二回式年遷宮には、神宮宮域林から伐り出されるヒノキ材が約二〇〇〇立方メートル使われ、回を重ねるごとにその材は増加していくことになっている。

第五章　最良のヒノキ材を産出する木曽山をめぐる歴史

木曽山は秀吉の直領から家康の直領に

木曽は長野県西南部にあって、木曾川の上流域を主とし、鳥居峠分水界《ぶんすいかい》（二つ以上の河川の流れを分ける境界・分水線）をはさんで信濃川最上流の奈良井川流域の一帯も占めている。木曽は、西側の飛騨山脈と東側の木曽山脈に挟まれた地域であるため山岳が錯綜し、地勢は長野県下でももっとも急峻な山岳地帯である。東西約五〇キロ、南北約九〇キロで、その面積はほぼ四国の香川県に相当する。標高は四〇〇メートルから一五〇〇メートル、最高地は御嶽山の三〇六三メートルで、高低差の著しい山間地帯である。

江戸時代の木曽は、平成二二年現在の長野県木曽郡の郡域よりもひろく、南安曇郡奈川村および現岐阜県中津川市域の旧神坂村と旧山口村・旧落合村も含まれていた。このように広い地域の山林を江戸時代には、落合山、馬籠山、山口山、妻籠山、三留野《みどの》山、野尻山などのように当時の村と同じ名前でよんでいた。木曽で最も広い村である王滝村では、王滝山、鯎川《うぐい》山、白川、滝越山など六つの山に区分されていた。

「キソ」というこの地方を表わすのに古くは岐蘇、吉蘇、岐曾、岐祖、伎曾などの字があてられていたが、木曾義仲を代表とされる木曾氏が興隆するようになり、「木曾」が多く用いられるようになった。本

木曽地方は優良建築材であるヒノキの広大な生育地。写真は木曽・赤沢自然休養林のヒノキ大木林。

書では略字の「木曽」を用いることにする。

木曽山は、いつごろからかわが国だけでなく世界的にも最優良木材であるヒノキの広大な生育地となっていた。ヒノキ林がいつ成林したのか、未だその歴史は解明されていない。古墳時代からはじまったわが国の本格的なヒノキ利用は、大和国（現奈良県）に端を発し、しだいに波紋を描くように伐採地が拡大し、ヒノキ生育地の主な拠点を呑み込み一掃していき、戦国時代の末期には木曽谷にもヒノキ利用の波がかぶさってきた。以来約四〇〇年の長きにわたり、日本の天然ヒノキは、もっぱらこの木曽山を頼りにしてきたのである。

乱れにみだれた戦国の世を統一した豊臣秀吉は、天正一一年（一五八三）に大坂城の築城にとりかかり、同一四年に京都で方広寺大仏殿建立や聚楽第《じゅらくだい》造営等の大建築を開始した。方広寺大仏殿は奈良の東大寺大仏殿を上回る規模をもくろみ、桁行四五間余（約八二メートル）、梁行二八間（約五一メートル）、棟高二五間（約四五・五メートル）といわれる巨大なもので、直径五尺五寸（約一六七センチ）の大柱だけでも九二本を必要とした。材を調達するため普請奉行の前田玄以は、配下の奉行や大工を著名林業地へ派遣した結果、土佐、九州、信州木曽、紀州熊野の山林が材をとる候補となり、これらの美林をもつ領主に出材命令が出された。秀吉の命により各領主は、一斉に伐採・搬出の活動を開始し、木曽を領有していた徳川家康もこれに協力したのであった。

秀吉はこれを機に木曽を自分の蔵入地に組み入れた。方広寺大仏殿の完成をみないまま秀吉は没し、そして慶長元年（一五九六）閏七月に発生した畿内大地震により大きな被害を受けた。地震被害からの復興工事中に火災が起こり、建物は炎上焼失し、大仏殿再興の工事は慶長一三年（一六〇八）から豊臣秀頼によってはじめられた。秀吉の造営用材の収集は強権的に行われたが、秀頼は小材木一本にいたるまですべて「相対《あいたい》取引」により買い入れた。木材需要の増大にともなう統一市場が形成されるにつれ、相対取引による木材生産が一般的となっていき、中世から近世へと節目が変わっていくのである。

もっとも数量の多い木曽材や熊野材は、角倉了以など京都の材木商人が活躍した。角倉了以は慶長一〇年（一六〇五）からの木材景気により、素材生産から輸送まで手掛けていた。

豊臣秀吉の死後、徳川家康が覇権を握り、徳川政権初代将軍として江戸に幕府を構えた。江戸での木材消費は莫大なもので、江戸城の城郭をはじめ殿舎その他諸大名の江戸藩邸などの公営建造物はおびただしく、「江戸城だけでも本丸以下外郭の完成まで五〇万石（一三万八九〇〇立方メートル）内外の用材が投入されたと想定される」と所三男（『近世林業史の研究』吉川弘文館、一九八〇年）はいう。

家康はこれら大量の木材は、諸大名や旗本への課役により調達することが可能であったが、慶長五年（一六〇〇）に木曽山林一円と隣接する伊那山林の美林地帯を蔵入れ地（直領）として確保し、二つの山林で直営的な伐木事業を手掛けたのである。所三男の前著によれば、家康時代の木曽山林から産出したものは建築部材ではなく、屋根板の材料として重用される榑木《くれぎ》であった。家康は木曽の榑木は木曽川錦織《にしごおり》網場《ば》で、角倉与一はじめ材木商にこれを売却していた。

家康は木曽の山林を直領としたとき、木曽代官として挙用した山村道祐に対し、秀吉時代の山と川を一

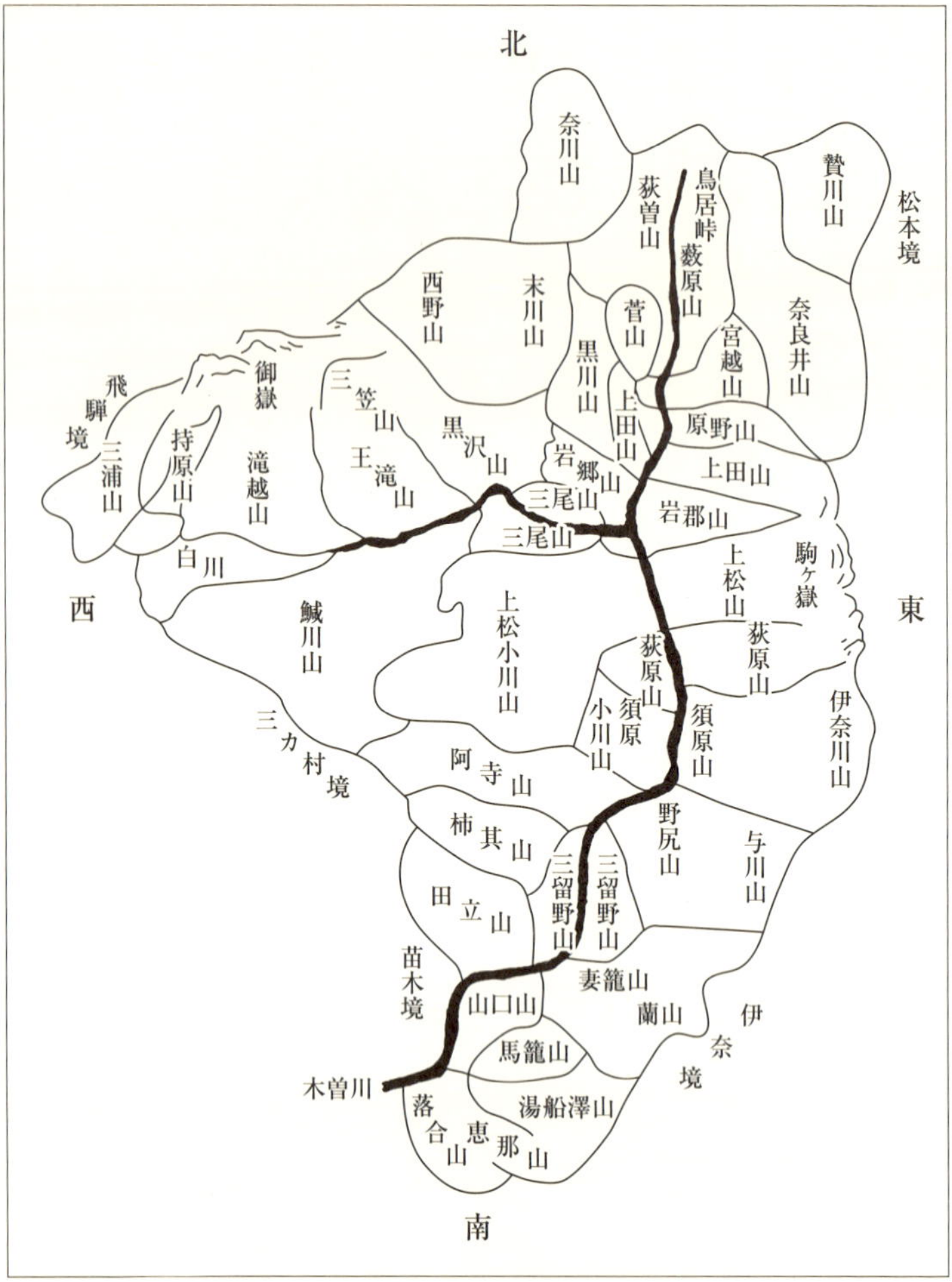

木曽地方の山名図（『南木曽町誌』より抜粋）

体とする支配体制を踏襲し、木曽谷の支配と同時に材木輸送ルートの木曽川・飛騨川の二河川の支配も同時に申し付けた。家康は元和元年（一六一五）八月の大坂夏の陣での豊臣氏制圧直後、木曽山を子の義直（尾張藩祖）に譲与し尾張藩領とした。

尾張藩による木曽ヒノキ伐採

家康が木曽のヒノキ山を直領としたのは、江戸・駿府・名古屋城をはじめとする幕府造営事業用材の供給源として注目したからであるが、同時に商品価値においても他の地域をはるかに上回っている木曽ヒノキの販売収入を考えたことは当然であろう。

木曽山が秀吉、家康、義直へと移るにしたがって、ヒノキ用材の伐採・搬出量は増大するばかりであった。木曽の本谷筋のヒノキ山に伐採の手が伸びたのは、家康の時代になってからで、それまではヒノキ林が勝れていて、木曽川への搬出も便利な、木曽の入口にあたる恵那山北麓の湯船澤山と、木曽川の西にあたる裏木曽山であった。

裏木曽は木曽と同時に尾張徳川領となった地域で、木曽と背中合わせになり、美濃国の川上村、付知村、加子母村（いずれも現在は現岐阜県中津川市）の三カ村が帯状につらなっていた。いずれも木曽山の西側にあり、深いヒノキ山の麓に集落が形成されていた。

この時代の伐採・搬出の方法は、慶長一六年（一六一一）四月木曽代官の山村七郎右衛門から木曽谷の村々にあてた定書に「御用木いずれの山にて本伐り仕り候時、たとえ奉行が見落とし候共、川辺にて本切り仕る可く候、もし川近くを残し置き候はば成敗申す可く候、よくよく念を入れ申すべく候」とあるように、伐採木をすぐに川へ落とし、水運によって搬出が便利な谷から谷へと伐採作業を進めたのである。

この頃は名古屋城築城の最盛期であり、この年あたりから木曽山へ用材需要は集中し、他の山林での伐採はほとんど進まないなか、木曽山のみ伐採が増加し、元和四〜五年（一六一七〜一八）をピークとする未曾有の過伐時代へ突入していった。この過度の需要に応えるため木材生産の責任者である木曽代官たちは、生産要員を畿内の林業先進地に求めた。木曽地方では伐木・造材作業員を「杣《そま》」、所定の丸太や材を山から集散地まで運ぶ仕事をする作業員を「日用《ひよ》」と称した。

いよいよ高まる木材需要を機会とみた幕府や尾張藩の御用商人が、御用材のほか種々の名目をもって払い下げを求め、木曽山へと入りこんだ。角倉与一、茶屋（中島）新四郎、犬山（神戸）長蔵、長良助右衛門（中島両以）などであり、藩や幕府も彼らの資本を積極的に活用し、水運による運搬の容易な川岸からの伐採が行われることとなったのである。

木曽山では増伐につぐ増伐がおこなわれ、十年余り後の寛永初年（一六二四）のころとなると、木材として利用できる木曽檜の蓄積が無尽蔵とみられていた木曽山林も、木曽川本流域にあたる本谷筋に衰退の色が濃くなっており、伐採・搬出に便利な川沿いの山はおおかた尽山《つきやま》（資材となる木が枯渇した状況）と見られるようになっていた。それが寛永末年には王滝川の上流部にまで波及していたようである。この事態を重視した尾張（名古屋）藩は、寛永二一年（一六四四）一二月、不便な場所のため尽山を免れていた山と、備林として温存しておく山とを見立てて、その山では白木類の土居《どい》、檜榑《くれ》、檜板子の採出を禁止した。このときは一四カ所が選定され、前者では上松村の小川山の内三カ所、荻原・須原村のうち四カ所、野尻村の阿寺山のうち二カ所、柿其村・妻籠山のうち一カ所および三留野山であり、後者では木曽南端の田立山、湯船澤山であった。白木とは、ヒノキ材を割ったものである。

土居は、ヒノキ・サワラを長さ三尺三寸（一メートル）に切り、みかん割りにして腹四寸（一二センチ）、

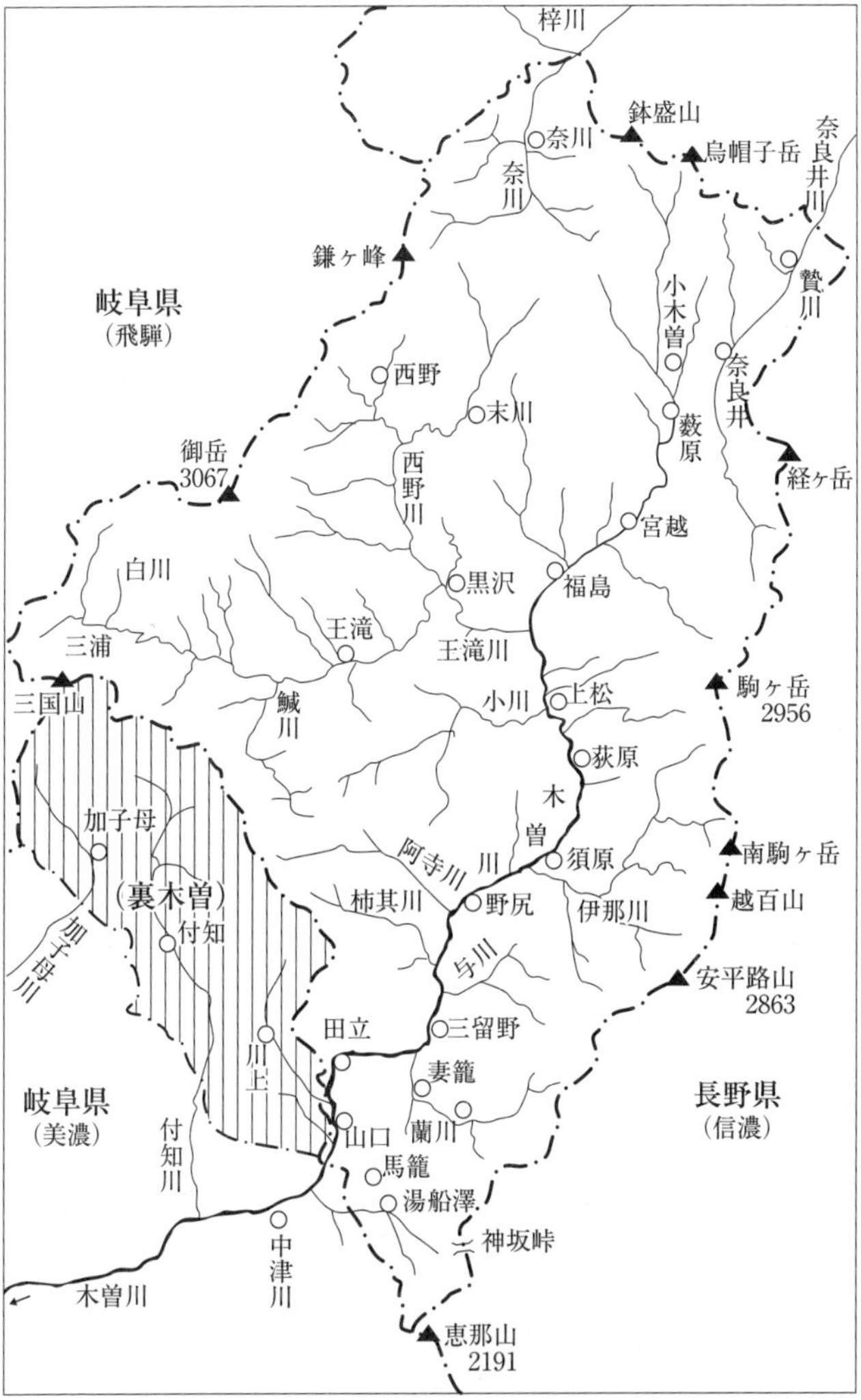

天然ヒノキの産地である木曽・裏木曽地方の流域図。この河川を使って材が運ばれた。

三方を九寸（二七センチ）にしたものであり、この材四挺で一駄となった。柾目《まさ》・板目にかかわらず、末口直径二尺五寸（約七六センチ）以上の大木でないと採れない。榑《くれ》は、長さ五尺二寸（約一五八センチ）、幅七寸（二一・一センチ）、背六寸（一八センチ）を一挺とする。末口二尺（六〇センチ）以下の材で採れる。板子は、初期のものでは長さ二間（三・六メートル）、幅一尺四寸（約四二センチ）、厚さ四寸（一二センチ）であったが、大径木の減少にしたがって寸法も小さくなった。

採出を禁止された三種の材は、どれもヒノキの大木を割り採るもので、節のある木や曲がり木、枯木からではなく、育ちがよくて長く伸びた樹齢三〇〇年前後の立木から採り出していた。それだから「木曽材」「尾州材」という名前の売れたヒノキの長材を伐り出す以上に、良好な大木の資源量の減少をまねくものであった。土居は主に建具や壁、天井板に使われ、榑は薄板にはいで屋根板に用いられた。

尾張藩が、木曽のヒノキ山の保護にのりだすのは、これが初めてであった。木曽から尾張藩はどれほどの木を産出したのか、明確にはわからないが、慶長一〇年（一六〇五）前後からの建設ブームでの用材需要は寛永末年（一六四四）を境として鎮静化しつつあった。木曽からの数量ははっきりとしないが、万治元年（一六五八）から寛文元年（一六六一）という四カ年分の、尾張領内の諸山から木曽川を経由して熱田白鳥（現名古屋市熱田区熱田）の木場へ集積された木材の数量データがある。所三男の前著（東京大学農学部林政学研究室蔵「白鳥にて御材木請取払勘定帳」より抄出）から引用する。

（数量）	（出材場所）	（出材者）
三万六六二二数	万治三年御勘定	（記載なし）
六一万七六一五数	木曽地山、（木曽）風越山、蘭山 末川、湯船澤、妻籠山	山村甚兵衛

二万八二三六丁	（記載なし）		山村甚兵衛
三五万八五三七数	（木曽）	地山、風越山、持原山	買人手前金仕出
一二万二四一〇丁	（記載なし）		角倉（与一族）より
二三八四数	（尾張）	知多浦、熱田浦、流拾木	千賀志摩、横井孫右衛門
四一万六二二六数	（裏木曽）	三カ村、三浦山	勝野太郎左衛門、
	（記載なし）		村瀬、松浦三人
一万九五三五数	（美濃）	板取山、片知山、麻生	山口、鈴木、太田、今村
		七宗山、坂ノ東山	杉浦、渾右衛門五人
一五万〇七八数		川並流れ上り木	村瀬、坪和、富永、青山等八人
合計　二七五万八五四三数（年平均　六八万九六三五数）			

このように、年間にして約七〇万数近い長材、短材や割物が、裏木曽を含めた木曽から出材されていた。衰えることを知らないヒノキ材需要に応えようと山元では、奥へ奥へと伐採カ所を移していき、寛文初年（一六六一）ごろには、木曽で一番山奥の御嶽山麓近くまで尽山《つきやま》ができるようになったのである。そして、山林荒廃の現状調査が寛文四年（一六六四）御目付（兼国奉行）佐藤半太夫以下、勘定奉行、金奉行、材木奉行らにより木曽山全山で行われ、翌五年に林政改革が実施されたのである。

留山制度を実施した寛文の林政改革

寛文初年のころは慶長以来の乱伐や過度の伐採のため、木曽山のヒノキ林は蓄積の半ばを失ったとみられる時期であり、また明暦の大火により焼け尽くした江戸の復興がほぼ一段落し、木材需要はようやく下向きになる時期であった。さらにこの頃は、尾張藩の財政が逼迫し、木曽山経営の合理化で木材収入に多くを期待しなければならない時期にも当たっていた。寛文五年（一六六五）の林政改革は、①これまでの管理体制と運材管理を一新して経営の合理化を図り、②のこされたヒノキ美林地帯を禁林区（留山）に指定して、ヒノキ山資源の保続を図ったのである。

①の合理化は、福島に在住した山村氏に一任していた木曽山林の管理をやめ、尾張藩直属の材木役所（上松に創設）に移し、運材のほうも材木役所を新設した。この結果、ヒノキ山での伐採も、運材の業務も、すべて尾張藩の直轄となった。

②の留山制度は、前に触れた寛永二一年（一六四四）の白木採取禁止林の大部分が留山《とめやま》に指定され、用材の伐採・運搬の便利な南部の湯船澤山、田立山はその総山が留山に編入された。この留山は、樹種が何であるかを問わず、指定区域内の立木には一切手をつけないという厳重なものであった。留山は、その後元禄七年（一六九四）、同九年、享保（一七一六～三六）、弘化（一八四四～四八）、貞享元年（一六八四）にも増設された。この留山は明治初年の調査によると、二〇カ所で総面積は二万七〇〇町歩となっていた。別に鷹狩用の鷹の保護を目的とした巣山があり、巣山の総面積は明治初年の調査では一〇七〇町歩であった。

木曽での山林の区分は、留山と巣山を除いた山林のことを明山《あきやま》といった。明山では、藩の御用木や売木も生産されたが、住民の役木《やくぎ》、御免白木、家作木などの採取は自由に行われた。それがしだいに停止木《ちょうじもく》、留木《とめぎ》の伐採は禁止されていくのである。明山の面積は、約一三万六二〇〇町歩（木曽谷の森林面積約一五万八〇〇〇ヘクタール）で、木曽山林の八六％となっていた。

寛文の改革にからんだ逸話を、所三男は前掲『近世林業史の研究』のなかで述べている。

木曽が尾張領となってからも公儀の注文材はほとんど無条件で受容されてきたのに、寛文改革以後はその特注扱いが停止され、幕府の所要材は市中相場と大差ない値段で分譲をうけるほかなくなった。幕府は別な用材供給地としての飛騨山林に目をつけ、元禄五年（一六九二）、これを強引に直轄領とするのであるが、その飛騨山の林材資源も一流の強過伐によって、享保初年の頃には一応の限界に達するところから、木曽山回収説が幕閣の話題にのぼるようになった。しかし相手は御三家の筆頭とあってはこれを表沙汰にすることはできない。そこで閣老の水野監物（忠之、岡崎城主、享保二年老衆）が在府中の鈴木明雅（尾張藩の老衆）を殿中へ呼んで「木曽山借用の儀」を内談に及んだところ、鈴木丹後（明雅）は言下に「委細諒承」と答えた。但しそれには条件がある。木曽山の替え地として「摂州一国」を拝借願いたいと開き直ったため、水野監物は「更に返答の言葉なくして退出」したとある。これは『金鱗九十之塵』や『鸚鵡籠中記』に伝えられる挿話である。

寛文の改革で、幕府や諸藩の注文材、商人の採材活動に対しては制限を強化し、売木を主体とする藩用材の採出量が以前よりも多くなったのである。

明山の木曽五木が伐採禁止となる

宝永五年（一七〇八）、木曽山林の長官ともいえる上松奉行の市川甚左衛門は、檜《ひのき》、椹《さわら》、明檜《あすひ》、槇《まき》（高野槇）の四木を停止木《ちょうじ》とし、その伐採を厳禁した。後に鼠子《ねずこ》が加わり、五木となった。これがいわゆる木曽五木である。それ以前にも、明山のうちでもヒノキ、サワラは立木とともに幼齢木も、コウヤマキ立木は伐採禁止の制度がとられていた。停止木という禁伐木の制度は、はじめは明山全体の適用であったが、やがて入会地の林にも百姓控林にも、さらには個人の屋敷の木にまでその範囲が拡大していった。これは

木曽地方で全面的に領民の伐採が禁じられた木曽五木の葉
左から、アスナロ、ネズコ、サワラ、ヒノキ、コウヤマキ

木曽の樹木の中で最も需要があり、もっとも高値で売れるヒノキの大木を保存するため、ヒノキと紛らわしい葉っぱの樹木を片っ端から伐採禁止としたものであった。

宝永六年（一七〇九）には、停止木以外の樹種または立木以外の木から採るよりほかなくなった谷中御免白木の半数（三〇〇〇駄）を止めて、交付金二〇〇両に切り替え、年貢木は伐採跡の株木や末木、枯木の類から採ることにするように改められた。ヒノキ、サワラ等の有用針葉樹を保護する制度が強くおしすすめられた。さらに享保五年（一七二〇）には栗の伐採が禁止され、翌六年には明山のヒノキと紛らわしい鼠子《ねずこ》を停止木に指定し、同七年にはさらに松を留木に加えた。この留木は停止木に準ずる制限木であるが、これらの樹種は公共土木用材や一般の家作木の補充にあてるものであったから、許可を得て伐採利用することができた。同年切畑（焼畑）に対する制限と取り締まりが行われた。

これが享保の林政改革のあらましである。

享保五年（一七二〇）一一月の「指上申一札之事」（農林省編『日本林制史資料　名古屋藩』朝陽会、一九三三年）という文書は、木曽の村々から福島の奉行所あてに差し出した惣連判状で、ここには宝永の四木停止木および、山に生育する各種の樹木に対しての利用制限についても触れられているので、前段の部分を意訳する。

差し上げ申す一札の事

一　前々より明御山の内でもヒノキおよびサワラの幼齢木、コウヤマキの立木は御停止仰せつけられ承知していた。その後宝永五年五月、別にヒノキ、サワラ、コウヤマキ、アスナロの四品は、堅く御停止を仰せつけられた。今後は、ご法度の立木・幼齢木までも伐りとることはしない。

一　右の四品の生木を用いて、家作材木、商売木、そのほか垣の杭、はざ木（稲などの作物を架けて乾燥させる用途の木）などは、どのように細い木でも一切伐りとることはしない。たとえ自分の山でも同様である。

一　コウヤマキ樹皮、ヒノキ樹皮の剝ぎ取りは前々からのご法度であったが、以後は右四種の木は自分の山でも皮剝ぎはしない。

一　上使が通行するときでも、道作り用としてヒノキ、サワラ、アスナロなどの枝葉をおろすことはしない。

一　伐採のため杣入りとなっている山でも、村々が気をつけ、万一ご法度に背き、右の四品の伐採があれば、早速に注進に及ぶ。

一　うら付卒塔婆などにも、右の四品の幼齢木の伐りとりはしない。

一　クリの木は、いずれの村も惜しげもなく伐採することはない。道橋が損傷したときは断りをして伐採する。家作や垣杭は、いままでは損傷したときはお断りして伐採していたが、今後は自分の持林でも伐採することはしない。

ここには掲げなかったが、文書の後段において、宝永以来の木曽山の法度が必ずしも守られていない現状に照らし、いよいよその取り締まりが強く厳しくなったことを反復して記述しながら、今後の心掛けを述べたのである。

享保の林政改革は木曽谷の住民に大きな打撃を与え、困窮した住民の間には山林の盗伐をあえて行う者も出たが、尾張藩は、妥協的な緩和措置を講ずることなく、一段と山林の取り締まりを厳しくした。享保の改革以後の木曽五木などの立木伐採は厳しく、必要止むを得ない藩用材は、美濃(岐阜県)の七宗山や裏木曽三カ村奥の三浦山にこれを求めたのである。木曽谷での白木類は、株木や枯木からの再生産だけに限られ、ヒノキ山の立木は伊勢神宮造営材を除くほかは、禁伐の手を少しも緩めなかった。

厳重な採材制限と山内取り締まりがおもむろに緩和されるのは、享保改革から三〇年を経た宝暦初年(一七五一)のころからで、さらに五十数年後の安永八年(一七七九)からは、年間二五万本内外の用材生産がされるようになる。この程度の採材をおこなっても、木曽山全体の蓄積には影響しないくらいに、ヒノキ山が回復したことを意味している。以後明治期に至るまで、安定して年二五〜二八万本の生産が可能となったのである。

木曽山での山林犯罪とその処罰

寛保の林政改革は、木曽山全山に生育する木曽五木をお上のもの、つまり尾張藩がすべて支配するものであるとして、尾張藩は禁伐林や停止木の伐採は山林犯罪として取締りをおこなった。藩としては木曽山のヒノキ林を回復させるためという名目があった。木曽山を中心として、尾張藩の山林犯罪に対する処罰についても前にふれた『日本林制史資料　名古屋藩』に収録されている二つの事例をみてみよう。

まずは江戸時代初期の寛永六年(一六二九)二月八日、御国奉行原田右衛門が息子九郎右衛門とともに切腹を申し付けられている。これは江戸城御台所の普請用の紅梁《こうりょう》にするケヤキの長さ一七間（約三一メートル）、末口の径四尺（一二〇センチ）という大材を材木屋惣兵衛と結託し、江戸へと回送し売り上げたことによる罪であった。江戸表では旗本たちが希代の大材だと評判したため、藩主の耳に達して詮議がおこなわれ、原田たちの奸謀が露見した。材木屋惣兵衛は、木曽で磔《はりつけ》により処刑された。

正保三年（一六四六）四月二十日の条には、村上一郎右衛門が本町半右衛門と申し合わせて木曽でご法度の大木を伐り出した罪で成敗され、一方の本町半右衛門は木曽において大木を伐り長良木と偽書した罪で獄門に架けられていることが、記されている。

尾張藩では禁伐林の木を盗む者を「盗伐《ぬすみ》り」、停止木を伐るものを「背伐《そむき》り」として厳罰をもって住民に臨んでいた。「木一つ首一つ」といわれてきたのは、ヒノキ一本を盗背伐しただけで首が飛ぶといっておそれただけで、実際には「江戸初期における一、二の例を除き、盗背伐者が極刑に処されたという事例は、記録の中にはほとんど出てこない」と『木曽福島町史』第二巻現代編Ⅰは記す。私も『日本林制史資料　名古屋藩』をめくってみたが、『木曽福島町史』のいうように処罰例はほとんど見つけられなかった。

寛文五年（一六六五）の尾張藩の林政改革以後における木曽および裏木曽三カ村での盗伐等を犯した者の処罰規定（『付知町史　通史編』所載）を一部意訳しながら掲げる。

木曽並三ケ村三浦山盗伐等御仕置御定

一　御留山ニて盗伐致し候者　頭取は重追放、頭取に順じ候者は中追放、同類は牢舎三十日、盗伐人の村方の庄屋・組頭は過料銭三貫分づつ

盗伐是れ有る地元村方の庄屋・組頭は過料銭三貫分づつ

但し全て自分作事等に相用い候ため分は、木曽谷中并三ケ村追放

背人之村方の庄屋・組頭は過料銭一貫分づつ
伐元の村方の庄屋・組頭は過料銭一貫分づつ

一　御留山にて皮剝枝打ち候もの　牢舎　三十日
背人之村方の庄屋・組頭は急度叱《きっとしかり》　地元の村方の庄屋・組頭は急度叱

一　明山等にて御停止木の木品等背伐いたし候者　頭取は木曽谷中并三ケ村追放
頭取に順じ候者は牢舎三十日、同類は手錠三十日
背人之村方の庄屋・組頭は過料銭一貫分づつ
地元の村方の庄屋・組頭は過料銭一貫分づつ
但し全て自分作事等に相用い候ため少分の事は牢舎三十日
背人之村方の庄屋・組頭は急度叱　地元の村方の庄屋・組頭は急度叱

一　明山等にて御停止木の木品等皮剝枝打ち等　手錠三十日
背人之村方の庄屋・組頭は急度叱　地元の村方の庄屋・組頭は急度叱

一　盗伐・背伐とも切株があり、盗み主等相知る節は、その地元の村方の庄屋・組頭は急度叱。一ケ年に二度又は一度にでも百本以上の節は過料一貫文づつ。但し皮剝ぎ・枝打ち等は何ケ度にても急度叱。（以下略）

刑罰のなかの「急度叱《きっとしかり》」の「叱《しかり》」とは、江戸時代の庶民に科された最も軽い刑である。白洲《しらす》に呼び出し、その罪を叱ったもので、宣告後、与力《よりき》が請書《うけしょ》を取り差添人が連署・捺印《なついん》した。そのやや重いものを急度叱という。

この取締り御定は、寛文の改革から出発しており、留山および停止木、制止木の範囲拡大にともない、

当然その取締りが強化された。山の林産物に依存してきた木曽の村人たちは盗背伐が発覚すれば本人はもちろん、親類、五人組、ひいては庄屋の責任とされたうえ、村役人の取り調べ費用はすべて村負担となるので、村中の申し合わせで盗伐人を出さないよう心がけたのであった。

徳川幕府初期に尾張藩へ注文された木曽ヒノキ

木曽のヒノキ山は元和元年（一六一五）から尾張藩が領有することになったのだが、元和から寛永（一六二四～四四）にかけては、家康の居城である駿府の御用をふくめた幕府からの注文材が、尾張藩のそれを上回っていた。しかし、幕府といえども、木曽山を領有しているのが尾張藩であるから、幕府の代官から尾張藩へ転属させた木曽代官山村甚兵衛に直接注文することは差し控え、尾張藩経由で山林伐採をおこなうことになった。

所三男の『近世林業史の研究』は、ごく初期に幕府から尾張藩へ注文がだされ、木曽山からヒノキが産出された数量などを述べている。元和三年（一六一七）三月、幕府が尾張藩に江戸御宮（東照宮）本堂、その他付属建物用材を注文したもので、節無しのヒノキ角一万四二九六本（宍料《ししりょう》とも）と、ヒノキ柾板一〇〇〇枚、上檜皮《ひわだ》八五〇〇束で、木曽山で採って、江戸へと運搬することを求めたのである。このうち約半数は、長さは二間（約三・六メートル）～四間半（約八・二メートル）で、末口径一尺（約三〇センチ）～二尺三寸（約七〇センチ）という大材であった。次いで同年五月、江戸御宮（東照宮）の大工棟梁中井信濃守はその追加材（瑞垣と護摩堂の用材）として、節無しヒノキ角・平物大小六〇三三本（宍料とも）、ヒメコマツの角材六四三本、ヒノキ柾板二五〇〇枚、中スギ桁二五〇〇丁の注文を出している。この中には、長さは二間～四間半で八寸～一尺二寸角、厚さ五寸～一尺八寸（平物）の大材が約半数を占めていた。

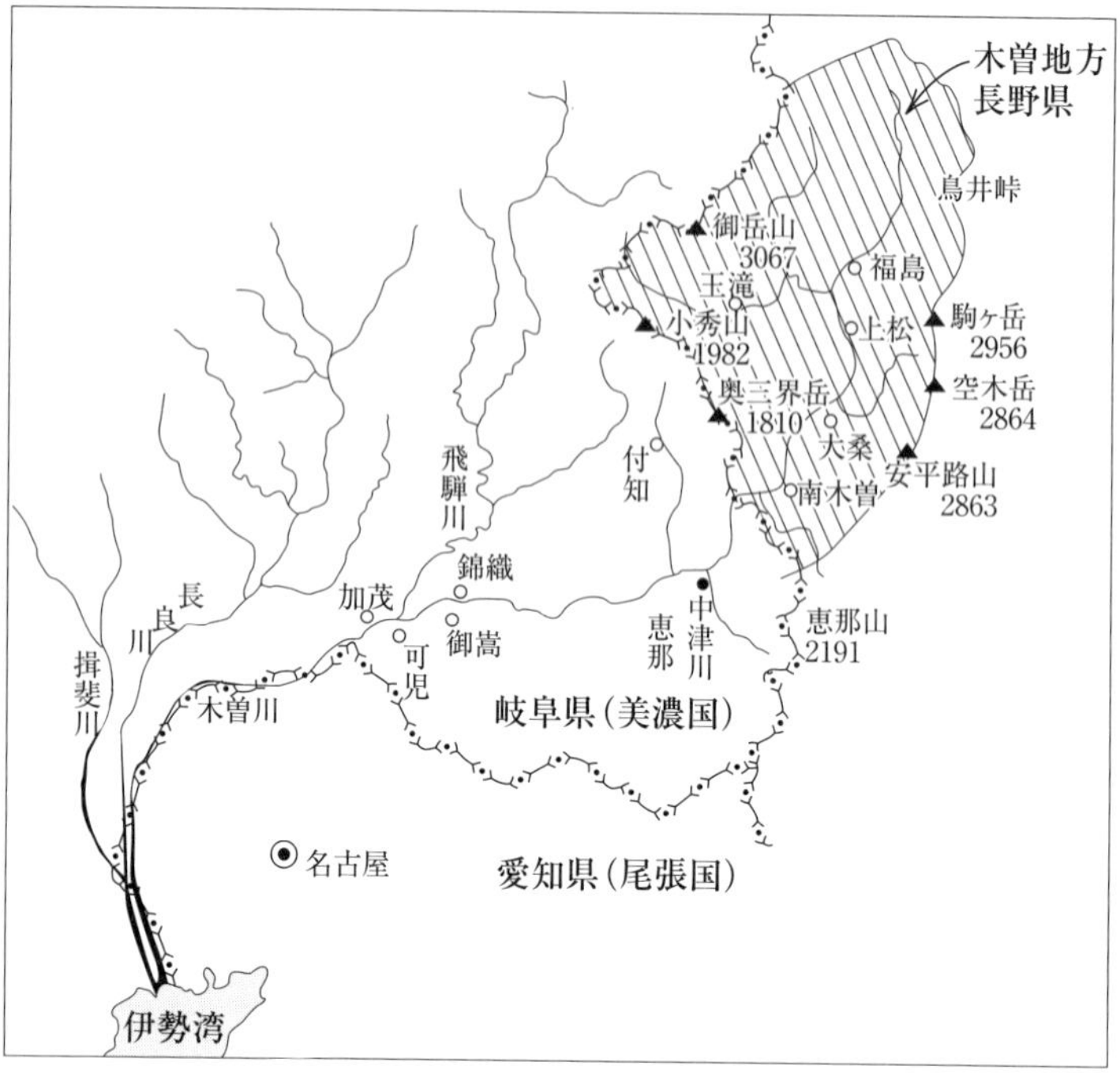

木曽山から伊勢湾までは木曽川の流れに乗せて運ばれた。途中の錦織までは１本ずつ流され、そこから先は筏に組まれた。

木曽川中流にある錦織（現八百津町錦織）の網場の様子。図の左側が上流で山元の方角、右側が名古屋へと流れる下流

翌年の元和四年から江戸城天守以下の造営用材の注文が、木曽山と伊那山に集中する。元和七年（一六二一）八月一〇日付けで尾張藩に注文した江戸城用材は、ヒノキ四〇九三本（長さ二間より三間二尺まで、六寸角より一尺角まで）、ヒメコマツ一〇四九本（長さ二間より三間半まで、四寸角より一尺二寸角まで、幅一尺三寸・厚さ六寸より幅一尺五寸、厚さ三寸間での角もあり）という材木の数量であった。この材木を調達するため尾張藩は木曽山での伐木・造材から、木曽川での運搬を経て、海上輸送し、江戸到着までの一切を業者に請負わせていた。

寛永一〇年（一六三三）、幕府は増上寺客殿用の巨大な材木の注文を出している。

増上寺御客殿御材木従木曽御山出シ申目録　大坂天満材木屋与

檜す立ふし（節）なし

一　四本　長四間半（約八・二メートル）　幅二尺三寸（七〇センチ）　厚一尺五寸（四五センチ）

一　四本　長四間半（約八・二メートル）　幅二尺（六〇センチ）　厚一尺二寸（三六センチ）

一　四本　長五間木（約九・一メートル）　幅四尺一寸（一二四センチ）　厚一尺五寸（四五センチ）

一　二本　長七間半（一三・六メートル）　幅四尺一寸（一二四センチ）　厚一尺五寸（四五センチ）

一　六本　長四間半（約八・二メートル）　幅二尺四寸（七三センチ）　厚一尺七寸（五二センチ）

一　二本　長四間木（約八・二メートル）　幅二尺五寸（七六センチ）　厚一尺五寸（四五センチ）

一　二本　長六間半（一一・八メートル）　幅二尺七寸（八二センチ）　厚一尺六寸（四八センチ）

一　四本　長五間木（約九・一メートル）　幅二尺五寸（七六センチ）　厚一尺六寸（四八センチ）

小以二十八本

右の御材木は、木曽の内、つけち山、かほれ山、かしも山、此三ケ所之御山にて、来戌ノ（寛永十一年）四月中ニ残らず指上げ申す可く候、大御材木之儀は、しかと見定め申さず候間、山入り仕、御注文に相申す木御座無く候ハバ、山より御注進申し上げる可く候、ね段之儀は此方落札を以て御勘定申し上げる可く候　已上

寛永拾年八月二日

大坂天満材木や卅六人内　し、くいや次郎右衛門　天野や市兵衛

ゑひや庄兵衛　安井九兵衛

御奉行様

この増上寺用材は、裏木曽の付知山や加子母山などから求められたもので、いずれも大木から採らなければならないものであった。なかでも四番目の長さ一三・六メートル、幅一二四センチという材は、胸高の直径は推定で一五〇センチくらいとなり、現在ではとうてい見つけられないほど巨大なヒノキである。材の伐木・運搬を入札で請け負った大坂天満の材木屋集団でも、現地のヒノキ山に入ってみなければ、これほどのヒノキ立木があることは分からなかった。実地調査の結果、無ければその旨を報告する、と文書はいうのである。

白鳥貯木場へ運ばれた木曽ヒノキの量

徳川家康から木曽山をもらった尾張藩主徳川義直の本拠地である名古屋城築城工事は慶長一七年（一六一二）末にはほぼ一段落するが、それに続いた外郭の構営や侍屋敷を含む殿舎の普請にたいする木材需要にはおびただしいものがあった。加えて義直から幕府へ献納する木材の需要があった。たとえば寛永六年（一六二九）二月には木曽ヒノキの長さ二間～三間（三・六～五・四メートル）の七～八寸（二一～二四セン

チ）角材八〇〇本、七尺（二一二センチ）の板子二〇〇〇枚が、同一〇年八月には江戸城普請用材として同格のヒノキ角八〇〇〇本が献上されていた。尾張徳川家を含む藩の用材も、幕府筋からの注文に匹敵するような数量であった。

所三男は『近世林業史の研究』のなかで、寛永一五年（一六三八）から正保四年（一六四七）までの一〇年間に木曽山において本伐《もとぎ》り（立木を地面に接したいわゆる根株部分から伐採すること）された数量を、木曽奉行の山村甚兵衛が受け取った尾張藩の前渡し金額年平均二三〇〇両を、平均米価を一両＝二石と換算して、労賃として支払われた現米の量五〇六〇石から試算している。それによれば当時は、長さ一丈四尺（約四・二メートル）、六寸（一八センチ）角の柱一本あたりの伐り賃として米二升が給付されていたので、現米五〇六〇石では同じ規格の材二五万八〇〇〇本（年平均）を本伐りすることができた計算となる。

この本伐り賃は、伐木・造材（杣賃）であって、木曽川の錦織から名古屋の白鳥貯木場までの筏送り賃は別ものであった。山村甚兵衛が受け取った前渡し金が、伐木から白鳥貯木場着までの全経費だったとすれば、所三男は木曽山での年間採材量は五〜六万本になるだろうと試算している。木曽奉行の山村甚兵衛は幕府分と尾張藩分の二つのものを処理するので、尾張藩分としてはこの程度であっただろうと推定している。

当時は名古屋城下町の造営の最盛期であったので、木曽山から運び出される材だけでは需要を賄いきれないので、不足分は角倉与一や長良助右衛門（中島了以）に代表される材木商人が、伐木・造材、運搬を請け負って活発な活動をすることになるのである。

すこし時代は下るが、万治元年（一六五八）から寛文元年（一六六一）までの四年間に、白鳥貯木場に運ばれてきた木曽山とそれ以外の山を含めた木材の内訳が、『白鳥ニて御材木請取払帳』（所三男『近世林業史の研究』）に記されている。その中には万治三年の払い残材のほか、美濃の尾張領諸山から運ばれた材、川並・浦方の流材の回収または公収されたもの（上り木）などが含まれている。整理すると、

総数　二七五万八五〇〇余数
　うち木曽材　　山村甚兵衛出材分　一六四万五八〇〇余数
　　　　　　　　商人手前金仕出材　三五万八五〇〇余数（運上仕出し）
　　　　　　　　角倉採運材　　　　一二万二四〇〇余丁（運上仕出し）
　　裏木曽・三浦山材　　　　　　　四一万六二〇〇余数
　　　　　　　　　計　　　　　　　二五四万二九〇〇余数

名古屋の白鳥貯木場に運ばれてきた材のうち、木曽山から出た材は二一二万六七〇〇余数（全体の七七％）であり、裏木曽分を含めると実に九二％という高い率であった。数字のあとの単位に「数」とされているが、これは長木に小物が混じった材数であり、「丁（挺）」とあるのは小物ばかりの材数を表している。

木曽山では長年の伐木・運材を続けてきた結果、急峻な山岳地帯から大木を伐木・運材する技術を練り上げていた。それが「木曽式伐木・運材法」とよばれるものである。この木曽式伐木・運材技術を作者が実地調査をし、絵巻にまとめたものが『木曽式伐木運材絵図』である。作者は飛騨高山の富田礼彦（一八一一～七七）であり、図は絵師を同伴し、写し取るべき場面を指示し、その画面ごとに説明を付した。この絵図は、木曽山・裏木曽山・飛騨山および木曽川とその支流の飛騨川一円における伐木・運材作業の取材に基づいて弘化二年（一八四五）、嘉永六（一八五三）～七年に作成されたものに手を加え、安政三年（一八五六）～四年のころに完成されたものである。昭和三年（一九二八）に帝室林野局から『木曽式伐木運材法』『木曽式伐木運材法附図』として出版されている。

木曽山からは慶長一四年(一六〇九)から引き続き伊勢神宮式年遷宮用材が伐出されているが、これについては別の章で述べるのでここでは省略する。

後世からみた江戸初期の伐採の仕方と伐採量

江戸時代初期における木曽山のヒノキ林の伐採はどのように行われたのか、現在国有林となったこの地域の森林の状況を把握している専門家の目で、振り返ってみたい。木曽の国有林を管理していた長野営林局(現中部森林管理局)計画課職員であった原田文夫は「木曽ヒノキ林の成立」(『みどり』名古屋営林局、一九七六年五月号)のなかで、江戸時代上期の伐採は木曽ヒノ林のすべての樹木を伐採する皆伐方式ではなく、必要とされる大きさ以上の立木を択《えら》んで伐採する択抜《たくばつ》方式であったが、それでも立木のうち利用可能な太さのものはすべて伐採されたようで、相当強度な伐採であったとみている。

原田はまず、江戸時代初期のヒノキ材生産が本格化した当時の森林状態は記録が乏しく、推定の域をでないとする。そして昭和五一年当時の森林状態と植生の遷移および伐採の記録からではあるが、当時の木曽山は極盛相(植物社会の発展段階のクライマックス)に近くヒノキの構成比率の高い原生林であって、大径木が現在よりも多く、樹齢分布範囲の広い森林であったと推測する。そして江戸時代上期の伐採は、目通り七~八寸(二一~二四センチ)以下の小径木や、形質が不良な大径木を残しての強度の伐採が行われたとみられ、残された木々は散在しており、立木の七〇~八〇%を伐採したものと考えられるとする。

木曽山における江戸時代の全期間を通じての伐採量の明確な記録は、もとよりない。したがって、部分的に記録されている伐採本数や従業員数などから、原田の推測では、上期の伐採量は年間一〇万~一五万立方メートル、平均一三万立方メートルとなり、一〇〇年間で一三〇〇万立方メートルとなった。

この写真は昭和20年代のものだが、江戸時代の立木の伐採は斧だけで行われていた。

只木良也と鈴木道代は「物質資源・環境資源としての木曽谷の森林（1）木曽谷の森林施業」（『名古屋大学演習林報告』第一三号、名古屋大学農学部、一九九四年）のなかで、「一六〇〇年代の伐採は相当に広範囲、木曽谷の全域に及んだようである。寛文年間（一六六〇年ころ）の年間平均伐採量は、二二万石（六三万㎥）に達したという」と、原田の推定量をはるかに超えた伐採量であったことを述べている。

原田の推察のつづきであるが、昭和五一年（一九七六）当時のヒノキ林の蓄積は一ヘクタール平均四〇〇立方メートルであるから、これを上回る五〇〇立方メートルとして、伐採率を七〇％とみると、一ヘクタール当たりの伐採量は三五〇立方メートルと計算される。これを基にして、上期一〇〇年の伐採面積を計算（一三〇〇万÷三五〇＝三万七一四三）すると、およそ三万七〇〇〇ヘクタールとなる。木曽地方の国有林の面積は九万七四八〇ヘクタール（一九九二年現在）であり、ヒノキ林の占める率は二九％とされており、面積では二万八二七〇ヘクタールとなる。現在国有林となっている山々は数字の上ではすべて伐りつくされ、現在の民有林部分（六万五〇〇〇ヘクタール）のヒノキ林もほとんど根こそぎにされていたとみて差し支えないように考えられる。江戸時代の人の表現では、まさに尽山になった状態だといえよう。

原田はまた、現存するヒノキ林の林齢調査から、江戸時代上期に大面積にわたって強度の伐採が行われたことを調べた。調査は昭和四三（一九六八）～四四年に木曽谷の各営林署が、伐採されたヒノキの伐根の年輪数を調査したものである。一カ所あたり〇・一ヘクタールの面積内の伐根の調査を原則としていた。これに以前調査されていたものを加え四七カ所のデータが得られた。

そのデータをもとにグラフを描いてみると、三つのタイプに分類できた。

①一つはカ所によって年齢の違いはあるが、例えば奈良井一一では、年輪数三〇〇（一八七五年）を頂点とし、三四〇～二四〇を底辺とした鋭い山を形成している。調査地の過半数がこのタイプであり、木曽ヒノキ林の大半はこのタイプだと原田はいうのである。

②二つ目は、樹齢の分散が大きく、高樹齢のものが含まれているタイプで、少量の伐採はあったとしてもほぼ原生状態を保った森林と原田はみた。③三つ目は樹齢に二つのピークがあり、樹齢の高い方のピークが大きく、樹齢の低い方が小さな山形を示していた。原田は、江戸時代上期で強度伐採を行い、下期になってその林が回復していたので、再び良材となるヒノキ樹を抜き伐りしたものだとみたのである。

タイプ別の調査地数は、①が二三カ所（四九％）、②が六カ所（一三％）、③が一一カ所（二三％）、タイプ分け困難なカ所が七カ所（一五％）であった。ただし原田はこの調査によるタイプ分けは、現在のヒノキ林のタイプを表すものではないと断っている。

木曽で暮らす人びとと木曽ヒノキ

木曽は、木曽山とも木曽谷ともよばれるほどの山国で、山林が全体の九五％を占め、田畑はわずか四％内外で山麓や谷間に拓かれたものである。この広い地域に、村は三三カ村（享保検地のときの村数）であった。木曽での年貢上納者は村ではなく「木曽谷中《たにぢゅう》」となっていた。米や雑穀で上納された年貢は別の役

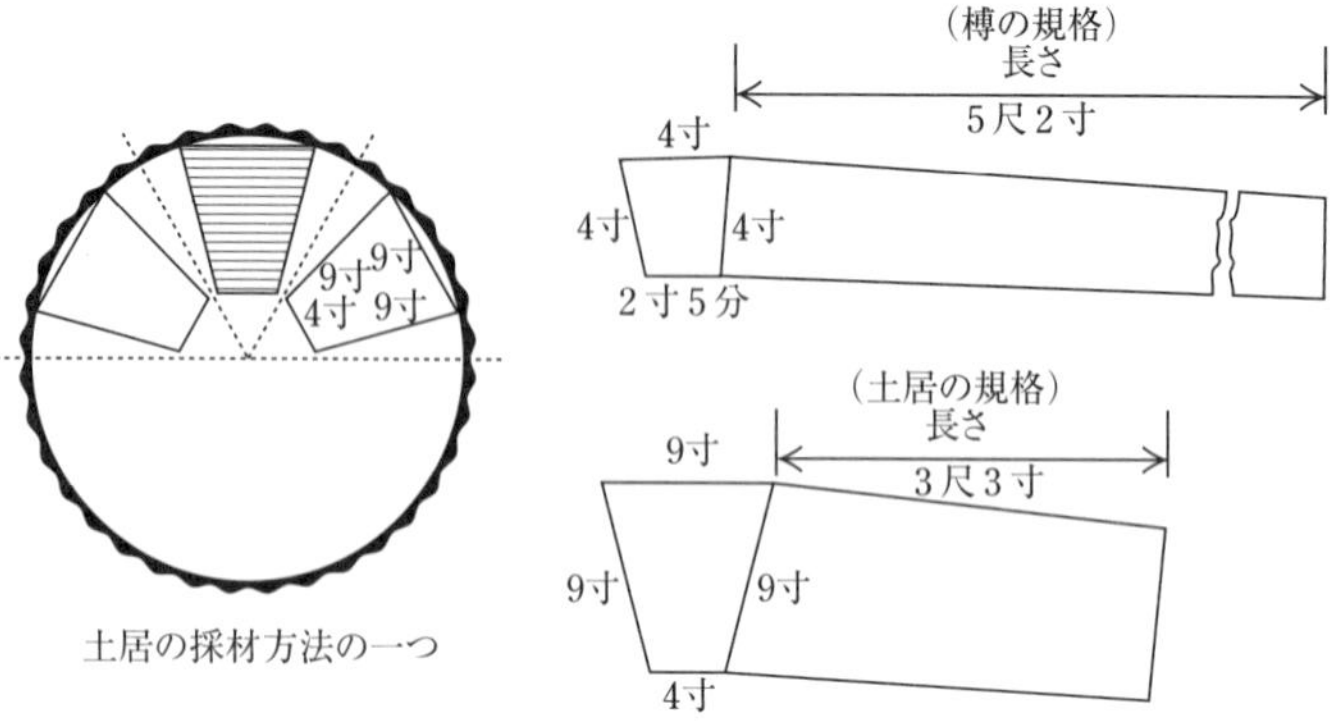

木曽地方の住民の公貢材である榑と土居の規格

木（年貢木）が完納されると村方へ還付されたので、事実上の木曽の貢租は年貢木の「榑《くれ》・土居《どい》」であった。

役木（年貢木）として谷中に課された榑と土居はつぎのようなものであった。

榑　（長さ五尺二寸＝一五八センチ、三方四寸＝一二センチ、腹二寸五分＝七・六センチ）　二六万八一五六挺《ちょう》

役榑……扶持米は一挺につき三合が給された　一五万二〇〇〇挺

買榑……上木米のため扶持は五合が給された　一一万六一五八挺

上榑（一挺につき五合）、中榑（一挺につき四合）、下榑（一挺につき二合）という三つの品等にわかれた。下榑はサワラから採出する。

土居　（長さ三尺三寸＝一〇〇センチ、三方を九寸＝二七センチ、腹は四寸＝一二センチ）　四三五二駄

なお土居の材四挺を一駄とした

厚土居は一駄六〇枚剝《へ》ぎを定格とした

薄土居は一駄九〇枚剝《へ》ぎを定格とした

役土居……扶持米は一駄につき九升が給された

買土居……扶持米は一斗三升が給された

役木を上納する村方は、現物を中山道筋の四カ所に運びだし、これを美濃境の馬籠まで駄送する役を負っていた。初期のころは、木曽川今渡《いまわたり》の船着き場から、川へ流され、下流の錦織湊で木材商人に売り渡した。その収入が尾張藩の所得となったのである。尾張藩の役木からの収入は、寛永一二年（一六三五）は銀一二三貫八七八匁余であった。

木曽には俗に白木《しろき》と呼ばれるものがあった。榑や土居と称される丸太を割ったもので、黒味のある樹皮がなく、全体に白くみえる材からこう云われた。木曽の白木は、木曽代官の山村氏が藩主から特別に許された御免白木（年間五〇〇〇駄）と、木曽谷全体の村々へ免許された六〇〇〇駄の二種類があった。代官の御免白木は別にして、村々に利用することが許された六〇〇〇駄の白木こそ、木曽山の地元に生活する三二カ村の住民の生活の糧となっていたヒノキとサワラ材である。全部ヒノキ材でないところがミソである。

地元住民の白木は、奈良井・藪原・八澤では檜物漆器類の材料とするため、特別の配当があり、余りは中山道各宿村へそれぞれ配当され、素木《しらき》または葺板《ふきいた》として、江戸および名古屋方面へと出荷されたのである。この六〇〇〇駄もの材は、製品はもちろん素木もすべて、馬の背に乗せられて陸送されたのである。六〇〇〇駄と称されるものの、実際は五〇〇〇余駄であり、どうして割当てられた量のすべてが与えられなかったのかは不明である。六〇〇〇駄のうち四九七二駄は江戸筋へ、八一七駄は名古屋筋へと送られたのである。

江戸送りの白木の内訳は、二七四七駄はサワラの根板、四〇六駄はサワラ葺板、一八一九駄はヒノキ曲物・指物・その他諸色となり、桶はサワラ材であった。名古屋筋の分は、五一二駄はサワラの枌葺《そぎぶき》、二〇駄はヒノキの葺板、二八五駄は曲物・指物、そのほか器物諸色となって送られたのである。
木曽谷の住民たちは、尾張（名古屋）藩の留山《とめやま》や巣山《すやま》への一切の立ち入りは禁止されていたが、『木曽福島町史』第三巻は「住民の立入りを絶対禁止としたといわれる巣山・留山（木曽全部で五九カ所あった）の面積は木曽山全体からみたら僅かその約七パーセントに過ぎなかったもので、これ以外の山林は明山といわれる解放林」であったという。必要な林産物を採取できるところは明山《あきやま》だけであった。その明山の内で住民が採取できる木材と白木を掲げると、次のようになる。木材も白木も、どちらも部分的な採取が許されているだけであった。

木材　停止木（ヒノキ、サワラ等の木曽五木）は禁止
　　　留木（マツ、クリなど）は許可が必要
　　　雑木と枯損木は届け出が必要
白木　停止木は禁止
　　　枯損木と伐株は届け出が必要

かな木、柴、草、果実その他は、すべて完全に採取・利用できる

木曽谷の領民が家作、土木、家具用として木曽地域内で用いる材、つまり民用材の伐採は享保の林政改革から山方支配が尾張藩直属の木曽材木役所となり、そこでの許可がえられれば伐採することができた。例えば明山内に生育する留木の伐採は、高札場の再建用材とするクリ材、井水《いすい》（川水をせきとめた井堰《いせき》から流れる用水）の樋木用材としてのマツ材、橋の架けなおしのためのクリ材のようないわゆる公共用材と、村役人の年寄の家の修繕用材、町用水の蓋材とするクリ材、宿屋の再建用材とするマツ材のような個人需要のものもあった。願書はいずれも村役人が連署したのである。『木曽福島町史』はまた、「江戸時代にお

ける木曽谷住民の生活水準は、他の藩の農民に比べ高くとも決して低いものではなかった」と分析している。

尾張藩有林から御料林へと山林制度が変わる

木曽山は明治維新の版籍奉還で、尾張藩有林は国の持山である官林に編入された。明治七年(一八七四)に民部省地理寮森林課の職員が木曽山林を調査し、官民有区分を行った。明治一一年、内務卿から長野県管理の官林を地理局に引き渡すよう指令があり、官林事務は本省の所管となった。明治一四年農商務省が新設され、官林は同省山林局所管となり、木曽山林は、農商務省木曽山林事務所の所管となった。

明治維新の変革、ことに山林制度の大変動は、山林に大きく依存してきた木曽谷の住民の生活を脅かすほどの大きな影響を与えた。尾張藩は住民に対して山林の私有は認めなかったが、山林中の八六パーセントを占めていた明山《あきやま》は伐採木についての許可制や届出制はあるものの、入り込みは自由に行わせていた。藩有か民有か不明確であった明山も、明治政府は官民有区分の際に旧藩有林とみなして、官林に編入したのである。しかも全国一律の法令で、官林への入り込みをいっさい禁止したので、木曽谷住民はその生計の途を奪われ、さらに宿駅制度の廃止と重なって、たちまち生活が困難となった。

木曽谷三三カ村は総代をあげて、明山への入り込み、停止木制度の撤廃を、筑摩県に数次にわたって嘆願している。島崎藤村の『夜明け前』にはそのときの嘆願書がでてくる。「明き山の分は諸木何品に限らず、御百姓共必要の物に伐り取り候儀、御許容成し下され、其の木品に応じてそれぞれ用立て候様、此のたび願上げ奉り候」などを内容としていた。これをうけた筑摩県は、明治五年(一八七二)五月大蔵省に対し、木曽谷の立木と地所の入札払について伺書を提出し、大蔵省からは立木の払い下げの許可があった。

許可は明山においての伐採で、薪材を主とし八沢町の漆器の木地材、その他桶木や家作木等の生活資材で、停止木であったヒノキ・サワラ等の木曽五木の伐採は許されなかった。

明治六年（一八七三）に地租改正条例が布告され、木曽でも官民有区分調査が行われた。このとき従来の留山・巣山はもちろん停止木のあるところはすべて官有地として旧明山も強引に官林に編入してしまった。強引な官山への囲い込みに驚いた木曽の住民たちは、明山の官林解除を目指して嘆願運動をはじめた。これが御料林事件の発端であった。

明治一八年（一八八五）一二月、皇室財産の基礎を確立するため、大面積の官林、官有山林原野、官有鉱山等を皇室一般財産（御料）に編入することが決定され、宮内省に御料局が設置された。調査、成案を得て京都府ほか一〇県の官有林を御料地に編入することとなり、明治二二年（一八八九）長野県西筑摩郡の官林と、岐阜県恵那郡の官林が編入された。御料林編入の際、周囲の民有地や入会地までも編入したことによる抵抗がつよく、木曽の御料林でも盗伐が多発し、明治三〇年（一八九七）から同四〇年（一九〇七）までの一一年間に一四二八件（犯罪者数九四五人）という膨大な数にのぼったのであった（『木曽林業技術史』）。

盗伐者の大半は櫛職、檜笠職、木地職等であり、盗伐の罪名は窃盗、山林盗伐、森林窃盗、森林法違反などさまざまであるが、主刑名は重禁固で、付加刑名は監視（旧刑法では再犯防止のための付加刑であり、現在でいえば保護監察のことといえよう）、罰金であった。盗伐者は木曽谷の南部に多かったが、その理由を『南木曽町誌　通史編』（南木曽町誌編さん委員会編・発行、一九八二年）は、（1）南部は民有林が少なく、しかも荒廃度が著しい反面、旧巣山・留山の美林が多いこと、（2）江戸時代から盗伐が多かったという伝説があったこと、（3）県外からの盗伐犯が入り込みやすいうえ、盗伐木の販売にも好都合であっ

木曽山で伐採されたヒノキ等は丸太や白木に造材され、川に流されて運ばれた。材が滞留しないよう適切に処理することを川狩（かわがり）といった。（農林省編『日本林制史資料　名古屋藩』朝陽会、1933年。）

木曽山からのヒノキの運材は大正15年からすべて森林鉄道で、中央線の駅まで運ばれた。川狩運材に比べ運材量は増大した（中部森林管理局提供）

たこと、等を挙げている。

御料林でのヒノキ材の運搬方法

木曽山林が天皇の御料林となってからは官行伐採がおこなわれ、伐採・搬出された木材の過半は木曽川へと流し、岐阜県の錦織網場《にしごおりあば》で、名古屋支庁に渡された。またその一部は中央線の駅から鉄道によって、熱田・大阪・豊住（東京の深川）の出張所へと移送された。これは従来から行われていたことを踏襲したもので、木曽川およびその支流の性能を巧みに利用した江戸時代からの伐木運材法が存在し、これに従事する伐木事業所の従業員も勝れた技術をもち、組織化されていたからである。

従業員たちは毎年三月末から四月に山入りし、伐木・造材に着手した。四月～五月のころから、山落としといって、伐採地に散らばっている丸太を、小谷狩《こたにがり》のできる谷筋か、または軌道・木馬《きんま》等によって運び出すことができる地点まで集める作業を九月か一〇月ころまでおこなった。江戸時代の尾張藩のときは、ヒノキ等の材は丸太の場合も少しはあったが、ほとんどは白木といって丸太を割った榑《くれ》、土居《どい》、板子であったが、御料林になってからは半加工の材ではなく丸太が運びだされたところに、大きな違いがあった。

小谷狩は堰《せき》出しの出来る谷筋での運材で、一〇月ごろ着手し、一一月か一二月に終了する。堰出しは、谷川に堰をつくって川水を堰きとめて小さなダムをつくり、ダム中に丸太を浮かべ、水量が一定量になったとき堰を切り、川水とともに一気に丸太を流し出す運搬方法である。木馬運搬は木ソリに丸太を載せて運ぶ方法で、山落としの一部か、小谷狩に代わっておこなうものであった。大川狩は木曽川本流を流送するしごとで、一～二月には終わった。大川狩は、筏《いかだ》を組むことなく、管流《くだなが》しといって、丸太をばらばらのまま川水の流れに乗せて運ぶ方法で、実施する期間が限られていること、大洪水の際には材が流失し損害を受けることがあった。川狩運材は大正一〇年（一九二一）にすべて廃止された。

明治四〇年（一九〇七）代に木曽谷に中央線が開通し、これに合わせて森林鉄道が敷設された。大正一五年（一九二六）一月には木曽川上流の御料林伐出材はすべて鉄道輸送に切り替えられた。山から中央線の駅までは森林鉄道で運ばれ、「谷間や山麓を警笛を鳴らしながら、列車に木材を満載して突っ走る林鉄光景は、まさに御料林経営の近代化の一班を象徴するものであった」と、『南木曽町誌』は記す。木曽の森林鉄道輸送は御料林当局の直営で行われたが、鉄道輸送は民間に請負わせた。従来の川狩による運材可能量は五～八万立方メートルであったが、運材方法が鉄道輸送に変わったことにより、販売量が増大することになった。そのことにより年間の伐採計画量は、約三倍の二〇万立方メートルとなった。

御料林からの出材は、大正初期まではほとんど素材（丸太）生産に終始していた。木曽谷での木材加工は、木曽ヒノキを資材として古くから漆器、檜笠などが生産されていたが、その資材量はせいぜい年間一万石（約二七八〇立方メートル）程度と少なかった。御料林当局は国鉄中央線の藪原駅と上松以南の各駅に駅土場をつくり、大正二年（一九一三）から地元住民に対して特売の形で素材（丸太）の売払いをはじめたが、大正時代はその数量は全生産量の一％にも満たないほど少なく、用途は自家用と木工業用であった。

明治三七年（一九〇四）、木曽御料林のなかに、伊勢神宮式年遷宮用材の生産を目的とした神宮備林が設けられた。式年遷宮用材は、江戸時代の宝永六年（一七〇九）以降木曽山から出されており、明治に入ってからは二年、二二年、三三年、四二年、昭和四年（一九二九）にも伐り出された。伊勢神宮の遷宮制度を永続的に行うことを目的として、木曽御料林全般にわたり、ヒノキの大木が集団的に生育している区域を選定し、一般の林とは全く区別してヒノキの大樹を保護していこうというものであった。

神宮備林についての詳しいことは別の章に譲るが、このとき裏木曽の出ノ小路御料林を含め、現在の南

択伐という森林の伐採法は、伐採と同時に自然発生の苗木の生成を期待したもので、更新と一体となっている。写真では伐り株の付近にたくさんのヒノキ苗が発生している。

木曽町域の賤母・妻籠・南木曽御料林など八二二八ヘクタールが囲いこまれた。昭和四年（一九二九）の遷宮用材の伐出は大正九年に行われているが、南木曽町域からは妻籠・賤母・三殿など五カ所の御料林から合わせて約一万三〇〇〇石（三六一一立方メートル）が伐出され、このとき木曽谷全体からは四万石（約一万一一一〇立方メートル）が出されている。

戦後の木曽山のヒノキ

戦後の昭和二二年（一九四七）、林政統一といって、国が所有している国有林でありながら、所管官庁が異なっていた北海道庁所管の北海道の国有林、宮内省所管の帝室御料林、農林省所管の国有林が一つに合併し、農林省（林野庁）所管の国有林となった。これにともない木曽山も、天皇の御料林から、林野庁所管の国有林となり、管理は営林署が行うこととなった。戦後は、木曽山の国有林を経営するための基本方針として「戦後非常植伐案」や「暫定案」がつくられたが、小木曽（薮原署管内）、小川（上松署管内）、蘭（妻籠署管内）の六四四五ヘクタールを除いて、森林伐採はすべて択伐《たくばつ》（抜き伐り）方式であった。戦時中には、木曽山でも戦争用材の供給のため、昭和一八年（一九四三）四月訓令によって「御料林施業戦時特例」で、成長量や林力を無視した戦時特別伐採が行われた。

択伐の方法は、標高により二つに分けられていた。標高一六〇〇メートル未満は第一択伐、標高一六〇〇〜二〇〇〇メートルは第二択伐としていた。輪伐期一二〇年、回帰年三〇年、択伐率三〇％内外であった。これは一二〇年生以上の樹木を、生育樹木の材積の三〇％内外を伐採し、再びここでの伐採が行えるのは三〇年後であるという意味であった。

択伐方式は、昭和二九年（一九五四）の「木曽谷国有林経営方針通説」により、伐採区域面積を二ヘクタールとし、区域内の立木は皆伐することとされた。伐採区域は連続させず、伐採区域と同面積の保残区を設けることになっていた。つまり抜伐りから皆伐へと伐採方法が変更されたのである。木曽の国有林も日本全体の木材需給や、国民の要請に対応するため、経営方針がしばしば変えられてきた。昭和三二年（一九五七）に編成された第一次経営計画では、伐採齢が大幅に引き下げられ、いわゆる短伐期林業時代を迎えることになった。これは、当時の逼迫した木材需要に対応するにも、当面の国産材の供給力不足を解消するためにも老齢林の整理伐の期間を短縮し、併せて造林の推進を図るためであった。

昭和三二（一九五七）〜三六（一九六一）年には、木曽地方には風水害が頻繁に発生し、ことに三四年（一九五九）九月の伊勢湾台風および三六年（一九六一）九月の第二室戸台風によって、総量約三〇〇万立方メートルという大風倒被害が生じた。これらの風害により、「木曽谷国有林経営方針通説」によって設けられた保残区の大部分は壊滅したのであった。

戦後も木曽ヒノキ材の需要は依然として名古屋市場が中心で、木曽は名古屋市場への木材の供給地との観があった。昭和三〇年（一九五五）から木曽で素材（丸太）の市売りが行われるようになった。昭和三四年の伊勢湾台風による風倒木処理にあたり立木処分された材が、同三七年ごろから出品されるようになり、取扱量は年間三万立方メートルを超えた。これを契機として、戦前はほとんどなきに等しかった製材工場が拡張され、製材品が市売りで販売されるようになった。素材（丸太）の市売りは、木曽ヒノキを主とした木曽五木が大半を占めた。木曽ヒノキやサワラ等は径三六センチ以上の材は、一本を一椪《はえ》（丸太を積み重ねた集団で、販売の単位とするもの）とするようにし、一椪の量は平均二〜三立方メートルの少量とし、小口需要者が買いやすいように配慮された。売払い方法は入札で、入札者は木曽谷木工業者が過半数を占め、名古屋の業者がこれに次いでいた。

木曽ヒノキ材は尾州物、本木《ほんぼく》とも称され、ヒノキ材の中ではまず第一に指折られる材であった。木曽ヒノキは、その材質が木地の美を鑑賞するわが国の国民性に適合していたので、古来その名声が高かった。その材質は、緻密・強靭・木理通直・工作容易などの特徴がある上に、反張・折裂および狂いが少なく、そのうえ芳香が高く耐久力があり、負担力も強く、かつ繊維はいわゆる粘り気があって、決してサクレを生ずることがなく、薄片に割って用いることができるなど、きわめてすぐれている。

木曽ヒノキ材の中でも、とくに王滝および上松産のものは材質がすぐれて、淡黄色を呈し色沢がきわめて美しいので、他の地域から産するヒノキ材よりも価格が五〜一〇パーセントも高く評価されている。

第六章　木材工芸に最適なヒノキ材

工芸的利用上の特質の第一は材色の白さ

ヒノキの材は、淡紅白色をしており、肌ざわりは滑らかで、独特のつやと香りがある。強度にすぐれ、狂いが少なく、耐久性も高く、そのうえ軽く軟らかいので、広く活用されている。肌目がひじょうに緻密で、均質な材料を必要とする用途、つまり工芸的な利用に適した素材である。心材はとくに耐久性がたかく、湿気にも強いという特徴をもつ。

なお工芸とは木工品などの芸術的な工作物をつくることをいい、つくられた工芸品は美術意匠と技巧とによって美観をあたえるとともに、日常生活に役立つ物品でもある。

ヒノキ材を工芸的に利用する場合の材の特徴と用途を、明治四五年（一九一二）発行という古い資料だが農商務省山林局編・発行の『木材の工芸的利用』が使用例に取りまとめているので、それに依拠しながら説明していく。同書は、農商務省（現在の農林水産省）が木材利用の促進に資するため、わが国の木材利用の現状、木材の工芸的性質ならびに経済的状況に関して、主として東京・京都・大阪および名古屋の木材工業について行った諸種の調査と研究の結果を編纂したものである。数百種の木竹製品について、材料の性質、処理方法ならびにその工作方法などが詳しく述べられている。

同書は各論として、建築用材、車輛用材、指物《さしもの》用材、彫刻用材などを概説し、それぞれ樹種ごとに使いかた等について述べている。巻末には「木材ノ工芸的利用一覧表」があり、樹種ごとの工芸的性質と、その性質にみあった工芸品の名称が挙げられている。ここではヒノキに限定してその一覧表から抜粋しながら説明・紹介していく。

ヒノキ材の工芸的な利用上の性質は、一四項にわたっている。同書は古い文体や専門用語で記されているので、分かりやすく意訳しながら紹介する。明治期のものであり、現在では利用されていないものも多々あるが、この利用法は、わが国の人々がごく最近まで実際に使ってきたもので、ヒノキの文化を語る上では落とすことができない。

ヒノキ材利用上の特質のまず第一は「ヒノキは材色が白いところから、見る人に森厳さを感じさせることを利用する」ことで、この性質での用途は神社宮殿建築、宮殿模型、箱宮、丸屋根、千鳥、札箱、荒神箱である。

材の白さは、わが国は古くからの風習として人の死の穢《けがれ》をことさら忌《い》んできたところで、現在に至るまで何事も清浄を好み、色彩においても質素を尚《たっと》ぶ風があって、色で清浄なものは白に勝るものはないとされる。そのため、神事・神祭には多く白色が用いられる。また宮中の部屋も、なるべく木地の清浄なものを用いる。その風は一般の国民にも及んでいる。ただし、京都市を主として中国地方や北陸地方等の民家では、柿渋《かきしぶ》、ベンガラ（帯黄赤色の顔料）、漆《うるし》、煤《すす》などを塗る風習があるが、おそらく住居を宮中と同じ白木造りとすることを避けるためと考えられている。

神社の造りはその種類はひじょうに多い。主なものは神明造、流《ながれ》向拝《こうはい》造、入母屋《いりもや》造の三種である。そのほか軒唐破風《のきからはふ》造、八ツ棟造、春日造、流レ造、大社造などがある。なお宮師と宮大工とは別のもので、宮師の仕事は神棚用宮（箱宮）、札箱、神祭器具類および庭園用の宮（間口三尺＝約九〇センチ）などで、それ以上は宮大工の仕事となる。

材料の木曽ヒノキは木理が整い真っすぐで、材質が緻密なうえ、その色沢がはなはだ美しいので上等としており、宮材として生地のまま使用する。和歌山県高野山産のヒノキがこれに次ぐが、材質があらく、ザングリとして工作しにくい。材色は白いが割れも多い。高野山産の天然ヒノキは、平成の現在では産出しない。秩父地方からも産し、ここのものは上等の材が多い。材料は丸太や板物、小物として来るが、これらの資材を引き割ったとき、木理、材色が美しく、無疵《むきず》、無節《むぶし》の部分を選んで、木の裏表にかかわりなく、木理の数多い柾目《まさめ》を面にだすように細工する。そして材質の悪い物は、下等の箱宮とする。製作にあたって宮は生地材を使用するものなので、手垢《てあか》がつかないように注意する必要がある。

白い材色が神聖感と清潔感を与える

特質の第二は「ヒノキは材色が白いところから、見る人が神聖感または清浄感を抱くことを利用する」ことで、この性質による用途は、葬祭具、神籬《ひもろぎ》台、八束案《やつかあん》、幣案《ぬさあん》、辛櫃《からびつ》、神御衣櫃《かみみぐひつ》、棺、蓮台、塔婆、香炉台、位牌などである。

森厳の感については、神社・宮殿建築で、白木のヒノキの無疵《むきず》の材面で、組織が平等なものは、まったく神社・宮殿の森厳さを感じられるところである。

神道でも仏教でも葬祭具の材料はモミ、ヒノキ、マツ、スギ、竹が主なもので、最も需要の大きなものはモミ材で、スギ、ヒノキ、マツがこれに次ぐ。上等品はヒノキである。これらの材は白木のまま使用し、塗料を塗ることはない。白木の清浄無垢さが、人びとに対して神聖で厳粛、犯すことのできない感を抱かせるためであろう。

特質の第三は「材色が白いところから、見る人に清潔感を感じさせることを主として利用する」ことで、この性質による用途は、箸、マッチである。

箸の区分には柳箸と杉箸があり、どちらも一回かぎりの使用にとどまるという性質がある。柳箸とはミズキ、サワグルミ、ドロノキ等の材色の白い広葉樹材でつくる箸をいい、杉箸はスギ、トウヒ、ツガ、モミ、ヒバ、アカマツ、ヒノキ、エゾマツ、トドマツなどの針葉樹材からつくられる箸をいう。ヒノキの箸は長野県の木曽地方から産するヒノキが用いられるが一般的ではない。両端を細くした両口箸とされる。

平成二〇年（二〇〇八）四月一三日付けの『朝日新聞』奈良県版は、吉野郡川上村の環境教育施設「森と水の源流館」が同村産の割箸を、間伐材の利用促進をアピールする広告を印刷した箸袋に入れて配り出したことを伝えた。村内の製箸所で作ったヒノキの天削《てんそげ》（箸の頭を斜めにカットしたもの）の割箸で、広告の英語アドバタイズメントにちなんで「アドバシ」と呼ばれ、単価は六円で一万二〇〇〇膳作ったという。

マッチの軸木材の条件は、材色が純白で光沢があること、材質が摩擦しても折れにくい性質をもつこと、材質が軟らかく点火が容易にできるものという、三つが満たされることが必要である。他の材に比べ、ヒノキは値段が高いけれども、折れにくいこと、点火しやすいことから、よく使用される。

ヒノキ材を使う理由として特質の第一から第三までは材色が白いことをあげ、白い材の使い方をそれぞれ述べている。白い材とはいわゆる白木のことであり、白木とは針葉樹の木肌のことをいう。針葉樹材の色の白さを、わが国の人びとは古来から清浄無垢の代表としていたのである。これら針葉樹材、たとえばヒノキやスギ材の白さを生活環境のなかで生かして使おうとする美意識は日本人独自のものといっていいだろう。

建築材として宮殿や神社に重用される

特質の第四は「材の色沢が淡泊・優雅なうえに、芳香をもっていることを利用する」もので、この性質による用途は　建築材、建築装飾材（床廻《とこまわり》、天井廻、敷居、鴨居《かもい》、掾板《えんいた》等）、建具などである。

木材には樹種により特有の香気または臭気がある。樹脂、芳香油、芳香性をもたない揮発油、その他の含有物のために発するものである。香気や臭気は、生木では強くても、乾燥するにしたがってしだいに希薄となるが、樹種によっては長くこれを保ちつづけるものもある。ヒノキ材も長く芳香性がたもたれているため、建築材として用いられる。

建築材には一般的嗜好と地方的嗜好とがある。和風建築の一般的嗜好は、ヒノキ材を用いることを最上とする。室内装飾用材にも地方的嗜好があり、関西はスギ材、ヒノキ材およびその磨丸太またはツガ材を賞用し、関東は唐木《からき》類（シタン・コクタンなどの東南アジア産の広葉樹材のことをいう）を珍《ちん》とする。料理店・旅館の建築は一般の建築とは異なり、いわゆる渋い物・凝《こ》った物を用い、神代《じんだい》杉、古船板、ヒノキの大節《おおぶし》板などを愛玩《あいがん》する。

ヒノキ材は建築材として最も重用され、宮殿や神社建築などはいわゆる総ヒノキ造りとする習慣がある。貴人や富豪の邸宅などもまた、主としてヒノキ材を用いて建築する。一般の人びとの建築でも、客間のようなことさら装飾をするところには、柱、床廻り、建具諸材料にいたるまでヒノキ材を用いることで最も優れた建物だとする。なお、別荘や茶室などは、建具を除く以外は、ヒノキを用いると余りにも堅苦しくなるのでほとんど使われない。

右近の桜の背後は紫宸殿。ヒノキは宮殿用建築材として重用された。

ヒノキの材質は緻密な上に強靭で、木理が通直で、秋材が多くなく、色沢が淡泊で微紅を帯びており、その鮮麗さは薄い絹の布で覆ったようだと評価されてきた。加工が容易で、耐久性に富んでおり、材からの芳香が馥郁《ふくいく》として一種の快感を覚えるといわれる。

ヒノキ材は長野県木曽地方と岐阜県飛騨地方産を第一とし、木曽地方産は、最も優良で、わが国の伊勢神宮の廟《びょう》や、戦前の皇居の宮殿もみなこの木材で造営された。このほか明治期には和歌山県高野山、埼玉県秩父地方、高知県などの産が著名であった。

ヒノキ材は、柱としては心去《しんさり》材ことに四方柾材が尊ばれる。そのほか床廻り、天井廻り、敷居、鴨居、長押《なげし》、掾板《えんいた》などに用いられる。建具材としてもヒノキは最優良として評価される。上等の格子戸、木連格子《もくれんごう》、舞良戸《まいらど》の框《かまち》および桟《さん》、帯戸、唐戸框、冠木《かぶき》門扉《もんぴ》、塀重門扉、障子、中障子、簀戸《すと》、美術的組子障子、欄間額縁および中組子などに無節または柾目取りのものを用いる。舞良戸《まいらど》とは、主殿造《しゅでんづくり》の建具の一つで、框の間に綿板《わたいた》を張り、その表面に舞良子《まいらこ》と称する細い桟を横に小間隔にとりつけた引き戸のことである。かつて名古屋城天守閣の舞良戸板は、きわめて微細な糸柾《いとまさ》材で、幅三ミリの間に年輪五六個を数え、いわゆる毛柾《けまさ》と称するもので、稀にみる材であったと記録されている。

ヒノキ材はスギ材のように赤身がない性質から、木地の襖縁《ふすまぶち》としては調和が良くないので用いられない。杢板《もくいた》もスギのように色および紋理《もんり》が美しくないので障子の腰板などには賞用されないが、根っこの杢《もく》は天井板として使われることがある。かつての東京高輪にあった浅野氏邸宅の玄関の天井板がこの根杢で、板の幅は三尺（約九〇センチ）あったと伝えられている。

特質の第五は「材の皮肌の色澤および節の優雅なことを利用する」ことで、この性質による用途は、磨丸太（床柱）、出節《でぶし》柱（門柱、床柱）、大節板（天井、欄間《らんま》）、腰嵌《こしはめ》などである。

木材を利用する場合、単にカンナ削りまたは琢磨《たくま》により、木材の自然の光沢を発揮させる。一般に木材は、遠心方向つまり木表《きおもて》は光沢がつよく、求心方向つまり木裏《きうら》は弱く、木口《こぐち》は光沢を表すことが最もすくなく、板目および柾《まさ》目、ことに柾目は光沢が強い。これは髄線が平面に現れるからである。

ヒノキの柾目柱、とくに四面とも柾目の節無しの柱は高級感があるので、住宅建築でもちょっと贅沢《ぜいたく》にしたいときに使われる。しかし現在は、張物とよばれ、スライスした柾目を張った製品が出ているので、かえって節があるものが本物だと認められるという皮肉な現象が起こっている。

わが家は、奥の部屋の床柱はアカマツの皮付丸太、四すみの柱は無節《むぶし》のヒノキを使っています。建売の安普請にしてはよくできている、と思っていたら、増築の下見にきた棟梁がいいました。

「この床柱も、四すみの柱も張物だよ」

「へぇ、アカマツにしては通直すぎると思ったよ」

「最近の張物はよくできていて、大工でもだまされる。ヒノキの柱に節があれば、かえって本物という証拠だ」

私は、この棟梁に書斎の増築をたのんでいたので、柱だけはヒノキにしてくれ、という注文に、彼がもってきたのは節のついたものでした。

（西口親雄「ヒノキ、その長所がもたらす罪」（『グリーン・パワー』一九八四年五月号、森林文化協会）

わが国の建築はみなカンナの削り面の光沢を利用しており、その最も優れた木がヒノキである。カンナの削り面の光沢は、逆目《さかめ》が立たず、粘りが少なく、削るとき軽やかにカンナがかかる木材、つまり「木《き》心《ごころ》善き木」に著しく光沢が出るのであり、ヒノキはそれに該当する。針葉樹材を削った白木の肌の光線反射率は、一般に広葉樹材の約二倍近い値をもち、細胞の組織も均質でなめらかである。白木の美しさを誇ることができるのは針葉樹のみの特色である。

ヒノキにも磨丸太がある。ヒノキ丸太の皮をはぎ取り、砂で水磨きしたもので、スギの磨丸太と同じ用途に用いられるが、スギ磨丸太に比べると、すべての点でスギよりも劣っている。したがって世間では、ヒノキ磨丸太の需要は少ない。

わが国の建築材や彫刻材などには、普通の美観以外に粋なもの、凝ったもの、渋いものを用いる風がある。ヒノキの大節板は、板塀、天井板、欄間、腰壁などに賞用される。また樹の梢部分の枝をすこしづつ残して切り落とし、皮をはぎ、磨いたものをヒノキの出節柱と称し、門柱や床柱に用いる。

精緻で狂わないから彫刻や漆器木地に

特質の第六は「材質が精緻で、狂いの少ないことを利用する」ことで、この性質を利用した用途には、漆器板物木地（静岡県、福井県若狭地方、奈良県、長野県木曽地方、東京都、熊本県、茨城県、京都市、香川県高松地方、高知県本山地方）、漆器曲物《まげもの》（長野県木曽地方）、仏壇、仏像、奈良人形、堂宮建築彫刻、洋風建築および指物彫刻、置物彫刻、看板、仮面、帽子型、額縁、挽物《ひきもの》工材（宮用擬宝珠《ぎぼうしゅ》、階段親柱、屋根飾、窓掛軸、電気台、釣用浮子《うき》等）、図板、俎板《まないた》、表具板、木型模型、量器、度器、木櫛がある。

精緻《せいち》な木材とは、年輪の春材と秋材の硬度差がすくない材で、俗に「目の立たざる木」をいう。精緻な材は、木材の利用上で最も尊重されている。ヒノキ材は精緻な性質をもっており、仏像彫刻、仏壇欄間の彫刻などに用いられる。仏像彫刻にヒノキが用いられたのは天平時代からで、当時の仏像はみな毛柾《けまさ》といわれ、年輪幅がきわめて微細なヒノキの柾目材を用いている。

木材はきわめて不等質の物体であると同時に、吸湿性をもっているため空気中の湿度の変化により、水分を吸収したり、木材中の水分を放散したり、絶えずその含有量に増減が生じ、その容積が変化している。つまり放水により材は収縮し、吸水により膨張する。その結果として材に、ねじれ、反転、亀裂が生じる。この現象を総称して木材の狂いというのである。この狂いについては、別に動くとか、跳ねるとかいわれる。木材に狂いが生ずると、用いている品物の品質を損なう。製作品では指口《さしくち》の開口、矧合《はぎあ》わせの分離、形の変形、膠着《こうちゃく》部の剥離《はくり》など、種々の現象が現れるので、これを防ぐことは木工上もっとも苦心するところである。

木材の狂いの有無、その大小の程度は、木材利用の種類により異なる。同じ木でも、ある利用法では狂いはないといい、別の利用では狂いがあるということもしばしばある。木材の狂いは、一般的に針葉樹は少なく、広葉樹は多い。材質が柔軟なものは、おおむね狂いは少ない。針葉樹は春秋材の比例が大きく異なり、秋材部が多いときは狂いが大きい。

奈良人形は、いまからおよそ四〇〇年前に春日大社の仏師松岡松壽が作りはじめたといわれる。当時は能狂言が流行したようで、奈良人形はみな能狂言物のみで、現在は猩々《しょうじょう》、高砂、春日、龍神、翁、三番叟《さんば そう》、万歳のほかに、雛《ひな》、鹿、達磨《だるま》、七福神、道成寺などが作られている。奈良人形は一刀彫として、刀の角目を立てて力を現すのを特色としている。材料はヒノキの古材を用いる。新材は細工がしやすいけれども、アクがにじみ出す欠点がある。古材は狂いのないことと、アクがないために、好んでこれを使う。マツ材を使うこともあるが、樹脂が出て、彩色が悪い。スギは秋材が堅く、春材は軟らかいので、刀の切れが悪い。三寸五分（一〇・六センチ）くらいの物だと、一日一個が仕上げられるという。奈良土産として当地で売られる。

　東京での漆器の板物木地の樹種は、ヒノキ、サワラ、トウヒ、ヒバ、ホオノキ、カツラ、シラベ、クリ、サクラ、キハダなどで、本膳、飯櫃《めしびつ》、三方《さんぽう》、蕎麦屋角蒸籠《せいろう》などはヒノキを用い、蕎麦屋丸蒸籠にはトウヒが使われる。漆塗りの細工物から木材の性質をみるときは、木材が乾湿によっておこる差・狂いを第一と

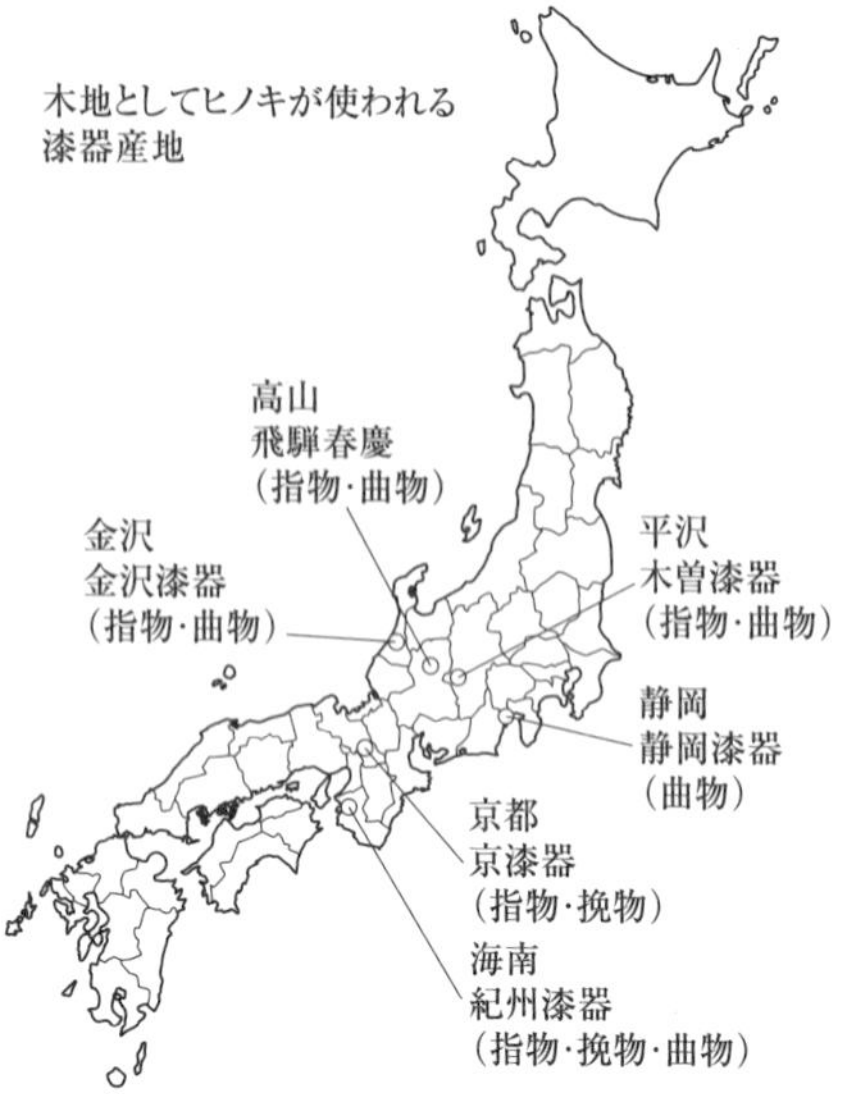

飛騨高山の春慶塗。ヒノキの曲物に漆を塗り重ねる。（名古屋営林局編『伸びゆく国有林』林野弘済会名古屋支部、1969年）

し、ついで塗り上げた漆面に発生する瘠《やせ》の原因となる木材の不均一な収縮および漆の吸収度、脂の有無や多少、塗った漆の固着の良否なども考慮に入れられる。これらの点から、ヒノキは尾州産（長野県木曽地方産）を最上とし、次いで三河（愛知県）・遠江（静岡県）地方を良とする。木地材のヒノキは材質が緻密で、薄片としても差や狂いの発生が少なく、木理が通直であって、整一なものは反り、曲がり、収縮のおそれがなく、また下地がよく付着し、瘠せを生ずることが少ない。尾州産すなわち本木《もとき》物は材質が良くて、木理の素性もよく、狂いや脂も少ない。一方、地物《じもの》は、薄い材を使うときには狂いを生じやすい。

現代の漆器で使われている用材の樹種名を、神奈川県工芸指導所鎌倉支所（当時）の吉野洋三が取りまとめ雑誌『グリーン・パワー』（一九八六年一月号）に「漆器産地と渋下地《しぶしたじ》の椀」と題して載せているので、ヒノキ材に関する漆器産地のものを引用させていただく。

漆器産地の用材

（産地）	（指物）（板物）	（挽物）（丸物）	（曲物）
静岡（静岡漆器）	けやき・やまぐわ外二	かつら	ひのき
平沢（木曽漆器）	ひのき・さわら・外一〇	はりぎり外五	ひのき
高山（飛騨春慶）	ひのき・さわら	とちのき	ひのき外一
金沢（金沢漆器）	ひのき・ひば・外二	けやき・外二	ひのき外二
京都（京漆器）	ひのき・すぎ外七	ひのき外一	
海南（紀州漆器）	ひのき・はりぎり外五	ひのき・くすのき外一	ひのき

全国に漆器の産地は二〇カ所あるが、ヒノキ材が使われている指物（板物）の漆器は木曽漆器、飛騨春慶、金沢漆器、京漆器、紀州漆器の五カ所であり、挽物（丸物）の漆器は紀州漆器のみであり、曲物では

静岡漆器、木曽漆器、飛騨春慶、京漆器、紀州漆器という五カ所である。

薄くした板で曲物や曲輪を作る

曲物は「まげもの」とも「わげもの」ともいう。『木材の工芸的利用』によれば、明治四〇年(一九〇七)ごろ以前からブリキ缶《かん》の使用が流行し、曲物の用途が大きく縮小されたが、曲物の需要は以前よりも増加しているという。用途は佃煮、煮豆、漬物、塩辛、梅干し、デンブ、砂糖、味噌などを入れる容器としての使用だと記す。曲物の大きさは直径三寸(九センチ)〜八寸(二四センチ)までで、曲物の用材はスギとヒノキを主とし、モミやエゾマツを使うこともある。ヒノキは高価なのであまり使われないが、砂糖入れのような上物はヒノキが用いられる。菓子屋で使う小判形の冠《かぶせ》は、スギの赤柾に限るとされている。

曲物の木取りは、直径二尺(六〇センチ)以上の丸太材を鋸《のこぎり》で切断し、柾目をとり、節、白太、色の黒い部分と心を除いて使う。元の大きさの四〇%程度の利用率となる。側《がわ》は削り上げて一〇分くらい釜《かま》で煮て、アクを出し、およそ二〇枚くらいづつ手でロクロにかけて曲げ、桜皮で綴じる。

曲物と似たものに曲輪《まげわ》がある。こちらは薄い板材を輪状に曲げた製品であるが、枠だけで底のないものをいう。用途は篩《ふるい》類、蒸籠《せいろう》、味噌《みそ》漉《こし》、網《あ》代《じろ》蓋《ぶた》、小判形《がた》、弁当櫃《ひつ》である。網代とは、竹・葦《あし》またはヒノキなどの薄く削ったものを斜めまたは縦横に編んだものをいう。曲輪の材料はトウヒ、ヒメコマツ、シラベ、ヒノキ、スギ、サワラ、ヒバなどが使われ、曲げやすさの度合いはトウヒ、ヒノキ、スギ、シラベ、ヒメコマツ、サワラ、ヒバの順である。ヒノキは脂《やに》が多く、削《そ》げ(竹や木の端の削がれたもの、とげともいう)を生じやすく、編むときに割れやすいけれども、靭性に富むため小細工物の製作に適している。曲輪は接合面を削り密着させ、桜皮または竹で編む。桜皮は東京都の青梅地方および千葉県佐野地方に産する皮が良好とされている。

長野県木曽地方の奈良井の曲物は、江戸時代初期には全国屈指の木製品として世評に高い特産品であった。奈良井の「杠物《まげもの》」は、寛永一五年（一六三八）に成立しひろく世間に流布した俳諧の作法書『毛吹《けふき》草《ぐさ》』に諸国の名産・名物として載せられている。「杠物《まげもの》」とは曲物《まげもの》のことで、ヒノキやスギなどの薄板を曲げ桜皮でとじ合わせてつくる木製品で、製造が容易なため古来数多くつくられてきた。

『檜物《ひのきもの》と宿《しゅく》で暮らす人々　木曽・楢川村誌　第三巻　近世編』（楢川村誌編纂委員会編、楢川村発行、一九九八年）によれば、江戸時代前期に奈良井で造られていた曲物の生産量は、ヒノキに恵まれていた木曽谷各地の中でも群を抜いて多い。慶長五年（一六〇〇）以来、木曽谷住民に認められた木曽山からのヒノキなどの採材量（御免白木）は全体で六〇〇〇駄であった。それは「谷中御免木」とよばれた。当時の木材運搬は牛馬の背中に乗せて運んだ。一駄の重量は一四〇貫目（五二五キロ）と定められていた。御免白木のうち楢川村（現塩尻市）内の旧奈良井宿には一五〇〇駄、町役人に一一〇駄、旧平沢村に二〇駄の合計一六三〇駄で、木曽谷全体の二七％が配当されていた。なお二番目の木曽福島が三一八駄であるから、その差は歴然としている。

木曽ヒノキの曲物でつくられた弁当箱

ヒノキ材からつくられる製品は檜物細工とよばれ、製作方法により曲物、結物《ゆいもの》（桶や樽）、指物《さしもの》（板を組み合わせて接合したもの）という三種類があった。

曲物は水稲栽培伝来時に移入されたといわれ、とくに農具の篩《ふるい》は欠くことのできない道具であった。篩とは、丸い側の底に竹、藤、馬や牛の尻尾の毛などの網を張り、粉または粒状のものを網目の大きさによって分ける道具のことである。曲物はスギやヒノキ材などを薄く剝いだ板材を円形に曲げて底をとりつけた器具で、曲輪は底のないものである。曲輪の用途は、篩《ふるい》類、蒸籠《せいろう》、味噌漉《みそこし》などで、ヒノキ材は弾力性に富み、小細工物に適当なので曲輪として用いられる。

指物《さしもの》は、木の板を一つに合わせて組み立てる技法でつくられた器具のことをいい、箱、机、箪笥などがあり、これをつくる人を指物師または指物大工という。

江戸時代の木曽の檜物細工

『檜物と宿で暮らす人々　木曽・楢川村誌』は、寛文五年（一六六五）当時に奈良井宿や平沢村などで製造されていた檜物細工の品目を、平沢村の巣山喜兵衛が書き残した「檜物駄詰覚」をもとに掲げている。檜物細工製品は四四種、六一品目にのぼっていた。製作方法ごとに製品を分類して、引用させていただく。

寛文五年の奈良井村の檜物細工製品

曲物

飲食用具……食次《しょくじ》（飯櫃）、めんつ（面桶）、わげびつ（曲櫃）、三ツ鉢、神鉢《しんばち》、神ノ鉢、五ツ組神鉢、ゆとう（ほぼヤカンの形をした湯桶）、丸重、丸盆、箱入丸盆、折敷《おしき》、わけ折敷、へき、蓋盤《かいはん》、行器《ほかい》、ぬり小丸盆など

苧績用具……苧《お》桶

漆掻用具……漆桶

農　　具……ゆりわ（米と籾の選別用桶・箕）、肥《こえ》ひしゃく、水ひしゃく、きりけ（どんなものかは不詳）など

曲輪

農　具……篩《ふるい》の側

結物

桶　類……菓子桶、手桶、すいふろ（風呂桶か）、たらい、半切《はんぎり》、釣瓶《つるべ》桶、藍《あい》桶、小便桶など

（注・桶類の寸法は、径が最小で一尺四分（三一・五センチ）の菓子桶から最大で二尺七寸（八一・八センチ）のすいふろまであり、寸法からだけではこれらの桶類は曲物か結物か判断できない）

結食桶、弐斗五升入樽

指物《さしもの》

升《ます》　類……京升、三升五合入七ツ升

食品容器……重箱、七ツ鉢（入れ子になっている切溜）、魚箱など

収納用具……手箱、枕箱、紙箱、文庫、からうと（唐櫃）など

木曽ヒノキで作られた大小さまざまの桶類

寛文五年作成の「檜物駄詰覚」には、日常生活に必要な多種多様な用具が記されており、様々な生活用品を需要に応じ幅広く作るという方式を、奈良井村などでは行っていた。奈良井宿の檜物製品は白木なのか、漆塗りなのかはっきりしていないが、ひとつだけ「ぬり小丸盆」とある物が、名称から漆塗りとして確認できる。食次（飯櫃）や折敷などは、白木のままだとすぐに汚れが目立つし、耐

久力も劣るため、汚れを防ぎ耐久力を上げるためには漆を塗っていた可能性はあるが、漆器となるほど厚い塗り込みはなかったとされる。

その後、貞享年代（一六八四〜八八）あたりから、漆器の生産がある程度まとまって行われるようになり、享保年代（一七一六〜三六）から春慶塗りがひろく行われるようになり、漆器製品も多様化してきた。奈良井宿や平沢村で生産されていた漆器は、洗練された高級漆器ではなく、素朴で堅牢なつくりの日用品が主であった。

江戸時代後期の狂歌師で戯作者として知られた大田南畝《なんぽ》（蜀山人）は、幕府勘定方役人として大坂銅座詰を終え江戸に帰るのに中山道をつかい、その途中で見聞した沿道の様子を『壬《みずのえい》亥紀行』に記している。そのなかで奈良井宿の漆器を「駅亭に小道具をひさぐもの多し。膳椀・弁当箱・杯・曲物など此辺の細工なり。されどたくみあらくして会津細工のものゝごとし」と評している。

木製の食物醸造桶は、材に含まれたある種のエーテル（木の精）の作用による化学反応で味をつくりだしているようだと、山梨県大月市に在住の小島麗逸は雑誌『グリーン・パワー』の一九八六年一一月号に、「木は味をつくる」と題して短いエッセーを書いている。

> いろいろな大豆を栽培して手前味噌をつくってきた。味は大豆の品種より、熟成させる容器の方が影響が大きいように思える。今まで、プラスチック容器、ヒノキとスギの桶、ネズミサシの桶の四種類をつかってみた。一番味が落ちるのはプラスチック製容器である。ヒノキ桶はかなりの風味を出すが、ネズミサシの桶にはかなわない。樽酒用の樽はヒノキが多い。真新しいヒノキの一合ますになみなみとついでくみかわす日本酒の味は格別である。

小島はこのように記しているが、味噌桶は別にして、樽酒も一合枡も、酒に関する部分はスギの方が勝っているように世間では評価している。引用させていただいて、こんなことを言うのも悪いが、小島はどこかで勘違いしたのではないだろうか。

建築物飾り用彫刻と仏壇

彫刻には仏像などのほか、建築物の飾りとされる堂宮建築彫刻、洋風建築および洋風指物彫刻がある。洋風の彫刻は、明治後期からおこなわれるようになった彫刻で、堂宮建築の彫刻はわが国に古くから建築されている寺院の堂や、神社の宮社へ施すもので、むかしは宮彫師という人たちが彫りあげていた。

堂宮彫刻物の種類には牛肘木《うしひじき》、桁隠《けたかくし》、懸魚《げぎょ》、蟇股《かえるまた》、木鼻《きばな》、欄間《らんま》がある。牛肘木は隅肘木のことで、波に亀などを彫刻する。桁隠は切妻《きりづま》屋根において母屋《もや》桁の端を隠すためにとりつける化粧板のことをいう。桁隠には水に鯉などを彫る。懸魚は破風《はふ》の拝下《おがみした》、又は左右に垂れた飾りをいう。破風の拝下にあるものは、いの目懸魚、二重懸魚、貝頭《かいがしら》懸魚、かぶら懸魚、三花《みつはな》懸魚などがある。蟇股は二つの横木の間に設け、上に斗形《とがた》を頂き、下方は広がっているものである。雲蟇股、若葉蟇股、松に鷹、竜などがある。木鼻は頭《かしら》貫《ぬき》等の木が柱の向こう側に連続して突出している部分のことで、象、貘《ばく》、牡丹獅子、振返り獅子等を彫刻する。欄間は、松に鶴、または雲竜等を彫刻する。

これらの彫刻は宮彫師が彫り、使用材はケヤキ、ヒノキ、ヒメコマツ、カツラ等である。ケヤキは宮に用い、ヒノキは寺に用いるのが法則であるが、現在は混同されている。

洋風建築の彫物は、蛇腹、戸、礎《そ》岩《はん》等のように凹凸した部分の縁に変化を与えるため、構造的あるいは装飾的に彫刻した花線状のもののことである。西洋建築には、チーク、ナラ、ケヤキ、ヒノキ、ヒバ、ヒメコマツ、スギ、セン、シオジ等を用い、飾柱、階段（親柱、手摺、側板）、出入り口、天井、腰嵌《こしはめ》、戸、天井中心飾り等に彫刻を施す。西洋建築では広葉樹系の材を用いることが多く、ヒノキが使われるところは少ない。それでもヒノキの使われる場所は、出入り口、天井、腰嵌《こしはめ》等である。天井中心飾りは、ヒノキ、ケヤキ、セン、シオジが共木《ともぎ》（同一の木材）として使われる。

仏壇の種類には、「ゴウモン」造りと、荘厳《しょうごん》造りの二つがある。「ゴウモン」造りは空殿を別に造って堂殻《どうかく》内に入れるものをいい、荘厳造りは空殿を造りつけたものをいう。仏壇は宗派によってその構造を異にする。各宗徒のなかで最も仏壇に力をいれるところは真宗門徒で、したがって製作価格は膨大で、形式も厳重に一定している。仏壇の製作地は、全国では名古屋が第一で、その他は新潟、信州飯山、京都、大阪、滋賀県である。東京では極上品以外は製作せず、多くは各地の製造品を販売するのみである。仏壇の材料はヒノキを用い、漆塗りとし、安物はスギやサワラを使用する。

名古屋仏壇の特徴は、金物の数が多いが、金物彫刻の多くは型抜きをしたものである。名古屋ではすべての部分にヒノキを用いるが、彫刻は稚拙で、丸彫りをせず、数個を別々に彫刻してこれを接ぎ合わせたものだが、ヒノキ材の本場であるため、用材はよいものを用いている。

軽くて柔らかいため和風建具に

特質の第七は「材が軽くて軟らかく、狂いが少ない性質を主として利用する」もので、この性質による用途には、天井、欄間、障子、襖縁《ふすまぶち》、練心《れんしん》、一閑張《いっかんばり》、和風家屋指物（机案、戸棚等）、測桿《そっかん》（測量に用いる赤白だんだらのポール）、包装箱、刷毛《はけ》木地、柄（鋸、錐、左官鏝《こて》等）、提灯張型、人力車の函（名古屋市）、太鼓撥《ばち》、洋家具などがある。

木材の重量は木材利用上の大きな要件である。軽重の差があり諸性質が同じであれば、軽い方の材を当然選ぶ。針葉樹と広葉樹とでは、全般的に広葉樹の材が重く針葉樹の材が軽い。ヒノキは木材全体では、重量の軽い方の材である。したがって、建築材では天井板や欄間《らんま》などにはスギ、モミ、ヒノキが、建具用材としては家屋の構造上軽量であることが要求されるのでスギ、モミ、ヒノキがそれぞれ用いられる。一閑張《いっかんばり》は漆器の一種で、木型に紙を張り重ねて型を抜いたものなどを漆塗りにした細工物で、スギ、サワラ、ヒノキの材が用いられる。人力車の函《はこ》は、ヒノキ、スギ、サワラの材が用いられる。

和風指物の種類には、茶箪笥《だんす》、用箪笥、火鉢、鏡台、針箱、煙草盆、膳、額縁、戸棚、花台、楊枝入れ、箸箱、机、姿見、すずり箱、膳棚等、その種類は数多い。和風指物の種類は数多いが、堅木《かたぎ》類の指物と、雑木《ざつぎ》類の指物とに大別される。指物師の社会で雑木と称するのは、普通世間でいう広葉樹の劣等樹を指すのではなく、堅木以外の木材を総称したものである。堅木指物の用材はケヤキ、シオジ、セン、タモ、クリ、クワ等の広葉樹材であり、雑木指物の用材はヒノキ、スギ、マツ、モミ、サワラ、マキ、ヒバ、ネズコ等の針葉樹であり、キリ（桐）は広葉樹だが材が軟らかであるため例外としてこちらに含められている。指物に用いられるヒノキ材は、木曽ヒノキを最上とし、高知県産のものを用いることもあるが、肌が赤くて脂《やに》が多い。ヒノキ材は、膳棚やネズミ入らずなどには木地として使うけれども、多くは塗下材《ぬりした》である。

ヒノキ材で作られた書棚。明るい木肌で雰囲気が和らぐ（高知県大正町森林組合集成材工場のパンフレットより）

和風建具用材は軽量で、伸縮や反り張りの少ないものを好み、大部分はヒノキ、スギ、モミの三種を主に用いる。京都の建具は雨戸、障子、堺戸（格子戸）、襖および猿戸（入口の格子戸）等を主に製造しており、ヒノキ、スギ、マツ、ツガ、モミ、クリ等を用いる。ヒノキは雨戸および障子に用い、木曽ヒノキを最上とし、奈良県吉野の材、和歌山県高野山の材、高知県の材がこれに次ぎ、京都府の丹波地方を最下としている。

特質の第八は「材の負担力若しくは弾力性を利用する」ことで、この性質を利用したものの用途は、綿打用弓、織機、鉄道車輛用材、指櫂《さすかい》（河川や静かな内海の小さな漁船に用いる櫂）、荷棒、オール、梯《はし》子《ご》、檣《ほばしら》、梁木及び棚（機械体操用）、呑口《のみくち》捻《ひね》り（呑口は酒、醤油の樽の下腹部に取りつけ、小出しするときに用いるもので、液体を出さないときは捻りを差し込んでおく）などがある。

ヒノキ材が使われる鉄道車輛材は、客車の側板、天井板、床板などである。指櫂は小さな漁船が用い、河川または波静かな内海に使われるに過ぎない。ヒノキ材のオールはボート用で、軽くて粘りに富み、折れないのでオール材としては最も適しているが、材価が高く、また水に浸すと撓《しな》り過ぎるので、今日は用いられない。

特質の第九は「材の強い抗圧縮力を主として利用する」もので、この性質による用途は、柱、束《つか》、鉄道枕木、調帯車《ちょうたいしゃ》（木製の車輪のこと、明治期にわずかに使われた）用胴金、木釘、槌などである。

燃えやすいので付け木やマッチに

特質の第一〇は「材が燃えやすいことを利用する」ことで、この性質を利用した用途に付け木がある。付け木は、厚さ〇・五ミリぐらいに削ったエゾマツ、トドマツ、マツ、ヒバ、ヒノキ、サワラ材の薄い板（幅約五センチ、長さ一一センチ程度）の先端に硫黄《いおう》を塗り付けたもので、火を他の物に移すときに用いる。たき火や炭火などの火種にくっつけると硫黄に火がつき、薄板に燃え移る。この火を、焚き付ける柴や落葉に燃え移らせる一種の道具である。付け木材の最上等品はヒノキで、これは火付きがもっとも良く、また割りやすいためである。ヒバは火付きが悪いが、工作がしやすい。エゾマツ、トドマツ、サワラも火付きは悪いが、材色が白いため付け木としての外観を引き立たせるため使われる。マツは脂《やに》が多く火付きがよく、価格が安いため好んで使われる。明治二〇年（一八八七）ごろからマッチが使われはじめたが、マッチはすぐ燃えつきてしまうけれども付け木はしばらく燃えており、火力もマッチより強いので便利であった。

現在、付け木はまったく使われなくなったが、大正年代（一九一二〜二六）には岐阜県の東濃地方では農家の副業として製造されていた。『七宗町史　通史編』（七宗町教育委員会・七宗町史編纂委員会編、七宗町発行、一九九三年）は、『岐阜県林産物一班』（岐阜県山林会編・発行、一九二二年）を引用し、七宗町内の旧神渕村大橋地区でのヒノキの付け木製作を記しているので孫引きする。やや古い文体なので、現代文になおして紹介する。

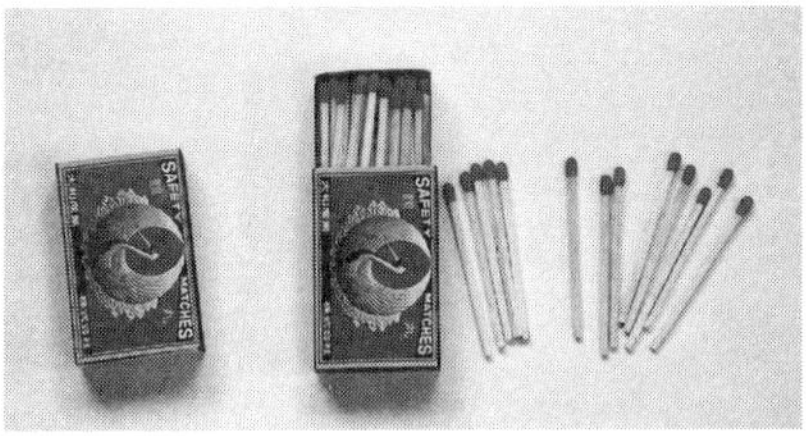
マッチの軸木は高価だがヒノキの品質が最良

神渕村大橋は古来より付木《つけぎ》の製造で知られている。戸数五〇戸あまりの小集落で、冬から春の農閑期を利用し、副業的に付木の製作をする者が三〇〜四〇人を数える。原料はヒノキの屑木《くずき》を用い、材に新旧は問わず、柾《まさ》目《め》に、ふつう三寸四分（一〇・三センチ）（四寸内外のものもある）、幅一寸（約三センチ）に木取り、鉋《かんな》で薄くつき削る。削るにしたがって一〇枚あてを一把として藁でくくる。くくったものはその両端を、鍋で溶解している硫黄につけ付着させる。その割合は硫黄一斤（二〇〇匁＝七五〇グラム）を約八〇棹の付木に付着させる。一棹とは二〇把をいう。一日の功程（出来高のこと）は二棹を製造する。一棹の卸相場は年によって変わるが、三〇銭内外であり、木代ならびに硫黄代は製品売上代の約半額である。近年マッチの圧迫をうけて、需要が少ないのと、且つ利益が薄いため、製作はあまり盛んとはいえないが、一家で一〇〇円〜二〇〇円を販売する者が多くあり、一ケ年六〇〇〇〜七〇〇〇棹に達し、関および金山町に自ら売却し、または仲買人を経て販売する。

これにより冬季の農閑期の家内工業として、まさに木材利用の上より、適切な業といえる。

神渕村の付け木生産は、明治後期に一三名で同業組合が結成されたが、昭和初期には衰退した。それでも何人かは昭和二〇年（一九四五）の戦後まで続けて生産を行っていた。

特質の第一一には「材の折れにくいことを主として利用する」ことであり、この性質を利用した用途にマッチ軸木がある。マッチの軸木には、①材色が純白で光沢がある、②材質に弾力性があり摩擦の際挫折しない、③材質が軽く点火が容易である、という三つの条件を満たすことが必要である。とくに①の条件は最も重要で、品位・上級品か下級品かの区別をするときの標準となる。マッチ軸木の樹種は、ヤマナラシ、ドロノキ、シナノキ、アカマツ、ヒノキ、ポプラ等で、ヒノキ材は高価だが弾力性に富み折れにくいことと、従来からの慣習で使われている。

ヒノキ材で綯《な》った縄

特質の第一二は「材が分割しやすく、曲げやすい性質を主として利用する」ことで、この性質を利用する用途には、屋根板、ひのき笠、曲輪《わげわ》、曲物《まげもの》、木具材、挽曲《ひきまげ》、ひのき縄（錨綱《いかりづな》、釣瓶綱《つるべ》、鵜飼綱《うかい》）、シゴキ経木《きょうぎ》、洋傘柄手元（枝材を焼き曲げて使う）などがある。

屋根板や下見板にはスギが用いられるが、長年のうちに日光や気象の影響をうけ、表面の変色はもちろん、春材部と秋材部の凹凸ができ、脆弱となり、ついには釘も利かなくなる。ヒノキやヒバ材では、表面が灰色となるものの、凹凸をきたすこともなく、剥落するが細末となるので見栄えがよろしい。

ヒノキ材を綯《な》ってつくる縄をヒノキ縄という。木材の縄は、ほかに松縄がある。ヒノキ縄は、スクリまたはシクリといわれ、特に根を使った縄はネスクリといわれ、品質がいい。種類に二種あって、大は直径一寸二分（約三・六センチ）長さ三一尋《ひろ》（六尺を一尋とすると約五八メートル）、小は直径八分（二・四センチ）で長さは大と同じである。用途はおおむね筏《いかだ》や船舶をつなぐのに用いられ、倉や壁に物を吊り下げる用途にも使われる。ヒノキ縄は、大藁縄に比べ約四倍の耐久力があるという。主として和歌山県新宮市新宮港付近で使われ、他には移出されない。製造されていたところは、和歌山県東牟婁《むろ》郡熊野川町大字畝畑、同郡古座川町大字高瀬、同郡本宮町の皆地、同檜葉、同小々森、奈良県吉野郡十津川村などで、農閑期の仕事として行われた。

ヒノキ縄の材料には、胸高直径三寸（九センチ）以上の木を用いるが、ふつう三寸から六寸（一八センチ）までのものを用いる。材は無節《むぶし》で年輪の規則正しいものがよい。辺材も心材も用いるが、心材をもちいるときには材質が良好なものに限る。これは良好な材でなければ、引き裂くことが難しいためである。縄の作り方は、原木を長さ三尺（約九一センチ）くらいに切り、これを四つ割りにし、アテ（木材の欠点の一つで、材の一部の硬くなっているところ）はつかわず、マミ（アテを除いた木質部）の部分に包丁で割れ目を入れ手で引き裂き、または鉋《かんな》でうすく剝ぐ。この薄く剝いだものを綯《な》って縄にするのである。

和歌山県のヒノキ縄は太いものであるが、岐阜県岐阜市では鵜飼《うかい》の人が、鵜《う》を操る手縄《たなわ》という細い縄をヒノキの柾目の経木《きょうぎ》を細分してつくる。経木は、スギやヒノキ等の木材を紙のように薄く削ったもののことで、これに経文を写したことからこう呼ばれる。菓子などを包んだり、菓子折に敷いたりする。

手縄の原料木は手縄木《たなわぎ》とよばれ、長さ三尺（約一メートル）、幅三分五厘（約一〇・五センチ）〜四分の経木で、富山県から檜笠で使う上質のものを取り寄せて用いる。手縄木を三日間くらい水につけて湿らせたものを、針で細かく繊維状に裂く。細分した手縄木を、水に浸けながら縄になっていく。

鵜匠《うしょう》は鵜に手綱をつけて、鵜をあやつる。檜縄は、水切れがよく、さばきやすい。軽くて水に浮き、水中ではさらさらとして羽根にへばりつかない。水を含むと、まっすぐ引くのに強く、撚《より》の反対にねじると、容易に切れる。鵜が水中で障害物にひっかかった場合、鵜匠は手元で檜縄を切断して鵜を救う。

ビニール縄は、長持ちするが、水を含むと重くなり、へばりつきやすく、また切れにくいので、鵜にとっては危険性が高い。檜縄を使うようになったことが、長良川鵜飼技術発達の節目であったと言われるが、いつごろから使われ始めたかは不明であると、『岐阜市史　通史編　民俗』（岐阜市編・発行、一九七七年）は記している。

檜木笠と弁当箱のメンパ

檜木笠は、ヒノキ材をうすく削って網代《あじろ》に編んだ笠をいい、晴雨兼用とされる。松尾芭蕉が秋の吉野に桜紅葉を見に行ったときの句に「木の葉散《ちり》桜は軽し檜木笠」とある。長野県飯田市を中心に唄われる伊那節に「持たせやりたや檜木笠」とあるように、檜木笠は旅をする者にとっては必需品であった。

長野県の木曽谷の南木曽《なぎそ》町妻籠の檜木笠は木工の芸術品ともいえるものであった。木曽では蘭集落《あららぎ》にながく製造技術が伝承されていた。蘭で檜木笠が作られるようになったのは江戸時代の寛文年間（一六六一〜七二）のことで、飛騨国（岐阜県）落辺《おちべ》から移住してきた人が伝えたといわれる。当初は製法を伝えた人の出身地から「おちべ笠」と呼んでいた。飛騨では蘭《あららぎ》（イチイのこと）を使って編んでいたので、そのままイチイを使ったが、木曽ではイチイが少なかった。代用としてヒノキを使ってみたら、きわめて作りやすく、出来上がりも上等であったので、のちにはもっぱらヒノキを使うことになった。檜木笠作りがはじめられたのは、徳川四代将軍家綱の産業発展期に当たっており、大いに発展し、一八戸であった集落がのちには戸数が増え、六〇戸と三倍以上に増加した。

檜木笠の製作方法は、ヒノキ用材を輪切りにし、アマの部分（白太＝辺材のところ）を除き、ヒデカケと称してヒノキ材を薄く剝ぎ取り、テープ状（これをヒデという）にして、女手で編み上げる。檜木笠は「七寸天子」とか「並二天」など、寸法や作り方によって銘柄となっている。軟らかな部分を補強するため、竹材を利用したり、いろいろと時代によって創意工夫がこらされている。資材となる木曽檜は、尾張（名古屋）藩から特別の檜物手形が出され、藩から保護されたこともあった。

曲物製品の一つに、弁当箱とされる面桶《めんぱ》がある。地方によってメンパ、メンツウ、ワッパ等とよばれる。スギやヒノキの薄い板を曲げて綴じ合わせ、底板をつけたもので、蓋をつければ弁当箱となる。形には円筒形、楕円筒形、隅丸型などがあり、蓋の形式や底板の付け方には、地方により違いがある。漆塗りのものと、素材のままの木地を活かしたものとがある。

平成の現在でも静岡市井川ではメンパが作られており、その地を取材した中沢和彦の『日本の森を支えた人たち』（晶文社、一九九二年）から要約して作り方を紹介する。

静岡市井川で使っている木は、ほとんど地元のヒノキで、スギは使っていない。ヒノキは人工林材だと八〇年生以上のものがよいが、直径三〇センチくらいの木でも大丈夫である。本当は天然木が一番良く、よく削れるし、輪にしてもソツなく丸く曲がっていく。ヒノキは六尺六寸（約二メートル）に切断し、製材所で厚さ一分五厘（約四・五ミリ）に挽いてもらい、二年くらい乾燥させて狂いを防ぐ。メンパ作りには四八の行程があるという。

製材した板を、大きさによって木取りし、鉋《かんな》で粗削り、中削り、仕上げの順に削っていき板の厚みを一分（約三ミリ）にする。曲げは木殺しといってローラーの間に挟んで癖をつけ、丸くするために仮の底を入れて二〜三カ月乾燥させると、メンパの形となる。それをカシノキで作った挟《はさみ》でとめ、目差《めさし》で穴をあけて、サクラの皮で樺縫《かばぬい》する。それから底入れをする。柿渋《かきしぶ》を塗り、最後に漆を塗って仕上げる。

中沢は、取材した海野想次の「メンパで弁当食べつけると、もう、ほかのもんでは食べられないって言う人が多いですね。メンパに詰めたご飯は冬は暖かいし、夏はすえにくい。それにしても昔の人はウマイものを考えたもんですよね」という言葉を記している。

水湿に耐えるので風呂桶に

特質の第一三は「材が水湿に耐える性質を主として利用する」ことで、これによる用途には、風呂桶、釣瓶《つるべ》、井戸子、水道樋、土台、橋梁材、湯屋流し、井戸の囲い筒がある。

風呂桶はヒノキとコウヤマキを上等としており、関東ではヒノキ、関西ではコウヤマキを用いる。一般的には、スギ、ヒノキ、サワラ、ヒバ、マキ（イヌマキ、クサマキ）、コウヤマキ、カヤ、ネズミサシ、マツ等の針葉樹が用いられる。

東京の風呂桶造りのヒノキは、紀州（和歌山県）または土州（高知県）産を用い、とくに和歌山県新宮産が優れているとしていた。木曽ヒノキは材質は美しいけれども、その保存力は紀州産には及ばない。川辺物と称される千葉県産のヒノキは、普通品を作るのに用いられる。大物たとえば湯風呂のようなものは、ヒノキとヒバを混用し、前面のみヒノキを用い、縁にはカシ、ケヤキ等を用いることが普通に行われる。

小物はヒノキでなければ、すべてヒバ製である。

地中に埋める木管は、わが国に産する樹種では最も保存期間が長いものはヒノキ、ヒバ、カヤ、マキ、コウヤマキ、等であって、中でもヒノキは最も保存期間が長い。マツ材の保存期間はヒノキよりやや劣るが、その価格が低廉なため、少ない経費で敷設できるという利点がある。

特質の第一四は「材が精緻で、含まれる色素が少なく、乾湿による狂いの少ない性質を利用する」のであり、その用途には製糸用枠があげられる。

ヒノキの風呂桶。ヒノキの芳香が安らぎを与え、精神の安定を促す。(高知県大正町森林組合集成材工場のパンフレットより)

製糸用枠については群馬県において調査されたもので、したがってこの場合の糸は絹糸である。製糸機械に使う小枠は、群馬県及び埼玉県では従来はホオノキのものを使用していた。ホオノキは他の物を染める樹液が少なく、且つささくれが立つことがないので、生糸に最も適している。しかしながら、近年信州(長野県)からヒノキ製のものも比較的安価に供給されるようになったので、好んでこれを使う。ヒノキはホオノキに比べ湿気によく耐え、且つ強固性も大きく保存期間も長い。大枠(アゲカエシという)もまた、従来ホオノキで作っていたが、その枠の角に竹を入れ、材の磨滅を防ぐものがあった。近来は長野県で製作されるヒノキ製のものを使う。ヒノキ製はホオノキ製よりも重量が軽いので賞用される。摺輪もヒノキの曲輪でつくられ、回転が軽快なので大いに賞用される。

第七章　ヒノキ造りの百万塔と仏像

供養のため百万基の小塔を製作

木材を利用し工芸的な器物を製作する方法に、挽物《ひきもの》と刳物《くりもの》という二つがあった。工芸について大槻文彦著『大言海』（富山房、一九五六年）は、「工業ノ美術ニ成ルモノ。彫物、鋳物、焼物、塗物、織物、染物、縫物、其外、スベテノ細工物に就キテ云フ」とあり、工業的に生産される器物であるが、美術的な価値の高いものが工芸品といわれることを述べている。木材工芸品の一つ挽物は、ろくろ（轆轤）の回転を利用し、ろくろカンナで木材を挽いて（削りとり）つくる器物のことをいう。刳物《くりもの》とは鑿《のみ》などの器具で、木をえぐりとってつくる器物等である。

奈良時代にヒノキ材で製作された挽物の傑作であり、大量に製作されたものに百万塔《ひゃくまんとう》がある。この木製の塔は姿が優美なうえに、製作した工人の名前や、製作年月日が底面に墨書きで記されていることもあって、江戸時代から好事家《こうずか》の注目をあびていた。百万塔は『広辞苑』第四版（岩波書店、一九九一年）に「供養塔の一つ。七六四年（天平宝字八）追福修善のために奈良などの諸大寺に納められた百万基の木製小形の塔。轆轤《ろくろ》びきで造り、露盤《ろばん》の下の空洞に陀羅尼《だらに》一巻を納めた。現在法隆寺に約四万基、うち完全なもの百余基を保存」と記されている。

陀羅尼《だらに》は、一字一句が無辺《むへん》といわれるほどの限りない意味をもっており、この呪文《じゅもん》を読誦《どくじゅ》すればもろもろの障害、たとえば災害、兵乱などを除き、さまざまな功徳をうけるといわれる密教の呪文の経《きょう》（仏陀が説いた教えを文章にしたもの）のことである。呪文《じゅもん》は、仏教の開祖である釈迦がいう真理の言葉であり、釈迦在世当時のインドの言葉であるパーリー語で唱えられる。現在にいたってもそれぞれの国の言葉に訳されることなく、そのまま唱えられるもので、一般に短いものを真言《しんごん》、長いものを陀羅尼という。

百万塔についてのわが国正史の記録は『続日本紀』巻卅・称徳天皇の宝亀元年（七七〇）四月二十六日の条《くだり》にあり、つぎのように記されている。

四月二十六日　初め天皇は天平宝字八年の仲麻呂の乱が平定された時、大きな願いを起こして、死者供養のため三重の小塔百万基を作らせた。高さ四寸五分、基底部の直径三寸五分で、露盤の下にはそれぞれ「根本《こんぽん》」、「滋心《じしん》」、「相輪《そうりん》」、「六度《ろくど》」などの陀羅尼《だらに》を収めた。ここに至り完成したので、諸寺に分置した。またこれに携わった官人以下仕丁《しちょう》以上の者百五十七人に地位に応じて位を与えた。

（宇治谷孟全現代語訳『続日本紀下』講談社学術文庫、一九九五年）

この記録の内容は、天平宝字八年（七六四）九月に、時の太政大臣藤原仲麻呂（恵美押勝《えみのおしかつ》）の反乱を平定した後、天皇（弓削道鏡《ゆげの》とともに）の勅命《ちょくめい》により木製三重塔を一〇〇万基製作することを命じていた。ところが勅命があってより五年八カ月を経た今日、その塔がすべて完成した。そこで平城京内の大安寺《だいあん》、元興寺《がんごう》、興福寺《こうふく》、薬師寺、東大寺、西大寺の六寺、斑鳩《いかるが》の法隆寺、飛鳥《あすか》の弘福寺、難波《なにわ》の四天王寺、近江の崇徳寺《そうとく》という十大寺に、それぞれ一〇万基づつを納めたというのである。

百万塔は、その塔内に収められた「根本」をはじめとする四種の陀羅尼が、由緒正しい現存する印刷物

奈良時代、称徳天皇の勅命で追善供養のため作られた百万塔が納められた十大寺の一つである東大寺。池の向うに南大門と大仏殿が見える。

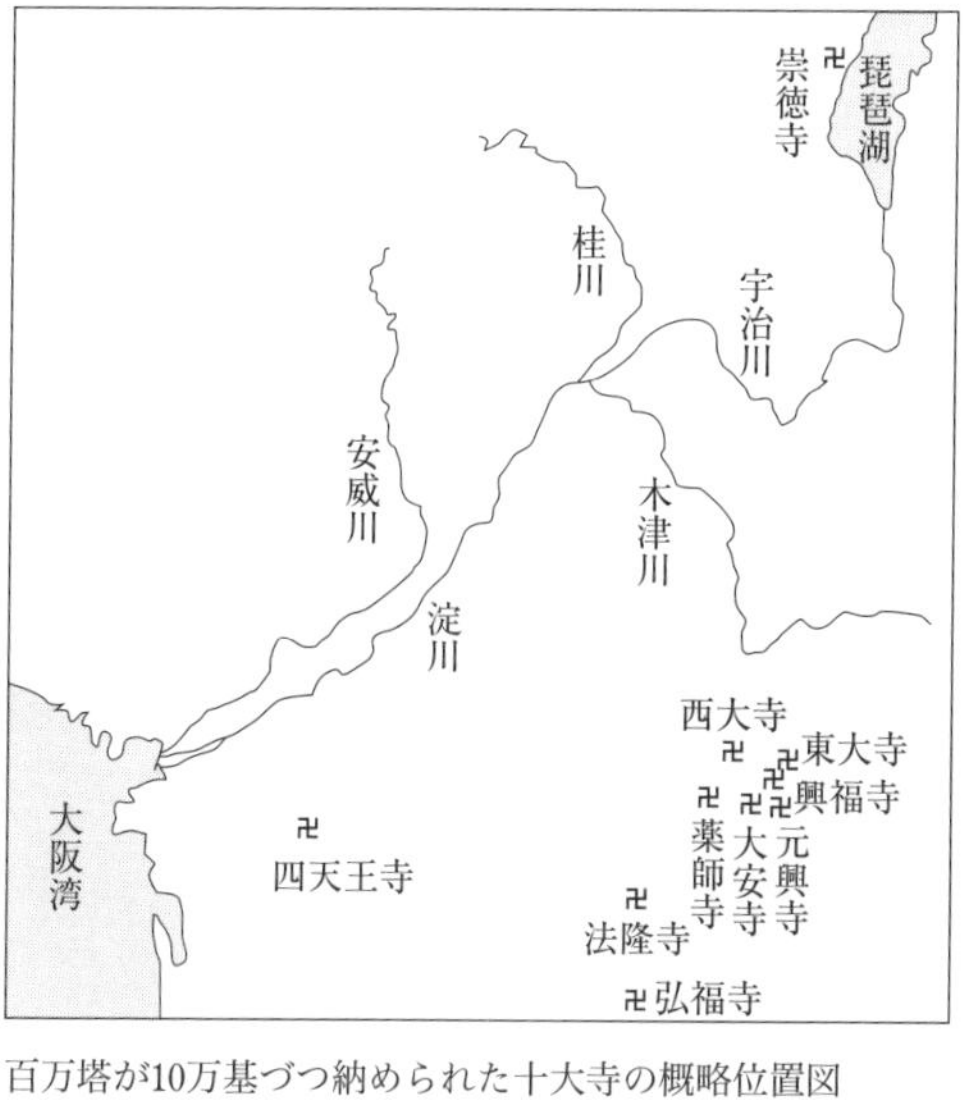

百万塔が10万基づつ納められた十大寺の概略位置図

としてわが国最初であると同時に、世界最古の印刷物と認められていることで、世に知られている。百万塔に収めてある根本経典の「無垢浄光大陀羅尼経」は、造塔・写経の広汎《こうはん》な功徳を説いている。たとえば、陀羅尼経を書写し塔の中に安置・供養すれば、現世における寿命延長、心身安楽はもとより、一切の争いごと、非法のことも消え、悪賊怨敵《あくぞくおんてき》はみな鎮撫《ちんぶ》できるといい、この功徳は新たに塔を作るだけでなく、古い塔を修理・供養しても同様であるとされている。

恵美押勝とは藤原仲麻呂が淳仁天皇から賜った姓名であり、彼は僧の弓削道鏡が孝謙天皇に重用されるので、これを除こうと考えて挙兵したが、ついには敗れ、近江で殺される。彼の反乱が称徳天皇をはじめ貴族社会に与えた衝撃の大きさは、想像以上のものであったのだろう。東大寺をはじめ法隆寺など当時十大寺とよばれた寺々に納められた一寺一〇万基の塔は、その後の火災や戦乱などによって、寺院とともに焼失してしまい、現在ではわずかに法隆寺にのみ残っているにすぎない。

百万塔の塔身はヒノキ造り

百万塔の本体であるが、塔は上下二つの部品に分かれる。塔本体のことを塔身《とうしん》といい、塔の上部の九輪などの部分は相輪《そうりん》という。法隆寺に保存されてきた塔は、『広辞苑』は残存数約四万基、完全な物一〇〇基余りとしているが、昭和六〇年（一九八五）に行われた法隆寺の「昭和資材帳調べ」によると、その数は塔身部は四万五七五五基、相輪部は二万六〇五四基であることがわかった。法隆寺の百万塔と陀羅尼経については、『昭和資材帳5　法隆寺の至宝　百萬塔・陀羅尼経』（法隆寺昭和資材帳編集委員会編、小学館、一九九一年）に詳しく記載されている。このうち完全な形で保存されていた一〇〇基が、明治四一年（一九〇八年）一月一〇日に旧国宝（現在の重要文化財）に指定され、大宝蔵殿に展示公開されている。

百万塔の塔身はヒノキで、相輪はサクラ、モッコク、カツラと見られてきたが、元千葉大学教授成田寿一郎は、東京国立博物館法隆寺宝物室が蔵している四八基のすべての百万塔を見た結果、すべてカツラであると思ったと、「法隆寺の百万塔」（雑誌『グリーン・パワー』一九九六年一月号、森林文化協会）のなかでいう。しかしながら昭和資材帳調べでは、「百萬塔の用材は単純な塔身部がヒノキを、細かな工作を要する相輪部が、サクラ属やサカキ、センダンなどを用い、いずれも大径木を挽いている」とする。

ヒノキ造りの塔身の高さは一三・五センチ、相輪は八・六センチ、二つを合わせた高さは二一・五センチ（ホゾの部分を除く）であり、『続日本紀』のいうところの高さ四寸五分（約一三・六センチ）は、塔の全身の高さではなく、塔身の高さを表している。造りあげられた百万塔は最終的には、白土を全体に塗り、白無垢《しろむく》の姿にされていたが、一二〇〇年をはるかに経た現在では白土は剝がれ落ち木地が浮いた塔が多い。

ヒノキ造りの塔身は、塔の基部と屋根にあたる三層の屋蓋《おくがい》を削り出し、中心部に陀羅尼経を収める直径二〇ミリ、深さ七〇ミリの経管孔が穿《うが》たれ、相輪をはめこむと同時に幅約五〇ミリの陀羅尼経が巻かれて収められるようになっている。

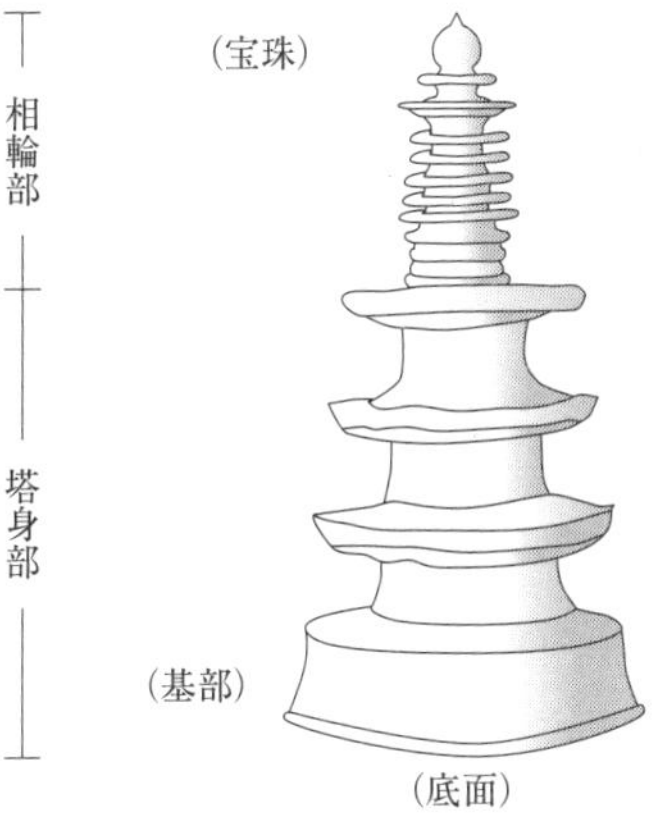

百万塔の模式図

塔の製作時期が直接わかる史料はないが、前にあげた『続日本紀』の記事から、宝亀元年（七七〇）四月がその下限を示すと考えられている。始まりについて金子裕之は前に触れた『昭和資材帳5　法隆寺の至宝　百萬塔・陀羅尼経』に収録されている「百萬塔」の中で、「法隆寺に現存する百萬塔の製作期間は天平神護三年（七六七）と神護景雲二年（七六八）の二か年を主とすると考える」という。これは法隆寺に現存する百万塔が製作された期間であって、法隆寺以外の寺々に収められた塔の製作年代は、天平宝字八年（七六四）九月から、『続日本紀』にいう完成の宝亀元年（七七〇）四月までの六年八カ月の間に、一〇〇万基という膨大な数の塔がヒノキ材で造りだされていたのである。六年八カ月間の全日数二四一四日を製作に宛てるとしても、一日に四一四個を製作しなければ達成できない計算になる。仮に一日二個製作できたとしても、一日あたり最低二〇〇人のロクロを操る人と、そのロクロには回転させる人が一人必要となるので、あわせて四〇〇人の工人がいた計算になる。しかし、それは本題からは外れるので省略する。

塔身は樹齢五〇〇年以上の大木

前に触れた成田寿一郎は、東京国立博物館蔵のこの塔の底面を見た印象から、どれも年輪幅が一～一・五ミリ、年輪が描く弧形から推定すると直径一五〇センチ以上の丸太の心材の部分から採られたものだと推定している。直径一五〇センチで、年輪幅を仮に一・五ミリとすると、その丸太の年齢は（半径）七五センチ÷〇・一五センチとなり、答えは五〇〇年となる。五〇〇年生で直径一五〇センチ以上ものヒノキの大木となれば、現在では手に入れようとしても不可能に近いが、当時はそれまでにヒノキなどの針葉樹の大量伐採はほとんどないので、入手できる可能性は高かった。

それでも直径一五〇センチ以上のヒノキ材を揃えることは、大変な困難を要するので、直径一〇〇センチとしてみよう。成田が推定した直径一五〇センチとは大きく異なるが、これとて大仕事であろうが、なんとか無理やりできないことはない。直径一〇〇センチの木の年齢は、前の式から三三三年となる。直径一〇〇センチの断面からは、辺材部の幅五センチと心材部の直径二〇センチを除いた部分からは、塔の基部を最大一〇・五センチ（削り代《しろ》として余分を五センチみる）とすると、一二個が採れる。塔の高さも削り代《しろ》をみて原木の高さ二五センチとすると、直径一〇〇センチで、長さ二メートルの丸太からは一二個×八段＝九六個がとれる計算になる。この原木の材積は一・五七立方メートルである。一〇〇万個の塔をつくるには、直径一〇〇センチで長さ二メートルのヒノキ材一万四一七本が必要で、この材積は約一万六三五五立方メートルとなる。

膨大な量のヒノキ材となるが、これには年輪幅が小さくて、轆轤《ろくろ》挽きで製品とするとき疵《きず》になる節《ふし》がないこと、材が真っすぐであること、元口《もとくち》（根元に近いほうの切口）から末口《すえくち》（元口の反対側の切口）までの太さに差がほとんどないこと等、良質材であることが条件である。これらの材は、おおむね樹高の高い木の、根株から一番目から二番目に採れる丸太であったと想像できる。仮に一本のヒノキ立木から二本の丸太が採れたとしても、ヒノキ立木は五二〇〇本を超えるものを伐採しなければならない。節や曲がりがある材が二〇％含まれると仮定すると、さらに増加し六二四〇本となる。これほどの良材のそろったヒノキ山は、滅多にあるものではなく、たとえ天皇の勅命だといっても、右から左へと揃えられるものではない。しかも当時は、平城京近郊の山々は、度重なる大寺や宮殿などの建設で、良材のでるところはほとんど伐りつくされていた。

写真は推定樹齢300年の木曽ヒノキであるが、百万塔が作られたヒノキ樹はこれより一段と大きい。

しかし、この膨大な量のすべては揃えることはできないが、何割かの供給ができそうなところとして、『続日本紀』の聖武天皇の条《くだり》にある近江国紫香楽《しがらき》村が候補としてあげられる。聖武天皇は天平一四年（七四二）八月に、紫香楽村に離宮の造営を命じた。この離宮は昭和四〇年代前半に偶然発見され、ヒノキの掘立柱が三本見つかった。その大きさは平城京跡の柱根とほぼ同じ直径四〇センチであった（雑誌『グリーン・パワー』二〇〇三年七月号）。この柱は、現地調達されたものであるという。

紫香楽村を候補としてみたが、百万塔の年輪の曲線から成田寿一郎が導き出した直径一五〇センチと、紫香楽宮跡から発見された直径四〇センチとは、格段の違いがある。百万塔の製作を勅命されてから、五年六カ月で一〇〇万もの塔が造られたのであるから、材料供給も円滑に行われたに相違ない。とすると、奈良からさほど遠くない山が想定されるが、現在の段階では謎である。いずれそんなに遠くない時期に解明されることであろう。

木像彫刻材の樹種はクスからヒノキへ

わが国の彫刻材は主として木材が用いられているが、各時代ごとの彫刻の様式の移り変わりにより、材料も流れのなかで変化している。小原二郎は、古代から国の宮都《みやこ》がおかれた大和国・山城国と周辺の近畿地方のみならず全国より、飛鳥時代（六世紀末から七世紀前半）から室町時代（一三九二〜一五七三）に至る約八〇〇年間の木彫りの仏像から小さな破片を集め、顕微鏡をのぞき、彫刻につかわれた材の樹種を調べている（『木の文化』鹿島出版会、一九七七年）。資料集めに一〇年ほどの歳月がかかったという。

彫刻材料は、時代により特徴があった。飛鳥時代の彫刻用材は、ただ一つアカマツで彫られた京都太秦《うずまさ》の広隆寺の宝冠弥勒像を例外とし、他はすべてクスノキであった。飛鳥時代の彫刻材料はクスノキの時代であった。奈良時代（七一〇〜七八四）になると金銅《こんどう》と粘土と漆が使われるようになった。奈良東大寺の大仏（盧遮那《るしゃな》仏）が金銅の代表であり、この時代の代表的な奈良の寺々には粘土と漆と布で造られた乾漆《かんしつ》仏が数多くのこされている。

平安時代には、奈良時代にもっぱら用いられた金銅などの材料は全く消え、木材で仏像が造られるようになった。平安時代初期の貞観期（遷都から遣唐使廃止までの約一〇〇年間）には、ヒノキの一木造りの白木の像がひじょうに多い。中・後期の藤原期になると寄木造りに変わり、金箔が張られるようになった。宇治平等院鳳凰堂の本尊阿弥陀像を仏師定朝《じょうちょう》がヒノキの寄木造りで完成させると、その手法が日本的彫刻の基本となり、江戸時代に至るまでこの様式で仏像が造られた。定朝（一〇五七没）は、平安時代中期の仏師で、王朝貴族好みの豊麗な日本的様式を創造し、定朝様としてながく日本の仏像の典型となった。平等院の阿弥陀像は現存する唯一の作例である。小原は『木の文化』に彫刻樹種の移り変わりを記しているので、その一部を省略して引用させていただく。

飛鳥時代（文化史区分は、飛鳥・白鳳）

1　現存する飛鳥木彫仏は、すべてクスノキの一木造りである。

2　工芸品をほかの樹種で製作した場合も、彫刻部分はクスノキで彫り付加した。

3　クスノキ彫刻はこの時代に限られ、以後は特殊の場合を除きほとんど現れない。

［推定事項］　白檀の代用材として本邦産のクスノキが選ばれた。仏像をはじめすべての彫刻にはクスノキが使われることになった。

奈良時代（文化史区分は、天平）

1　乾漆仏の心木にはヒノキが使われている。

2　伎楽面はキリで彫られている。
3　正倉院の御物についてみると非常に多くの種類の木材が使用されている。その用法をみると、適材を適所に利用しており、木工技術は優秀でかつ合理的である。
［推定事項］　この時代は木材は彫刻の骨格材として使用されたにすぎず、工作し易く狂いが少ないことを主眼に選ばれ、ヒノキが最も適当であった。
平安時代（初期の貞観期）　針葉樹材
1　彫刻はヒノキの一木造りである。その初期には白木の彫刻が多くみられる。
2　彫法はヒノキの材質のねばり強さと軟らかさを生かした感じのものが多い。
3　これには非常によく切れる刃物が必要である。
［推定事項］　ヒノキの木肌の美しさを見出して、彫刻の美しさにさらに木肌の美しさを加えようとした（白木の像）。
同（中・後期の藤原期）
1　用材はほとんどヒノキのみに限られるようになる。
2　工作法は寄木造りになる。
［推定事項］　彫刻用材はヒノキ、作法は寄木造りに、ほぼ限られるようになる。
鎌倉時代
1　ヒノキの寄木造りである。
2　この時代以降の彫刻を補修する場合でも、もとの彫刻の樹種のいかんを問わず、補修部分はすべてヒノキを使用している。

［推定事項］　材料はヒノキ、工作法は寄木造りと考えて間違いないほど固定する。

ここで小原二郎が彫刻といっているのは、仏像のことである。仏教の信者が信仰の対象とする仏たちの姿を目の前に見ようとして形づくったものが仏像で、それらは寺に安置された。信仰の対象となりながら、それはまた別の面からみれば美術品ともいえ、信仰の対象としない人々は仏像を仏教美術品とみるのである。

平安中期以降の木彫材はヒノキが主流

奈良時代の、文化史上でいう天平期は、仏教美術がもっとも美しく花をひらかせた時代だといわれ、仏像は乾漆《かんしつ》、塑像《そぞう》、金銅などでつくられたが、木を彫刻したものはあまり造られなかった。しかし地方の山寺やお堂には木造仏を安置したり、またどこからか見つけだされた木造仏が納められていたようである。

奈良時代から平安時代初期の弘仁年間（八一〇～二四）に至る仏教説話、とくに因果応報などに関する説話を集め僧の景戒が撰した『日本霊異記』（正しくは『日本国現報善悪霊異記』）下巻第三〇話に、木造仏をつくりつづけた八〇歳の老僧が死去した二日後に生き返り、つくりかけの仏像の完成を頼んだ話がのっている。しかしこの説話にある木像仏の材は、どんな樹種であったのか、はっきりとは分からない。

紀伊国名草郡能応寺の僧に観規という人がいた。彼は聖武天皇時代（七二四～四九年）に釈迦の丈六像とその脇士《きょうじ》の木彫をつくりはじめて、宝亀十年（七七九）に同寺の金堂に安置した。のちにまた発願して十一面観音の木像、高さ十尺ばかりを造りはじめた。しかしまだ半分も造りあげないのに、老衰がひどく八十余歳で命をとじた。

ところが二日後に生きかえり、仏師に「私は運悪く、命が尽きて観音像を彫り終えることができずにしまった。どうか、あなたのお恵みで、聖像彫刻を仕上げてほしい」とたのんだ。仏師はそれを引き受けると、観規はたいへんよろこび、その二日後、ふたたび命を絶った。やがて仏師は遺言通りに、造りかけの十一面観音像を完成して能応寺の本堂に据えた。

平安時代（貞観期）になると仏像は大部分木で彫られるようになり、平安中期ごろには木像の用材はほとんどヒノキに限られるようになり、木像仏のヒノキ時代を迎えたのである。木像仏になぜヒノキ材が用いられるようになったのかについて、美術史家の野間清六は『日本美術史大系Ⅱ　彫刻』（講談社、一九五九年）のなかで、「平安時代の密教において礼拝される仏像は、神秘的な力を蔵することが要求された。自然、材料にも清浄なものとか、霊性のあるものが期待された。その点で、塑土は精選されていても、いたるところから得られる材料であるところから、卑賤《ひせん》と見られ、衰微の大きな原因となった。これに対して木は最も清浄な素材として、新しく見直されるようになった」と、木彫の仏像は丸太から俗塵の汚れのない清らかな部分を鑿《のみ》で一彫り一彫り、彫り出していくものであるから最も清浄な材料であったというのである。

さらに小原二郎は前に触れた『木の文化』のなかで、仏像彫刻がヒノキとなった理由を、その材質の優秀さに求め、「わが国のヒノキは、材質がもっとも優れている。すなわち緻密強靭で、木理は通直、色沢は高雅で、耐久力があり、芳香はふくいくとして、わが国の用材中で第一位に上げられるものである。実に世界に誇ることのできる良材といってよい。その古名を真木《まき》と賞したのも、材質の優秀性のゆえである。ことに彫刻材としては、材質が均一で、春材と秋材の区別が少なく、刃当たりがなめらかである。またねばり強くて、欠けることが少なく、狂いも小さくて、仕上がりが美しいから、彫刻師がひとたびヒノキを使うと、もはや、他の木を使うことはできにくいであろう」と、彫刻材としての優秀さを絶賛している。

飛鳥から平安期の木彫の樹種

小原二郎はまた『木の文化』に、雑誌『美術研究』第二二九号（昭和三三年＝一九五八年）に発表した「古代木彫用材の調査資料」を載せているので、その資料を集計し引用させていただく。調査した区域は北海道から大分県までの四三都道府県で、石川、長崎、鹿児島、沖縄の四つの県は含まれていない。彫刻された材の識別は顕微鏡で行われている。小原の調査した木彫用材は、飛鳥時代から平安時代までのものである。

彫刻材として用いられている材の樹種は三四種にのぼる。総数は六五三件であるが、本体と彫刻部分との樹種の異なったものが五件あり、それぞれの樹種を一つと数えたので、小原の調査彫刻数とは五件の食

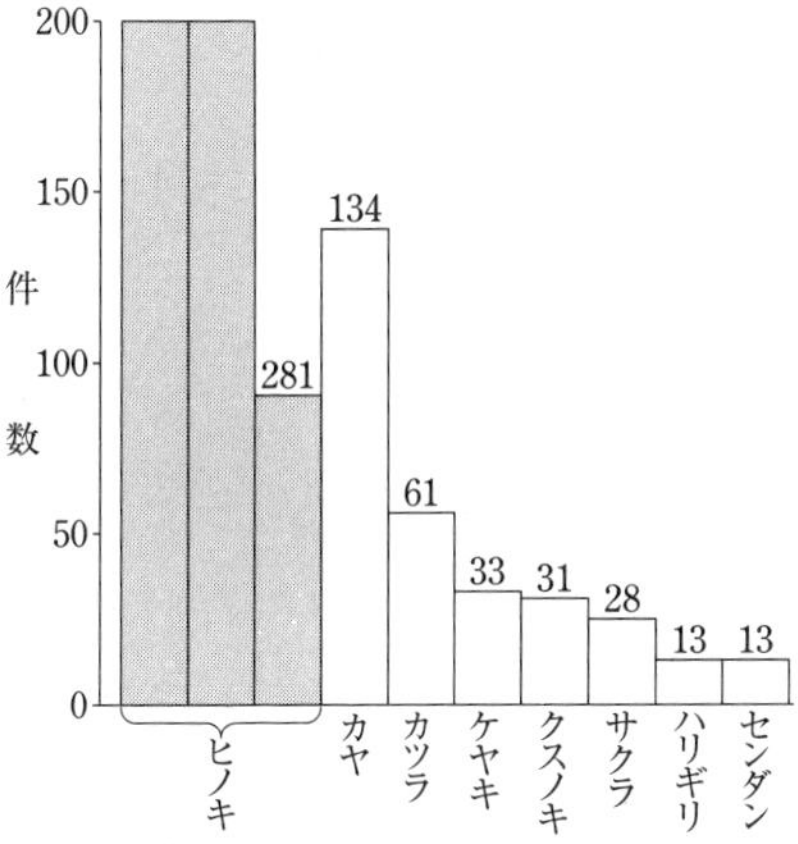

飛鳥から平安期までの木彫に用いられた樹種とその彫刻数（小原二郎『木の文化』の資料をもとに作図）

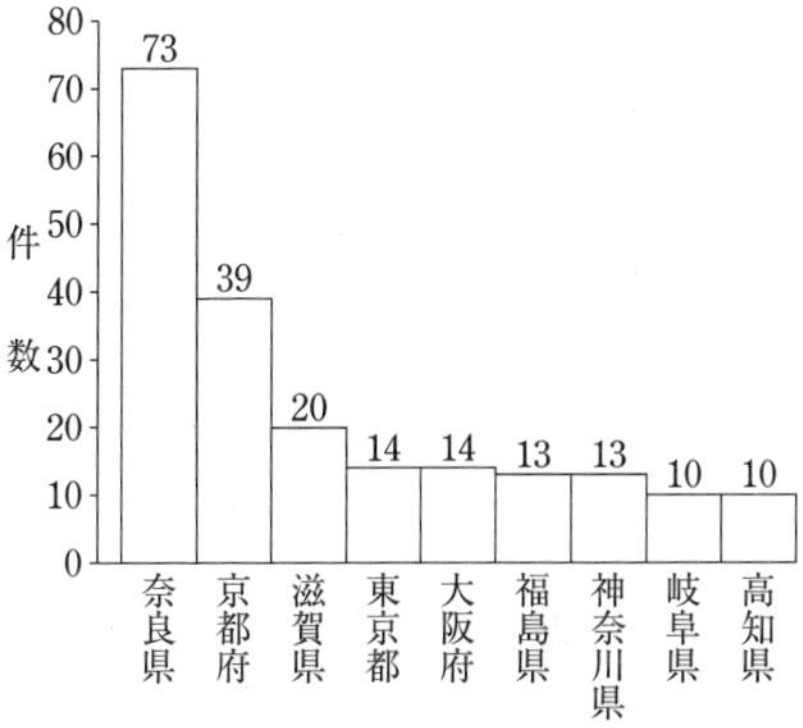

ヒノキの木彫の多い都府県（小原二郎『木の文化』の資料をもとに作図）

い違いがある。一樹種一〇件以上のものを掲げると、ヒノキ二八一件、カヤ一三四件、カツラ六一件、ケヤキ三三件、クスノキ三一件、サクラ二八件、ハリギリ一三件、センダン一三件で、この八樹種の合計数は五九四件となり、全体の九一・〇%となる。一〇件未満の樹種を掲げると、ハルニレ（八件）、ヒバ（八件）、イチイ（五件）、アカトドマツ（三件）、カバ（三件）、クルミ（三件）、キリ（三件）、スギ（三件）、魏氏桜桃（三件）、トチノキ（二件）、ヒメコマツ（二件）、カエデ（二件）、シナノキ（二件）、ビャクダン（二件）、クワ（二件）、以下一件のものはトドマツ、カシ、シオジ、アサダ、ハンノキ、チャンチン、アカマツ、コウヤマキとなる。

彫刻樹種には地域別に特徴がある。そこでこの資料をもとにし、時代区分は飛鳥時代から平安時代を一括するというかなり乱暴なものであるが、地域別に樹種別の件数を掲げてみる。樹種数は三四種にのぼるので、全体の件数が五件以上のものにしぼることにした。

飛鳥から平安期の彫刻用材とされる樹種別件数

	北海道	東北	関東	北陸	中部	近畿	中国	四国	九州	計
ヒノキ	一	二〇	四二	一三	二二	一五三	一三	一〇	七	二八一
カヤ		一	四四	八	二三	二三	一八	一二	六	一三四
カツラ		三七	一二	七	三	二				六一
ケヤキ		一五	八	三	一	四	二			三三
クスノキ					一	二八			二	三一
サクラ		八	八		三	七	一		一	二八
ハリギリ		六	二			五				一三

センダン						一一		一	一	一三
ハルニレ		八								八
ヒバ		二			一	四	一			八
イチイ		一			一		三			五
計	一	九八	一一六	三一	五五	二三六	三八	二三	一七	六一五

東北地方ではカツラ材がもっとも多く、ヒノキは二番手となる。関東と中部および中国・四国地方ではカヤが最も多く、ヒノキはそれに次ぐ。ヒノキは近畿地方での件数が多く、ヒノキ材は木彫像の五四・四%を占めている。

ヒノキは調査件数全体の中で四二・九%ときわめて高い率を占め、これまで述べたように、彫刻材料としてよく用いられたことが示されている。ヒノキの木彫件数はそれぞれ地域で一～二位という高い率をしめ、件数として多い都府県を順に掲げると、奈良県がダントツの七三件、ついで京都府の三九件、滋賀県の二〇件、東京都の一四件、大阪府の一四件、福島県の一三件、神奈川県の一三件、岐阜県の一〇件、高知県の一〇件である。

代表的なヒノキ造りの仏像としては、奈良県室生寺の弥勒像で、従来は白檀《びゃくだん》で彫られた渡来仏だと言われていたが、用材はヒノキなので日本で彫られた仏像である。奈良県下では法隆寺の峰薬師像・地蔵菩薩像（白木）・普賢延命菩薩像・十一面観音像、東大寺の弥勒菩薩坐像（白木）、青面金剛立像・十一面観音像、唐招提寺の釈迦如来坐像・吉祥天像などで、そのほか数多く寺に安置されている。

京都市神護寺の薬師如来像は、ヒノキの一木造りで、平安時代初期の貞観期の最も古い仏像で、同寺の五大虚空蔵菩薩像の五つの像もヒノキ造りである。京都市の教王護国寺の帝釈天像・梵天像・同寺の講堂の五つの菩薩像はいずれもヒノキ造りである。

最近ヒノキで作られた様々な物

ヒノキ材の彫刻に能面がある。能面は、能を舞うときに使われる面である。能面は単に面《おもて》ともいわれ、老若男女の面から、鬼神や雷のようなものまであるが、その大きさは平均して縦約二一センチ、横一三センチという小さなものである。能面はほとんどヒノキ材で彫られ、能面につかうヒノキ材は尾州材つまり木曽ヒノキがよいといわれ、それも川に流して運ばれたものが一番だといわれる。二番手は大和の吉野檜が良いとされる。木曽の天然ヒノキは、やせた土壌に一五〇～二五〇年かけて育ったもので、年輪が緻密なので、弾力があって、鑿《のみ》のあたりもよく、欠けることが少ない。川で流したものが良いというのは、その間に材のなかのヤニが適当に抜けるからであろう。能面を彫るには、樹心の部分と辺材を避けて木取りする。樹心は干《ひ》割れがおき、辺材は狂いやすく、耐久性が少ないからである。節が面の表にでることは禁物なので、節のない材料を選ぶ。彫りあがった面の木地は、鮫皮《さめかわ》で磨き、彩色するときはトクサや獣の牙で磨くといわれる。

平成九年（一九九七）六月一六日付けの『朝日新聞』宮城県版には、「樹齢一〇〇〇年以上のヒノキ材をつかったユニークな『桶ギター』ができた」と伝えた。地元で演奏活動を続ける「縄文音楽集団・鬼」の代表で、ギタリストであり宮城県鳴子町教育委員会に勤務する大沼幸男（三八歳）が、地元の桶職人の金田幸一（六七歳）に特別注文して作ってもらった桶を、高級ギターメーカーに送り、仕上げたものである。注文をもらった金田幸一は、同町内の鬼首から以前手に入れていた樹齢一〇〇〇年以上の天然ヒノキから、直径三三センチの肉の薄い桶を作った。タガは地元産の竹を使った。ネックが取り付けられ、弦が張られた。同紙は大沼の「音量は、普通のギターに劣るが、音色は何ともいえず、和楽器の琵琶に似ている。普通のギターで表現できない演奏ができそうだ」との感想を伝えている。

小さな工芸品に、薄いヒノキ板の「ハガキ」がある。木曽ヒノキの産地の長野県木曽郡王滝村の森林組合が、平成五年（一九九三）から「木曽桧焼印はがき」を売り出したと、平成六年五月一二日付け『朝日新聞』の木曽地方版は伝えた。昭和五九年（一九八四）の「長野県西部地震」で発生した御嶽山の大崩壊土砂が森林組合の木材加工場を襲った。その災害の一〇年後に、木曽ヒノキの柱や板などの製材の余りを利用したハガキが作られたのである。厚さ三ミリのヒノキ板に、きこりや木曽駒など村の風景を切り抜いた切り絵が焼印されており、手に取るとヒノキの香りが鼻をくすぐり、観光客らの人気をよんでいるという。現在ではヒノキ板やスギ板のハガキが販売されている地方があちこちにみられる。

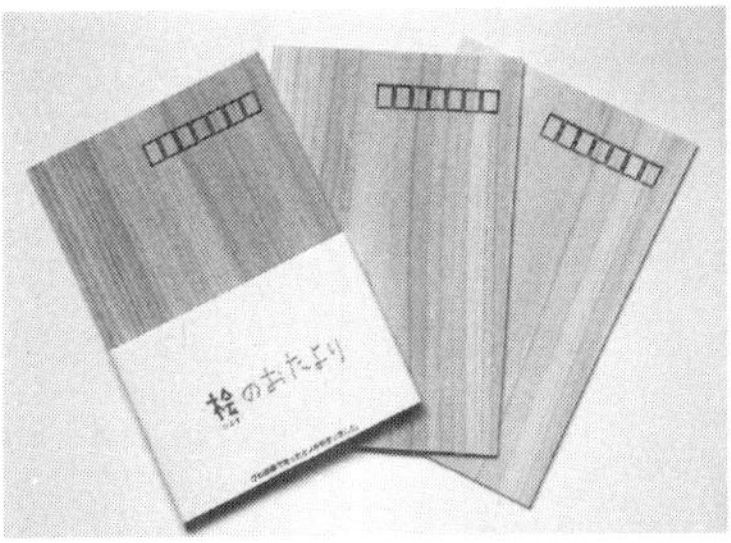
ヒノキの薄板でつくられたハガキ

地元特産品であるヒノキ材を使い、町役場ロビー用の応接セットを作ったところがある。静岡県磐田郡佐久間町（現浜松市）で、昭和六二年（一九八七）のことである。町の地場産業開発育成調査事業の一環として進められたもので、前年には試作品がつくられている。製材の際にできる端材《はざい》を利用し、町の建具屋が協力し、ボルトをつかわず、ホゾ穴を組み合わせる仕組みで、木目の美しさを強調したほか、椅子《いす》のひじ掛け部分を広くするなどに工夫がこらされた。町役場ロビーに置かれたヒノキ製応接セットは、「肌触りがよく、木のぬくもりが伝わってくる」と好評であった。

河川に架ける橋が工芸品であるかどうかは、論議があろうが、長野県木曽郡楢川村（現塩尻市）の奈良井宿入り口の奈良井川には総ヒノキ造りの歩行者専用の単径間アーチ桁橋が架けられている。全長三三メートル、幅約六・五メートルで、最高部は川底からの距離七メートル、床部分には長さ六・五メートルの木曽ヒノキの一枚板を使っている。橋の組み立ては伝統的な木造技術が駆使されており、桁には直接雨露がかからないように板でカバーされている。敷板の保護のため、ゴムやステンレスが詰められる等、長持ちの工夫がされている。

この橋は楢川村の水辺のふるさとふれあい広場にあり、ふるさと造り特別対策事業の一環として造られたもので、平成二年（一九九〇）から一年半の工期でつくられ、大量のヒノキ材はヒノキが大面積に生育している木曽地方の国有林を管轄する長野営林局（現中部森林管理局）に特別な配慮を頼んだものである。

第八章　植物性屋根葺き材としての檜皮《ひわだ》

甘肌から剝く檜皮《ひのきかわ》

ヒノキやスギの樹皮には油分が含まれており、なかなか腐りにくいので、伐採された際にはその樹皮を剝ぎ取り、小屋の屋根を葺いたり、瓦で葺く場合の下地に使われていた。

この場合の檜皮《ひのきかわ》は、伐採されたヒノキから、形成層の部分（俗に甘皮という）までを剝ぎ取ったもので、同じく檜皮と記して「ひわだ」あるいは「ひはだ」とよばれるものとは異なるものである。

岐阜県の東部でヒノキの産地である加茂郡七宗町《ひちそう》の『七宗町史』（七宗町教育委員会・七宗町史編纂委員会編、七宗町、一九九三年）は、旧神渕村の事務報告のなかから、杉皮《すぎかわ》・檜皮《ひのきかわ》の出荷量を掲げている。それによると、明治三六年（一九〇三）には檜皮一〇〇坪、杉皮二〇〇坪、同三九年には檜皮七〇〇坪、杉皮三〇〇坪、同四二年には杉・檜皮合算で一七四〇坪、昭和九年（一九三四）には同じく杉・檜皮合算で一五九〇坪を出荷したことが記されている。なお一坪とは、一束ともいい、一坪（三・三平方メートル）の広さを覆うことができる量をいい、これを単位としていた。

檜皮は杉皮に比べると、耐久性は高いけれども、販売単価は同じとされた。岐阜県内の生産地は、昭和二八年（一九五三）の『岐阜県農林統計年報』によると、杉皮は郡上・武儀・加茂の各郡で、檜皮は加茂・恵那・武儀・養老の各郡で多く生産されていた。檜皮商が神渕村にはいたようで、明治一四年（一八八二）には犬飼幸介と渡辺慶五郎が、新規営業願を提出している。

写真は伐採されたスギから杉皮が剥ぎとられているところ。檜皮も同様にして剥ぎ取られる（近畿中国森林管理局提供）

岐阜県東濃地方の七宗山とよばれる尾張藩有林で、江戸時代後期の天保年間（一八三〇〜四三）に伐採が行われた。伐採箇所には樹皮が利用されるヒノキ・コウヤマキがあったので、神渕村百姓の奥田光次から、槙皮・檜皮を剥きたいと申し出た文書が『七宗町史　史料編』に収録されている。その文書によれば一人で一日に剥ぎ取る効率は、上木では一三〜一四貫目（四九〜五三キロ）、中木では六〜七貫目（二三〜二六キロ）、下木では五貫目（一九キロ）と、太く真っすぐで枝がなく取りやすい上木では一日一人当たり五〇キロ前後の檜皮が取れ、曲がりや枝が多く作業がし難い木では二〇キロに満たない量しか剥ぎ取れなかった。そして一本の木からは、上皮が三〇貫目（約一一三キロ）くらいは取れるが、伐採木の都合によっては正味一〇貫目（約三八キロ）くらいの量となることもあった。

檜皮《ひのきかわ》の格付けは、上物が「かたかわ（固皮）」、中物が「ひげかわ（髭皮）」、下物が「くろかわ（黒皮）」の三種である。コウヤマキ樹皮の格付けは、上物が「あめかわ」、中物が「くろかわ」、下物が「まぐそかわ」となっており、下物は剥ぎ取ったにしても放去《ほうりさ》る（投げ捨てること）とされており、檜皮でも同様に下物は破棄されたのであろう。これらの檜皮は屋根葺き用として用いられるが、別に内樹皮の部分の繊維からは縄（槙皮《まきはだ》）が作られ、木造船や風呂桶の板の透き間に詰める物として重宝されていた。

檜皮葺《ひわだぶ》きの始まり

神仏を祀る社殿や仏堂の屋根を葺く最も格式の高い技法として、ヒノキの樹皮を用いる檜皮葺《ひわだぶき》がある。これは厚さ三ミリほどのスギやサワラの板を重ねて葺くコケラ葺きという工法や、ススキやアシ等で葺く茅葺《かやぶき》などと同じ植物性屋根葺き工法の一つである。檜皮葺き屋根は優美な社殿や仏殿建築と調和し、わが国独特の典雅な姿をみせるのである。

檜皮葺きの最初の文献は、平安時代末期に叡山の僧侶皇円が著した歴史書『扶桑略記』（神武天皇から堀川天皇に至るまでの間の漢文の編年体）で、天智天皇七年（六六八）に建立された近江国の比叡山の山麓の崇福寺（廃寺）で、この寺の金堂や三重塔が檜皮葺きであった。天平宝字六年（七六二）の「正倉院文書」には、「雑材并檜皮及和炭納帳又藁等」との題がつけられた書類綴りがあり、そこには各地から採取された檜皮の記載がみえる。

二月九日　収納檜皮五十五圍　右三雲山より買う
　　　　　又収納檜皮六圍　右田上山山作所より
二月十一日　収納檜皮五圍　右田上山山作所より

天平宝字六年（七六二）三月七日の「正倉院文書」には、「檜皮葺僧房一宇　長さ二丈五尺、広さ一丈四尺」とあり、僧が起居する寺院の付属施設の家屋にも、檜皮葺きの屋根があったことが記されている。天平（七二九〜四九）のころには、法隆寺、大安寺、西大寺などの奈良の大寺では檜皮葺きが行われていたようである。養老三年（七一九）に藤原武智麻呂の創建と伝えられ、当時の建物が現存している奈良県五條市の栄山寺八角堂（天平宝字年間建立）や同県宇陀市（旧室生村）の室生寺の五重塔の屋根は檜皮葺きであり、当時からの檜皮葺きの構造が伝えられているといわれる。

また奈良時代の朝廷の諸宮殿も檜皮葺きであったと考えられている。

都が平安京に遷ってからの朝廷の宮殿も檜皮葺きであったようで、現在も京都御所には紫宸殿《ししんでん》や清涼殿《せいりょうでん》をはじめとして、いくつかの檜皮葺きの建物がある。神社では、賀茂別雷《かもわけいかずち》神社（上賀茂神社）、賀茂御祖《かもみおや》神社（下賀茂神社）、北野天満宮、八坂神社の社殿群など古い神社がある。寺院では延暦一四年（八〇五）に坂上田村麻呂によって寺が整えられた清水寺や、大報恩寺（千本釈迦堂）の本殿も檜皮葺きであり、遷都当時の面影が伝えられている。

檜皮葺きの工程と葺師の賃金

平安時代の初期、延喜五年（九〇五）に藤原時平・紀長谷雄・三善清行らが勅《ちょく》をうけ、時平の没後は忠平が業をつぎ、二二年後の延長五年（九二七）に撰進した律令の施行細則である『延喜式』の木工寮・葺工の条《くだり》には、檜皮葺きの工程が記されており、当時は盛んに檜皮葺きが行われていたことが示されているので、意訳して紹介する。

檜皮葺き　七丈の屋一宇は、葺く厚さは六寸、三尺の檜皮九〇〇〇圍（三尺三寸の圍となす）、釘縄一〇〇〇丈、葺工は七〇人、飛檐《ひさし》無きは七人を減じ、檜皮は八〇〇〇圍、縄八七五丈

七丈（約二一・二一メートル）の屋根一つで、葺く檜皮の厚さが六寸（約一八センチ）であれば、長さ三尺（九〇センチ）の檜皮が九〇〇〇圍と、釘縄一〇〇〇丈（三〇三〇メートル）必要であり、それに要する葺工

が七〇人必要であるというのである。そして飛檐《ひさし》が無いときには、葺工は一割の七人が減じられ、檜皮は一〇〇圍も少なくて済むというのである。なお一圍とは、周りが三尺三寸（約一メートル）に縛られた束のことである。

『源氏物語』二八帖「野分《のわき》」の巻には、「見わたせば、山の木どもも、吹き靡《なび》かして、枝ども、多く折れ伏したり。草むらは、更にいはず、檜皮《ひわだ》・瓦《かわら》、所々の立蔀《たてじとみ》・透垣《すいがい》などのようのもの、乱りがはし」と、台風の襲来した跡の荒れ乱れた檜皮が描写されている。天皇の御所や、光源氏のような公卿の館が檜皮葺きの屋根をもっていたことを描写したものである。撰者未詳の平安時代の史書『日本紀略』（神代から後一条天皇までの重要な史実を漢文の編年体で記す）の後一条の条《くだり》には、六位以下の者は檜皮葺きの屋を禁じられたことがみえる。

『落窪物語』（平安時代初期の物語。作者不詳。一〇世紀末成立か）二には「一条の大路に檜皮の桟敷《さじき》、いといかめしゅうして云々」と、『宇津保物語』（平安初期の物語、作者未詳、一〇世紀後半の成立か）吹上下には「檜皮葺きのみかど三つたてたり」とあり、同物語の藤原君には「四町の所を四つに別ちて、町ひとつに檜皮の殿《おとど》、廓《くるわ》、渡殿《わたどの》、倉、板屋など、いと多く建てたる」と御殿の檜皮葺きが記されている。

藤原道長の栄華を主とし、正編三〇巻は赤染衛門編とする説が有力な、仮名文編年体で記された歴史物語『栄花物語』一六の本雫には「まず築地をしこめて、三間四面の檜皮葺きの御堂、いとささやかに、をかしげに造らせ給ひて」とあり、檜皮葺きの御堂が造られたことが記されている。

農林省編『日本林制史資料　豊臣時代以前』（朝陽会、一九三四年）には、室町末期で戦国時代の幕開けとなるころの永正六年（一五〇九）一二月二一日の「高神社文書」の山城国綴喜郡多賀郷惣社の修理材を載せている。多賀郷は現在の井手町多賀である。修理用材に宮山明王寺山の神木を当てることのほか、檜皮や檜皮大工のことが記されていた。

一　檜皮之事　奈良に於いて之を買う

　　合せて六十駄　一駄六皮　四百八十文宛て

この宮では奈良で買った檜皮を地元の馬を整えて運び、造営は地元の男たちが、宮との関係で親疎の分け隔てなく順次行って終了した。檜皮葺きの大工は、奈良より檜皮師を頼み葺き終わったというのである。檜皮を奈良まで行って購入してきたというのであるから、春日大社や東大寺などの檜皮葺きの社寺がたくさんある奈良には、需要をみこした檜皮商人がいたものと考えられる。

前に触れた『日本林制史資料　豊臣時代以前』は、安土桃山時代末期の慶長二年（一五九七）三月二四日に発せられた四国土佐国の「長宗我部元親百箇條」という掟《おきて》を載せている。檜皮葺きのことは直接には記されていないが、檜皮師の賃米が他の職種とともに記されている。

一　大工、大鋸引、檜物師、鍛治、銀屋、塗師、紺掻、革細工、瓦師、檜皮師、かべぬり、畳指、具足細工等、右諸職人賃、一日上手者京升籾七升、中者籾京升五升、下手者籾京升三升、職人上・中・下之事は其の奉行人相尋る可き事

以上一三種の職人の日当は、その仕事ぶりを上中下にわけて支払うことにしていた。檜皮師もこの中に含まれており、かなりの頻度で檜皮葺きを行う仕事がなされていたのであろうと推定される。

高知藩では、寛文四年（一六六四）三月一三日に「山林諸木并竹定」という規則を発し、「杉、檜皮共、槻皮共、かや、槙皮共、楠」という六種の樹木は先年からの御留木であり、なかでも檜・槻・槙の三種には皮を含むことを周知させている（農林省編『日本林制史資料　高知藩』朝陽会、一九三三年）。これによれば、ヒノキでは立木はもとより、立木の皮をはぐことも藩の許可がなければ、行うことができなかったの

である。
檜の立木の樹皮を剥ぐといっても甘皮《あまかわ》（形成層）まで剥げはもちろん立木は枯れてしまう。したがって伐採と同様、立木としての成長は見込めないので許可の必要なことは当然である。この場合は甘皮部分を残して外皮のみを剥ぐ、いわゆる檜皮《ひわだ》の採取のことをいっているのである。

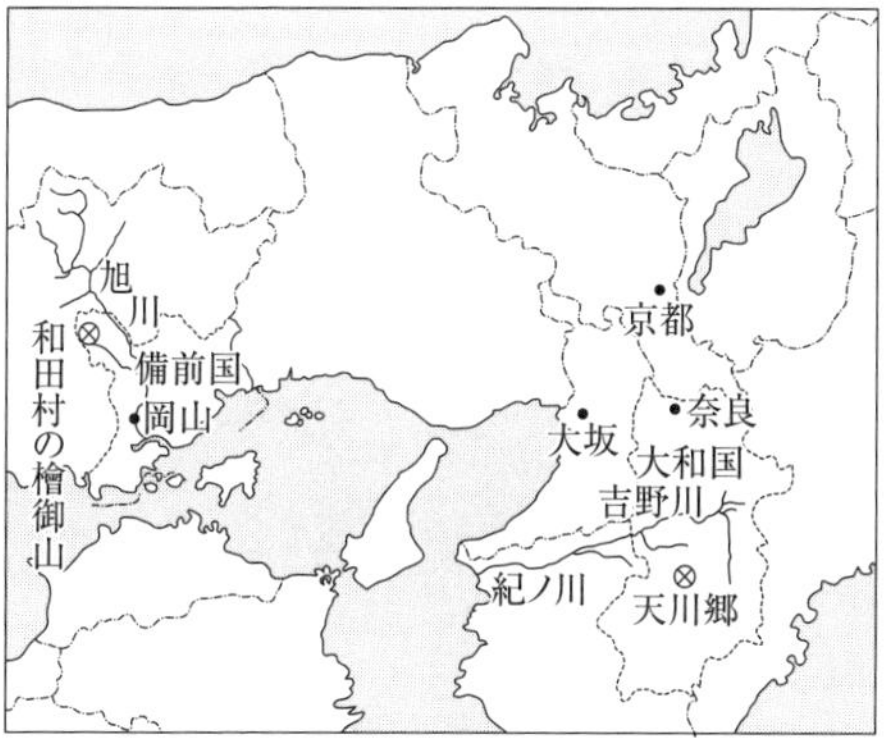

大和から備前岡山へ檜皮採りに

江戸時代には、大和国天川郷の人が、はるか離れた備前国の内陸まで檜皮採りに出かけていた。

農林省編『日本林制史資料　岡山藩』（朝陽会、一九三三年）の正徳二年（一七一二）一〇月の条《くだり》には、岡山藩の檜御林に大和国から檜皮を採取にきていたことが載せられている。「津高郡和田村檜御林に大和国の吉野の山田屋九兵衛の手代が八月より罷り越し、檜皮取り候につき、和田村の役人並びに山守は毎日見届をなすこと」とされ、この檜山での採取量は一丸《ひとまる》（樹皮を丸く束ねたもの一個分）八貫目（三〇キロ）のものが一五六丸（四六八〇キロ）であった。檜皮は藩の許可を得て行われたもので、その運上（檜皮採取者が納めるべき営業税）は銀一二四匁八分（四六八グラム）であった。津高郡和田村は現在の岡山県御津郡吉備中央町（旧加茂川町）和田であり、岡山藩の領土内では最も北部にあたっていた。

前掲の『日本林制史資料　岡山藩』に採録されている「備陽記」には、「津高郡之内奥分御林」として七カ所が記されている。そのうちに「和田村之内杉檜御林十六町六反三畝歩あり」との記述があり、ここの御林で檜皮が採取されたものとみえる。杉檜として生育している樹種が記載されているのは、この和田村の御林だけであり、他の六カ所は面積が記されているのみである。江戸時代に藩がかかえる御林は、明治になったときの版籍奉還によってほとんど国有林となったが、和田村の杉檜御林は現在では国有林ではない。

同檜山には優良なヒノキが数多く生育していたとみえ、前回より九年後の享保六年（一七二一）九月、前回の檜皮採取に同行していた茂兵衛が、檜皮一〇貫目（三七・五キロ）につき銀一匁（三・七五グラム）の運上を差し上げるので採取の許可をお願いすると、和田村名主あてに願が出された。名主は「先年、皮取り申し候以後、檜の品もよくなり申し候よう存じ奉り候て、仰せ付けらるる哉、伺い候」と添え書きし、役所へと申請している。

さらに一〇年後の享保一六年（一七三一）八月、今度は大和国の天川郷川合村の山師三郎介・清介・長介が檜《ひ》皮《わだ》採取にきた。このときの運上銀は、檜皮一〇貫目（三七・五キロ）につき銀一匁二分（三・九〇グラム）であり、前回の運上銀銀一匁にくらべ、二〇％も値上がりしている。六年後の元文二年（一七三七）二月に、またもや大和国天川村佐右衛門がきて、先年のように運上銀を差し出し、檜皮を採取したのである。

これにより大和国には、檜皮採取を職業としている人があったことがわかる。大和国天川村佐右衛門たちは誰に頼まれたのか不明であるが、大和国には檜皮葺きの屋根をもつ古い神社などが数多く存在している。そのため、檜皮の需要が相当あったので、檜皮採取の職人に対して途切れることなく出動が要請されるという職人の需要もあったのであろう。

それにしても遠方である。立木から剥いた檜皮は、まず岡山県の中央部を流れる旭川までの約一〇キロを牛馬の背で運び、旭川は川舟で四十数キロを下って、河口からは海運で大坂まで運ばれたとみるのが順当であろう。運搬費用だけでも相当な負担であろうが、大和国の原皮師《もとかわ》が備前岡山の山奥まで、檜皮採取の足をのばさなければならないほど、畿内では八〇年生以上のヒノキ立木が減少していたと考えられる。

刑罰もある高野山の檜皮採り規則

江戸時代、真言宗本山の金剛峰寺（現和歌山県伊都郡高野町高野山）は、紀伊国伊都郡と那賀郡に七五〇〇石という領土をもつ領主で、高野山の頂上部分にある寺院集落を取り囲む広大な山林を寺領としていた。その山林からは、明治期には高野山の檜といってほぼ銘柄化されていたほど、優良なヒノキ材を産出していた。江戸時代にはそれらのヒノキ林から、檜皮が剝《む》かれ、寺の修理用として用いられていた。

金剛峰寺は、寺領のヒノキ林からの檜皮採取について寛政五年（一七九三）に「中渡之事」として、檜皮採取を行う西ケ峯村、林村、平原村、南村、柏原村という五カ村に、山札、檜皮剝ぎ取りの開始時刻、採取した檜皮を結束する材料、槙皮など一三カ条を申し渡した。そして、これらの条々をかたく守り弘法大師へのご奉公と心得て、山林を守るようにと付け加えている。さらに享和二年（一八〇二）二月にも、「檜皮槙皮剝出條々」との定《さだめ》を発している（農林省編『日本林制史資料　江戸時代　社寺領・金剛峰寺領』朝陽会、一九三三年）ので、これに基づき、意訳しながら紹介する。

この文書は冒頭に「中渡之事」として、この文書が発せられることとなった由来を第一条として記している。金剛峰寺領の摩尼《まに》庄はわずかに田畑のみであるため、渡世に難渋しているので、古来から厳しい御禁制があるといえども、寺領山林での山稼《やまかせ》ぎを許してきた。しかし、その趣旨をわきまえず、みだりに山林に入り込み、種々の不法の働きをしていると聞き、一々召し捕り沙汰をなすべきところ、畢竟《ひっきょう》愚昧の百姓どもである故、これまで不法の働きは堪忍の沙汰をもって宥免《ゆうめん》（罪を許すこと）されたところである。これによって、今後は家稼ぎとする檜皮剝ぎならびに槙皮拾いを申し付けるので、有り難く御請《おうけ》すること。もっとも檜皮は剝ぎ出した分は、その時その時に役所にて買い上げ、剝ぎ出し賃を渡す手筈である、というのである。

檜皮筋條々

一 檜皮剝出しの儀は、摩尼庄西峯村、林村、平原村、南村、柏原村右五カ村へ申し渡し、檜皮札二十枚相渡し置き候事

一 檜皮剝出し候者ども随分立木を痛めずように剝取り、直皮など剝取り候儀は決して相成らず事に候。なおまた剝出した皮を粗末に致さずよう念を入れ申すべくの段、五カ村の者ども申合わせ、不埒のこと無きよう致すべく候。尤も山掛り役人の毎事の見分があり候ども、もし直皮など剝ぎ候立木有るに於いては、檜皮稼ぎの者ども一統重科を申付けるべく候間、互いに吟味致すべく申し候事。

一 檜皮剝出しの時分は、八月一日より三月晦日まで山入り申し付け、四月一日より七月晦日までは山入り停止され候。尤も山入りの節は、一日に山札廿枚宛て相渡し、山入り申付け候間、五カ村の者ども申し合わせ、山入り廿人の外は相成らず候。近来間習と号し定法の外山入り致す者有る由相聞こえ候、以来右様の儀有るに於いては曲事となすべく候事。

一 檜皮剝出し山入りの儀は、朝五つ半迄に役所に相詰め、面々請取りおり候檜皮札差出し、山札と取替え致すべく、山入り晩七つ時に役所へ山札相戻し、自分所持の札受取り帰村致すべく候事。

　但し、山入り致し場所は七口の役人より指図を受け申すべく候事。

一　此の方の山は勿論、相渡し置き候檜皮札紛失候時は、過料となし銀一枚差出し申すべく候事。
　附《つけた》り、檜皮札破損及び候時、吟味の上仕替えに申付ける可き筈に候事。

一　檜皮の荷の小棒は役所に於いて相改め、極印を致し遣わす上は、永く用い申すべく、もし仕替え候時は右の棒一緒に役所へ持参致し申すべく、相改め候上極印致し遣わす筈に候。万一棒を紛失致し仕替えの儀を申し出候ども、紛失の訳相立ち申さず時は、その年中山入り差留め申すべく筈に候事。

一　檜皮括り候ものは葛あるいは縄等を所持致し申すべく、六木の外雑木にて括り候儀は勝手次第、六木の生皮にて括り候儀は決して停止候事。

一　檜皮剝出し賃の儀、御修理方直段の定めもある儀故、慈愍の沙汰を以て掛目十貫目に付き二匁二分宛てに相定め候事。

一　檜皮札親両人は、上五カ村にて二人相定め置き申すべく、尤も親両人へは世話料となす十貫目に付き一分宛て差し遣わす筈に候事。

一　御修理用檜皮剝出しの儀は、是れまでの通り相心得るべく、且つまた口々役所にて札取替えの儀は勿論、時刻并びに荷棒括りものに至るまで前段の通り相心得るべく候事。

　　（槙皮筋定々は略）

　右の定々きっと相守り大師明神へご奉公と相心得山林大切に守護致すべく申すもの也

　　享和二年戌二月　　　　　　　　　　　　年　預　坊　判

　　　　　　　　　　　　　　　　　　　摩尼庄　七カ村中

このように、一〇カ条にわたって細かに規定しているのである。

第二条は檜皮を採取するにあたっては、立木を傷めないように剝ぎ取り、直皮《じきがわ》つまり木質部に直接くっついている形成層を含む皮は、決して剝ぎ取らないことと、厳重に注意している。形成層から皮を剝ぎ取ると、木質部が剝き出しになり、材を傷めるためであり、ぐるりと幹の周りを剝ぎ取ったときには、その樹は枯れてしまう。それだから、直皮の剝ぎ取りがあれば、檜皮剝ぎで山稼ぎ（山仕事で世渡りすること）の者たち全員に、重い罪と罰を申し付けるというのである。檜皮剝ぎの仕事をしている者全員というところに、その刑罰の重さが感じられるのである。

第三条は檜皮の採取時期を定めたもので、八月一日から翌年三月末日までに採取し、四月一日から七月末日までは山に入らないこととされた。また檜皮剝ぎは二〇人と決めているが、見習いと称して山に入りこむ者がいると聞こえているが、このようなことがあれば違法者として処分するというのである。

第七条は採取した檜皮を束にする材料について定めたもので、クズやフジあるいはツヅラフジなどのツル性植物か、稲藁を持参して束ねることとされた。束ねる材料が無くなっても、六木の生皮でくくることは禁止するが、六木以外の雑木で束ねることは勝手次第だというのである。六木とは、高野六木といわれる高野山で禁制とされている樹木で、スギ、ヒノキ、コウヤマキ、モミ、マツ、クリのことをいう。

そして第八条は檜皮剝ぎの賃金を、檜皮を秤《はかり》ではかった目方が一〇貫目（三七・五キロ）につき、銀二匁二分（八・二五グラム）と定めたのである。

高野山金剛峰寺は、金剛峰寺と数多くの子院（宿坊）から成りたっており、それぞれ寺も子院も檜皮葺きの屋根をもっていたので、最後の条に「御修理用檜皮」との文言が見られるように、常時二〇人もの人手を使い修理用の檜皮を集めていたのである。

原皮師の仕事と剝ぎ取りの周期

檜皮を採取する人を原皮師《もとかわし》という。

原皮師は、樹齢七〇年以上のヒノキの立木から、木を傷めないように、白い木肌の上にある赤い樹皮を一枚残し、上側の部分を剝ぎ取っていく。立木の根元の方からはじめ、木べらを使って順次めくり上げながら、ロープで幹に体を固定させ、枝のため皮がむけなくなるところまで剝ぎのぼっていく。原皮師は、ときには皮を剝ぎながら二〇メートルもの高さまで上ることがある。ヒノキ立木から初めて剝がされた皮は荒皮とよばれて品質は良くなく、二度目に得られるなめらかな皮は黒皮とよばれて良質の檜皮である。

ヒノキ立木から、皮が採取できる期間は七月から翌年四月ごろまでとされているが、九月の彼岸から春の彼岸までだとする人もある。立木への影響を防ぐためで、幹が盛んに太る期間には採取をしないのである。樹皮を剝がされたヒノキ立木は、美しい赤い肌をみせる。そして成長しながら、樹皮を再生していくのである。一度樹皮を剝がした立木から、次に樹皮が得られるまで、およそ八～一〇年という長い年月が必要となる。

樹齢100年を超えるヒノキ立木。こんなヒノキから皮を剝いでいく。

立木からの檜皮《ひわだ》採取が終わると道路までおろし、長いまま「ワク」の中に一尺（三〇センチ）程度の高さに積み上げ、束にして竹の定規《じょうぎ》で測りながら、大切り包丁で二尺五寸（七五・八センチ）の長さに裁断する。

著者も林業科の高校生のとき、檜皮を採取されたヒノキ林を見たことがある。岡山県の東北部にあたる美作台地にあった高校への行き帰りに通る峠には高齢のヒノキが二〇〇本ほど生育しているヒノキ林があった。樹齢八〇年くらいだと聞いていた。高校二年生のときだったので、昭和二九年（一九五四）の冬、いつも見慣れた黒々とした幹が、みな赤々となんだか明るくなっていた。最初の皮が剝がされたあとであった。そのときは、皮を剝ぐと、ヒノキが良く太るからだと、聞いたように記憶している。当時は、剝ぎ取った樹皮を、屋根葺きに用いるということまでは知らなかった。

檜皮葺きは京師にあり江戸はなし

江戸時代に檜皮葺きはどんなところで行われていたのかについて、喜田川守貞がその著『守貞漫稿《もりさだまんこう》』巻之三「家宅」の檜皮葺の項で次のように記している。この著書は、全三〇巻・後編四巻あり、自ら見聞した風俗を整理分類し、図を加えて詳しく説明したもので、近世の風俗研究に不可欠の書物である。江戸時代後期の嘉永六年（一八五三）に一応の完成をみるが、以後も加筆されている。明治末期に『類聚近世風俗志』の書名で刊行された。

『山城名勝志』に、鳴滝村の条に「南長尾保古文書」を引きて云ふ、ここに成多喜堂修理料檜皮捌《はち》拾井（八〇圍）「注に曰く、最上五尺井縄定」直銭捌貫分（直銭八貫分なり）代宛行《あてが》はる、檜皮大夫紀恒弘なり、云々。拾井価壱貫文なり。一井は方五尺五つを云ふか。今世は、檜皮および柿《こけら》瓦《がわら》とも一坪代某と云ふ。一坪は方六尺なり。

今世、京師の御所および官家はもとよりその他も、京坂《けいはん》の大小の社祠《しゃし》皆必ず檜皮葺なり。江戸は大城・大社とも檜皮ぶきさらにこれなし。たまたま社祠の檜皮ぶきと云ふもただ名のみにて、実はそぎ板ぶきの精《こまか》なるのみ。柳営および上野の親王家、その他社祠ともに、多くは銅をもって土瓦の形を模造したるを用ふ。また京坂銅ぶきこれなし。往々市民の廂《ひさし》等これを用ふるあるのみ。

（喜田川守貞著・宇佐美英樹校訂『近世風俗志（守貞漫稿）一』岩波文庫、一九九六年）

『守貞漫稿』はまず正徳元年（一七一一）に刊行された『山城名勝志』（大島武好編、二一巻三〇冊）は葛野郡鳴滝村（現京都市右京区鳴滝）のくだりで、ここにお祀りされている成多喜《なるたき》堂を修理するための資材として、檜皮を八〇圍（井）買い求めたことを引用している。檜皮は品質が最上のもので、五尺（一・五メートル）の縄が囲む大きさであるとの定《きまり》となっていた。その価額は八貫文であった。

ついでだが、鳴滝《なるたき》は御室《おむろ》御所といわれる仁和寺の西にあり、御室川がここで瀑布となり、とうとうと落ちる水音が遠くまで聞こえたというので鳴滝の名となった。砥石《といし》の名産地で、刀剣の研磨用として、むかしは大いに利用された。

堂の屋根を葺いた檜皮大夫は紀恒弘《きのつねひろ》であったと、屋根職人の名前まで記録している。大夫《たゆう》とは、本来は官人の五位の人をいうが、この場合は技能集団の長のことを称しているのである。堂の大きさが分からないが、檜皮葺きは一人でおこなったのではなく、何人かの組みによって葺かれていた。その頭になる者が、紀恒弘であったのだ。

今世とは、『守貞漫稿』が著された時代のことである。

ついでに、京坂とは京師《けいし》と浪華《なにわ》を合わせて略したもので、当時は俗にこう呼んでいた。現在でも京阪という呼び方をしている。しかし『守貞漫稿』は、京坂と記しているが、専ら五畿《ごき》（五畿内のことで、つまり大和・山城・河内・和泉・摂津の五カ国をいう）とその近国《きんごく》（近江・丹波国など）にかかっており、江戸と記しているものでも山東諸国（いわゆる関東地方か）に及ぶことがあるという。

檜皮葺きが行われるのは、京の都の御所および官家《かんけ》（貴人の家または公家）はもちろんのこと、そのほか京坂の大小の神社や祠はすべてである。

江戸では、江戸城も大きな神社でも檜皮葺きのものはない。たまたま神社や祠に檜皮葺きというものがあるが、それは名だけで、実際はソギ葺き（サワラ・ヒノキ・スギ・クリ材を薄く剝いだ小さな板をソギといい、これで屋根を葺いたものをソギ葺きという）が細かに丁寧にされたものである。徳川将軍家および上野の寛永寺の親王家、その他の神社や祠とも、みな銅板で土瓦の形を模造したものが用いられている。京坂では銅板で屋根を葺いたものはない。ときどき市民が廂《ひさし》などに用いることがあるのみだと記している。

『守貞漫稿』は檜皮葺《ひわだぶ》き建物の一部として社祠をあげているが、社とは神社のことで、祠は神を祀る小さな建物のことである。同書は檜皮葺きの建物は、朝廷に関わるものと、神社に関わるものとを挙げているが、実は京都の清水寺のように寺院建築でも檜皮葺きは行われている。寺院建築では、山口市の国宝に指定されている瑠璃光寺の五重塔のように、五重塔や三重塔に檜皮葺屋根をもつものが多い。

檜皮葺き屋根の葺き方

檜皮葺きはまず原皮師が採取した樹皮を、それぞれの用途別に整理する皮拵《かわぞろ》えから始まる。下仕事あるいは皮切りともいわれる。二尺五寸（約七五・八センチ）に切り拵えられた束を解き、荒皮、腐れ皮、ねじれ皮等の悪い皮を取り除き、平皮、上目皮、道具皮、軒付け皮等に拵える。この工程を洗皮という。それから規定通りに、切ったり繕《つくろ》ったりして、一般的には長さ七五センチ、先端の幅一五センチ、後ろ側の幅一〇・五センチ、厚さ一・五～一・八ミリほどの、ちょうど貴族がもつ笏《しゃく》のような形にする工程がある。これを綴皮《つづりかわ》という。

重厚で流れるような優美な曲線を描く檜皮葺きの屋根（京都の清水寺本堂）

檜皮葺きは専門の葺師が行う。屋根の下側から、上に向かって一・二センチずつずらしながら檜皮を葺いていく。まず最初に軒付けから始める。軒の裏板に蛇腹板（サワラ材で、厚さ一・二〜一・五センチ、幅七〜八センチ、長さ三〇〜四〇センチ）を斜めに釘で留める。下からみると、蛇の下腹のようにざらざらした仕上げになっている。

板よりも高級なものに、檜皮の厚皮を使った共皮蛇腹というものがある。寸法は板とほぼ同じである。一般的なものとしては、裏板（サワラの赤身の無節材で、幅一〇センチ、厚さ一・八センチ、長さ三〇センチ）がある。軒付け裏板は、裏甲《うらこう》という軒回り化粧材から一〇センチ出して、後ろを釘留めして固定する。この上に軒付け皮を建物の規模に応じて積み上げ、竹釘や鉄釘を打ち込み固定する。

積み上げたあと木口《こぐち》を手斧《ておの》で軒面を揃《そろ》えたあと、軒付け上に水きり銅板を打ち、あらかじめ揃えてあった上目皮を打ち付け、この上に平葺皮（長さ七五センチ、幅八〜一〇センチ）を並べながら葺き足を一～一・二センチとし、長さ三・六センチの平葺き用竹釘を一・五センチごとに前後二筋にわたって打ち付け、軒まで繰り返し葺きあげる。隅の部分は雨水の滞留によって傷みやすいため、入念に葺かれる。

檜皮葺きに使われる竹釘は、かつてはマダケ（真竹）を使い、葺師《ふきし》自らが作成していたが、現在では専門の職人によって作られ、素材もモウソウチク（孟宗竹）が多く使われるようになった。檜皮葺きに使われる竹釘は、一坪（三・三平方メートル）当たり平葺きのところで二四〇〇～三〇〇〇本という膨大な数量が必要となる。

檜皮《ひわだ》の厚さは一〇センチほどであるが、軒先は建物の優美さを出すため数十センチの厚さとする。檜皮が葺き上がると、軒受けのための品軒《しなのき》の積みを完了させ、両端に鬼瓦を据え、それから熨斗積《のしつみ》などの瓦を葺き完成である。このようにして葺かれた檜皮葺きの屋根は、軒先を厚く見せて重厚感を醸し出していながら、美しい肌、ゆるやかで軽快な屋根の曲線を形作り、品のある表情で、私たちの心を和ませてくれる。

檜皮葺きの重さは一平方メートル当たり二〇キロである。これは桟瓦《さんがわら》葺きの六〇～一〇〇キロ、本瓦葺きの二〇〇キロに比べると、相当な軽さである。

檜皮葺き屋根は植物で葺かれているため、小動物による被害がおこりやすい。平成二二年六月一日付けの『朝日新聞』は、国宝に指定されている山口市の瑠璃光寺の五重塔（高さ三一・二メートル）の最も高い五層目の軒先に、昨年一二月に直径二〇センチほどの穴が開いているのがみつかり、今年三月に修復した。山口市教育委員会保護課は、同寺周りに多くみられるムササビがかじって穴を開けた可能性が高いとみていると、伝えていた。

檜皮葺き屋根をもつ代表的社寺

檜皮葺きの神社や寺院は数多くあるが、そのなかでも良く知られた社寺の代表的な建築物を西から順に掲げてみる。国宝指定の瑠璃光寺五重塔は前にふれたので省略する。

太宰府天満宮本殿・回廊　福岡県太宰府市
出雲大社本殿　島根県出雲市大社町
厳島神社諸殿　広島県廿日市市厳島
吉備津神社本殿・拝殿　岡山県岡山市吉備津
北野天満宮　京都市上京区馬喰町
賀茂別雷神社（上賀茂神社）　京都市北区上賀茂
賀茂御祖神社（下賀茂神社）　京都市左京区下鴨
京都御所紫宸殿・清涼殿　京都市上京区
清水寺本堂・奥の院　京都市東山区五条坂の上
住吉大社本堂　大阪市住吉区住吉町
大報恩寺（千本釈迦堂）本堂　京都市上京区
知恩院大方丈　京都市東山区
八坂神社諸殿　京都市東山区祇園町
大神《おおみわ》神社拝殿　奈良県桜井市三輪山
金峰山《きんぷせん》寺本堂（蔵王堂）　奈良県吉野郡吉野町
室生寺五重塔　奈良県宇陀市室生
善光寺本堂　長野県長野市

檜皮葺きの代表的な建造物の一つ、京都の清水寺本堂

富士山本宮浅間大社本殿　静岡県富士宮市

ここに掲げた社寺など一八カ所の内訳は御所一、神社一一、寺六である。神社一一のうちに、律令制で定められた一宮《いちのみや》の七カ所が注目をひく。一宮には、神社の格式をきめる基準の文献資料はないが、律令制では国司が任国の神社を巡拝する順序が決められており、一宮の起源はその順番からきたというのが通説のようで、成立の時期は一一〜一二世紀とされている。

檜皮葺き屋根の美しい社寺のうち、神殿の代表として賀茂別《かもわけ》雷《いかずち》神社を、仏殿として清水寺を簡単に紹介する。

賀茂別雷神社（上加茂神社）は、京都で最古の神社で、その歴史は『続日本紀』（六国史の一つ。延暦一六年＝七九七年に撰進）の文武二年（六九八）までさかのぼる。賀茂社は、もともとは賀茂県主《あがたぬし》一族を祀る社であったが、奈良時代に国家的規模の尊崇《そんすう》をあつめることになり、やがて下社が分立され、上下二社として、平安時代には伊勢神宮に次ぐ重要な位置を占めた。『源氏物語』の「葵《あおい》」の帖には、上賀茂神社の斎院の御禊《みそぎ》の日におこなわれた行列に参加した光源氏の姿を見ようとする葵の上と、六条御息所《みやすどころ》の車争いが描写されている。

広大な社域のほぼ中央を流れる御手洗《みたらい》川を囲むように、数多くの社殿が建っている。現存する本殿・権《ごん》殿《でん》はいずれも文久三年(一八六三)に造営された建物で、三間社流造《さんげんしゃながれづくり》である。春日造《かすがづくり》とならんで神社建築の基本形式である流造《ながれづくり》形式の典型的な姿を伝えるものとして、建築史的に重要で、いずれも国宝に指定されている。本殿・権殿ともに正面中央の一間だけを板扉とし、他はすべて板壁である。屋根は切妻檜皮葺きで正面の屋根を葺きおろして向拝《こうはい》としている。本殿・権殿を囲むかたちで、若宮社、御供所、神饌所、祝詞《のりと》所などがあり、境内を流れる御手洗川には橋殿があり、その左右に細殿と土屋がある。いずれも檜皮葺きの屋根をもっている。

清水寺は京都の東山三十六峰の一つ音羽山(清水山)の中腹に位置し、懸崖《けんがい》造りの本堂中央部につくられた清水の舞台が、ことに有名である。清水寺の創建は奈良時代にはじまり、宝亀九年(七七八)に奈良の僧賢心が夢のお告げでこの山にたどりつき、ここで修行していた老人に出会い、庵《いおり》を託されたのが始まりであるとされる。賢心はのちに、ここを訪れた坂上田村麻呂と出会い、田村麻呂の援助を得て、延暦一七年(七九八)に千手観音を安置する堂を建てた。弘仁元年(八一〇)に鎮護国家の道場となった。『枕草子』は「さわがしきもの」として清水寺をあげ、『梁塵秘抄』は観音が霊験をあらわす筆頭の寺として挙げている。中世には争乱、兵火や落雷でしばしば炎上し、文明元年(一四六九)には塔を除いて伽藍のほとんどを焼失した。再建されるが、江戸時代初期の寛永六年(一六二九)再び大火に見舞われ、本堂をはじめ伽藍の多くを焼失した。その後、徳川家光の命により、本堂ほか多くの建物が再建され、現在の寺観をとりもどした。

本堂は斜面に迫り出した舞台をもった檜皮葺きの優美な曲線の建物で、奥の院も檜皮葺きの屋根をもつ建物である。本堂は舞台を支える数十本の支柱と、大屋根から流れ落ちるような檜皮葺きの曲線が、見事な調和をみせている。なお清水寺本堂の背後にあり、清水寺と一体となっている地主《じしゅ》神社の本殿も朱塗りの柱と、檜皮葺きの屋根をもっている。

檜皮不足で文化財の葺き替え繰り延べに

わが国の国宝や重要文化財などの檜皮葺きの建物の屋根は、檜皮の耐久年限とされる三〇〜四〇年の周期で適宜葺き替えられ、建物を風雨から守ってきた。いま国宝・重要文化財の建物は全国に約三六〇〇あるといわれ、文化庁文化財部によると、国宝・重要文化財に指定されている檜皮葺きの建物は全国で約七八〇〇棟だという。京都市内には、そのうちの約二割にあたる一五〇〇棟があり、檜皮葺き建物が全国で一番多い地域である。別に全国には檜皮と柿《こけら》の両方で葺かれた建物が約一三〇〇棟あり、他に文化財に指定されていない檜皮葺き・柿葺きの建物が一五〇〇棟あるともいわれている。

平成一一年（一九九九）五月一七日の『朝日新聞』島根県版によると、島根県松江市の県指定文化財真名井神社で進行中の本殿修理事業が一般公開され、約九〇人が大社造りの檜皮葺き屋根の葺き替えを見学した。真名井神社は、一六六二年の建築で、古さでは同じく大社造りで国宝に指定されている神魂《かもす》神社（松江市大庭町）に匹敵する。檜皮葺きは長さ七五センチ、幅三〇センチほどのヒノキの皮を重ねて約五センチの竹の釘を打って止めていく。職人は、竹の釘を二〇本近く口の中に入れ湿らせて、一本ずつ舌で送り出しては打ち付けており、訪れた人びとは興味深く見ていた。今後は、虫害で崩れかけている縁まわりや、柱の修復をする予定だという。

檜皮葺きの屋根をもつ神社や寺は数多いが、材料となる檜皮の不足や檜皮葺師の減少もあり、文化財に指定された建築物の修理がままならないのが現状である。

文化庁文化財部によると、国宝と国重要文化財に指定されている檜皮葺きの建物について、平成一四年（二〇〇二）までの一〇年間に行った調査では、年平均二六棟で合計四四五〇平方メートルの葺き替えが必要であった。一平方メートル葺くのに必要な檜皮を立木に換算すると約〇・五本となるので、檜皮採取可能なヒノキ立木が年間二二二五本必要で、檜皮採取の周期を八年とすると一万七八〇〇本のヒノキ立木が必要となる。

文化庁の調査では実際に葺き替え可能なものは、檜皮の量と人手からいって、一九棟三二〇〇平方メートルで、棟数で七三％、屋根の広さで七二％であった。残りの約三〇％が次へ繰り越すことになり、およそ三〇年ごとの葺き替えが先送りにされることになり、文化財の建築物の修理に赤信号が灯りはじめたと考えられている。

檜皮葺きの屋根の建造物をもつ社寺では、境内に生育しているヒノキ立木から、自家用の檜皮採取が行われるようになり、それが新聞の記事として報道されている。

平成一〇年（一九九八）秋に来襲した台風一五号で、スギの大木が国宝の五重塔に倒れかかり、大きな被害をうけた室生寺（奈良県宇陀市室生）では、台風禍から一年後の平成一一年九月から五重塔の屋根を葺く檜皮の採取がはじまった。「境内の参道沿いに樹齢一〇〇年以上のヒノキの大木が並んでいる。檜皮をむく原皮師《もとかわし》とよばれる職人がロープを木に巻いて体を支えながら、長さ五〇～六〇センチの棒状のヘラをヒノキの表面に入れて、はぎ取る。檜皮をはいだ後の表面は鮮やかなピンク色となる。作業したのは谷上社寺工業（本社・和歌山県橋本市）の四人。熟練のいる仕事だ。谷上晃社長（五二）は、『昔、原皮師は個人で仕事をしていたが、今は会社で養成している。なり手がすくなく、どこも困っている』と話す」と平成一一年（一九九九）九月一七日付け『朝日新聞』奈良県版は伝えている。

兵庫県姫路市書写の書写山円教寺でも平成一二年（二〇〇〇）二月に、境内のヒノキ立木から檜皮が採取された。原皮師としてただ一人国の選定保存技術保持者に指定されている大野豊（六七）さんが、仁王門の近くにある樹林で、一三年ぶりの採取を開始したと同年二月二日付け『朝日新聞』兵庫県版は伝えた。大野豊は「書写山の檜皮は、しなやかで上級品」だと評価している。

文化庁は木造建造物の屋根を葺く材料となる檜皮の供給量が少ない現状を改善しようと、檜皮の供給量の増加をめざして、平成一八年（二〇〇六）度から全国の樹齢八〇年以上の民有林を調査し、山林所有者に檜皮採取の協力をもとめる事業をはじめている。檜皮の採取については、これまでは皮を採取すると、ヒノキ立木の成長に大きな障害になるという根拠のない風評があるため、採取がきわめて困難な状況にあった。最近では、採取するためのヒノキ林を提供する団体も出てきはじめている。

檜皮を供給する世界文化遺産貢献の森

国有林は樹齢八〇年以上のヒノキの人工林や天然林をもっている。林野庁の近畿中国森林管理局は伝統的木造建造物を後世に伝えるため、全国に先駆けて平成一三年（二〇〇一）度から必要な檜皮や木材の供給・原皮師《もとかわし》の養成のための場所を提供することなどを目的として「世界文化遺産貢献の森」を近畿地方や中国地方に設定した。近畿地方では京都市内の東山の清水寺の裏山（高台寺山国有林）や鞍馬山国有林など五二〇ヘクタールがあり、中国地方では広島県の厳島（廿日市市）にある宮島国有林などに設けられている。

檜皮の供給などを目的として設定された「世界文化遺産貢献の森」の一つ、京都・清水寺の背後の高台寺山国有林。

宮島では「世界文化遺産貢献の森」が設けられるより先の平成一〇年(一九九八)に、檜皮の採取が行われた。同年一〇月一四日付け『朝日新聞』広島県版には、「世界文化遺産・厳島神社がある広島県宮島の国有林で、台風で被害をうけた同神社の屋根の修理に用いる檜皮を採るため、古い外皮が採取された。檜皮葺きに適したヒノキの確保が難しくなっており、全国でも初めて国有林から採ることになった。実際に使われるのは、新しくできる皮という」との記事が掲載されている。

京都の東山、ことに清水寺の裏山にあたる高台寺山国有林では、檜皮を供給するだけでなく、檜皮を採取する原皮師《もとかわし》の養成の場としても活用されることになっている。この国有林にほど近い清水寺や三年坂の街並み保存地区のある東山区清水に、平成一五年(二〇〇三)に京都市が原皮師や屋根葺師などの養成研修や講習会が行える施設である「文化財建造物保存技術研修センター」を設置しており、実地研修の場として利用されている。

文化庁でも平成一三年（二〇〇一）から、文化財建造物の修理に必要な原材料の確保のため、「ふるさと文化財の森構想」を立ち上げ、文化財の資材確保のための調査研究や、文化財修理関連技能者の養成研修をするための施設の建設を進めている。

社団法人全国国宝重要文化財所有者連盟では、後継者の育成を兵庫県氷上郡山南町（現丹波市）の研修所で、文化財修理屋根技能士の研修を実施している。二年を一期として、平均四人の研修生が、一般教養の講義と原材料の採取方法および施工の実技について研修を受けている。これまでは原皮師と屋根葺師は完全な分業であったが、最近ではこの研修所で実習した技術を生かして、屋根葺師が原皮師を兼ねる人も増えてきている。

檜皮は丹波産が最良

檜皮といっても採取する地方によって、善し悪しがある。伊藤ていじ監修の『聞き書き・日本建築の手わざ　第一巻　堂宮の職人』（平凡社、一九八五年）で、一六歳から家業の檜皮剝きの修行をはじめた小林金治（大正一三年生まれ）は次のようにいう。

問　それから、ずっと剝いて、あちこち行かれたんでしょうけど、各地の特徴とか、木の皮の良否とか、そういう話はございますか。

小林　まあ、神社や寺から個人持ちの山ですね。静岡、遠州森町、それと遠いところは岐阜の奥、長良川の上流ですね、紀州の高野山へも行きました。奈良県一円。京都府一円。滋賀県の湖西方面の堅田のあたり。京都府相楽郡から丹波まで行きますがね。兵庫県は但馬から播州あたり全部まわります。

問　材料的にみて、やはり丹波皮というのが一番よろしいですか。
小林　とにかくここの皮には粘りがあります。力があります。どうしても東海の方は皮がさくい（裂け易い）ですね。（中略）紀州の方は、皮が固いですね。潮風があたる加減かどうか、その点はっきりわからんですけどね。京都ないし丹波が一番とりやすいし、皮がよろしいですわね。職人さんに仕事してもらうときに、肌ざわりがいいということですね。この丹波の皮は、製品もしたがってよく出来るということですね。

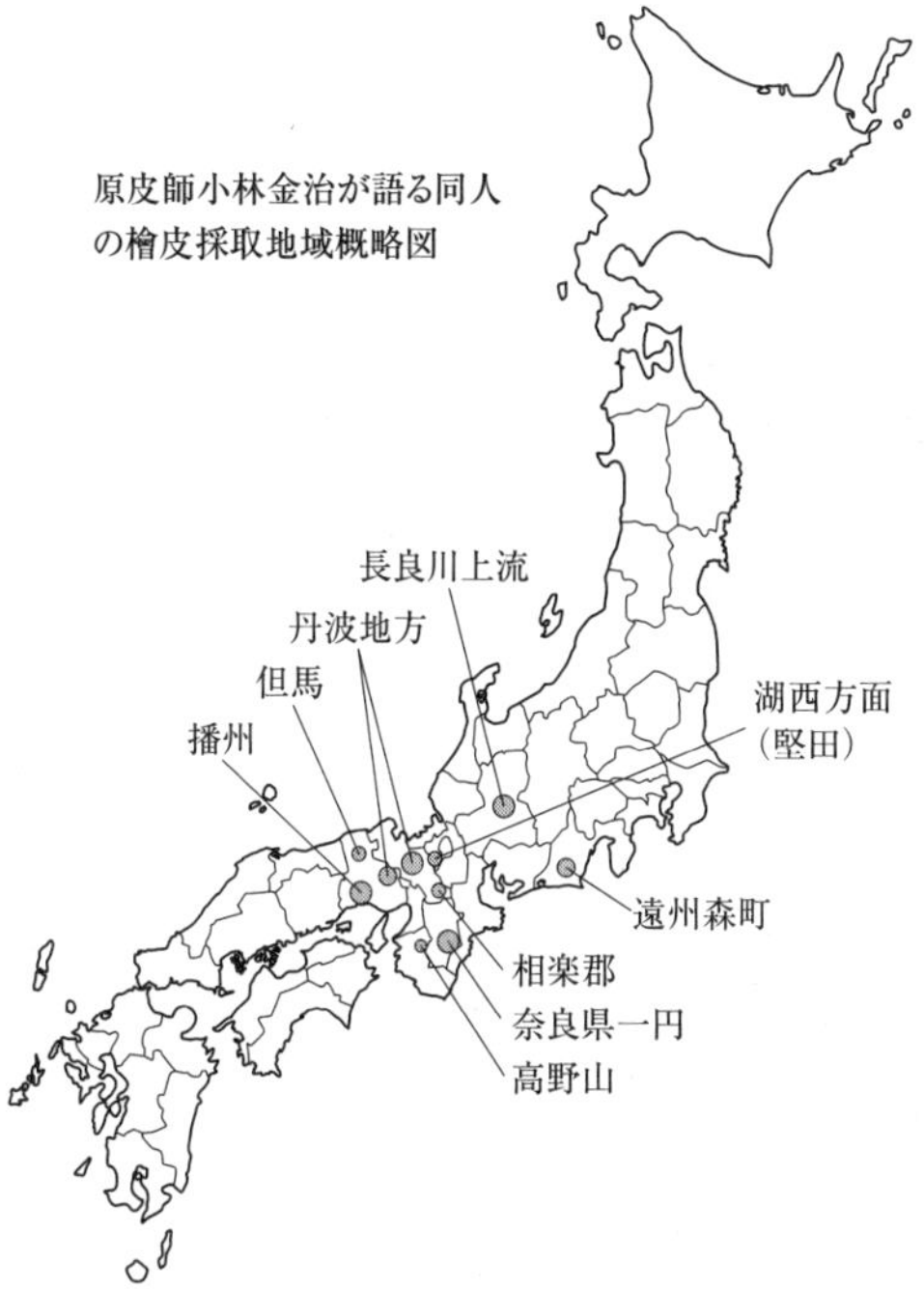

原皮師小林金治が語る同人の檜皮採取地域概略図

小林は一日の採取量について「木にもよりますし、山の地形にもよりますが、一日にだいたい一七～一八貫（六三・七五～六七・五キロ）とれるんです。皮が厚ければ二〇貫（七五キロ）もとれる。大きな木なら、三本くらい剝きます」と言っている。檜皮の原皮代金はだいたい四〇貫（一五〇キロ）で二〇〇〇～三〇〇〇円（昭和六〇年ごろ）だという。檜皮は、剝く人の工賃や宿泊費がかかるので、山主の収入は多くない。

ヒノキ立木から剝ぐ樹皮であるが、生育地の気候・土壌などの土地柄の違いなのか、それぞれ違いがあり、丹波地方（京都府・兵庫県）の檜皮がもっとも良質だとされている。檜皮には重い皮と軽い皮があって、重い皮が耐久力がある。脂気が多くて、黒肌がよい。丹波産檜皮は黒皮といわれ、耐久力がある。現在の檜皮の生産地は、丹波地方が最も多いが、大阪府能勢町・河内長野市、滋賀県の大津市・蒲生町（現東近江市）、日野町などである。採取場所は、神社、寺院の境内林と山林、一般の人が所有している山林等である。

ヒノキ樹皮は、屋根葺き材料とされるように、腐りにくいという特徴がある。ヒノキ材を扱っている製材所などでは、大量のヒノキ樹皮が排出されるが、野焼きもできず、腐りにくいために堆肥にもならず、厄介物としてほとんどが焼却処分されてきた。

まだ少量ながら、厄介物のヒノキ樹皮を活用する二つの方法が考え出されているので紹介する。

一つはヒノキ樹皮で雑草の発生を防ごうとするものである。平成一一年（一九九九）一一月七日付けの『朝日新聞』高知県版は、「建設省土佐国道工事事務所は、高知県内産ヒノキの樹皮を使って、雑草が生えてくるのを防ぐ実験を始めた。処理が難しく、やっかいものとされてきたヒノキの樹皮の再利用と、除草作業の省力化に向けた試みで、効果を確認ののち、積極的に実用化していく方針だ」と伝えている。これは間伐材を使った遊歩道などを開発している高知市北竹島町の「エス・エス」（坂本守正社長）が、県の森林技術センターと協力して活用策を考案したものである。

檜の樹皮から和紙を作る

もう一つは、ヒノキ樹皮と同じく製材工場から排出されるスギ樹皮とあわせて、和紙を製造するというものである。奈良県林業試験場の伊藤貴文と植《うえ》和紙製造の植貞男の二人が共同で開発したもので、「スギ

（ヒノキ）皮和紙製造技術の開発とその普及」は平成六年（一九九四）の第四〇回林業技術賞を受賞している。同論文を要約しながら紹介する。

伊藤貴文は学生時代から「スギ・ヒノキの樹皮を和紙の原料にする」というアイデアを温めていた。職場の奈良県林業試験場で昭和五七年（一九八二）から、スギ・ヒノキの樹皮の利用法を検討しており、その最低条件として、①これらの樹皮に含まれている繊維を積極的に利用し、付加価値の高い製品を製造する、②大掛かりな装置化は避ける、③現存する市販品との競合は避ける、という三点を考えた。

スギ・ヒノキの樹皮には、平均繊維長が三ミリ近くある強靭な靭皮《じんぴ》繊維が豊富に存在している。この靭《じん》皮《ぴ》繊維から「スギ（ヒノキ）皮和紙」（以降「スギ皮和紙」と略す）を製造するのだが、外樹皮が混入すると繊維をばらけさせることが不十分となり、ざらついた粗雑な紙にしかならない。内樹皮と外樹皮との分離は、〇・二〜〇・五％の蓚酸《しゅうさん》アンモニュウム水溶液で煮沸処理することで、良好な結果が出た。

紙の色は、技術的に白い紙を造ることは可能だが、製造コストがかさむし、白い紙は特徴付けが難しい上に従来のコウゾやミツマタの和紙と競合することになる。そこで樹皮自体がもつ着色成分を利用して「スギ皮和紙」を、色紙に仕上げることにした。亜塩素酸ナトリウム等の漂白剤の使用と、鉄イオンを含む塩化第二鉄などの水溶液に樹皮パルプを浸漬《しんせき》（液体にひたすこと）することで、幅広い色のバリエーションが容易につくり出せることがわかった。

「スギ皮和紙」の強度は実験の結果、針葉樹木部クラフトパルプなど他の繊維を混合することで解決でき、引き裂きに要する力は、スギ皮単独のものよりも格段に向上し、改善された。ほかの繊維を混入しても、「スギ皮和紙」の最大の特徴である温かみのある色彩や、手触り感が大きく変化することはなかった。

研究の開始から実験室レベルでの開発を終えるのに、約三年を要した。

そして実用試験に入り、平成四年（一九九二）植和紙製造で実地の紙漉きを行った。色紙（二五センチ×二七センチ）約一〇〇〇枚、大判の書道用紙（一三五センチ×三五センチ）約五〇〇枚を漉いた。樹皮は奈良県吉野郡吉野町の製材所から乾燥重量で約一五キロのスギ・ヒノキの樹皮を確保し、しゅう酸アンモニユウムの水溶液で煮沸処理したのち、内外の樹皮分離をおこなった。その後、内樹皮のパルプ化、叩解《こうかい》（樹皮を叩いて紙に漉けるよう繊維を解《と》きほぐすこと）、漂白・鉄イオン処理等に一人作業で一・五日かかり、抄紙（紙を漉《す》く作業）に一人作業で二・五日かかり、乾燥に一人作業で一日かかり、製造は終了した。

植和紙製造で以前から抄紙している宇陀紙（コウゾを主とする和紙）の製造と比べても、製造効率は劣らなかった。販売は、問屋を通じて、あるいは地元の吉野山の土産物店で販売を行った結果、たしかな手ごたえがあった。同年にもう一度、同程度の抄紙試験・販売を行ったが、「スギ皮和紙」の利益率は、コウゾ和紙と同等か、それ以上で、経営面でも十分になりたつことがわかった。「スギ皮和紙」は、裏打ちした色紙、葉書、名刺などに商品化され、順調に売上を伸ばしている。吉野杉のイメージを全面に打ち出すため、「吉野・スギ皮和紙」と命名されている。

第九章　ヒノキのブランド材を生産する林業地

ヒノキ人工林の多い県

ヒノキ材生産を主目的とした林業地は、スギ林業地と比べ相当に少ない。スギ林業地は古くから日本海側にも富山県のボカ杉林業地や鳥取県の智頭《ちづ》林業地など数多く存在しているが、ヒノキ林業地は太平洋側に片よるという特徴をもっている。ヒノキがやや乾燥したところを生育適地としてることと、雪にたいする抵抗力が弱いことが原因している。天然ヒノキ林は主として長野県木曽地方と、岐阜県東部で木曽地方と接する東濃および飛騨地方である。

ヒノキ人工林の全国での面積は二五二万九〇〇〇ヘクタールで、スギの四五三万六〇〇〇ヘクタールの五六%となる。

少し古いが、平成七年（一九九五）三月末の林野庁資料から、県別のヒノキ人工林面積が一〇万ヘクタール以上の県をみると次のようになる。比較のためスギの人工林面積を共に掲げる。ヒノキとスギの面積下のカッコ書きはそれぞれの県の人工林面積に対する比率（%）である。

ヒノキ人工林面積一〇万ヘクタール以上（単位は千ヘクタール）

（県）	（ヒノキ人工林面積）	（スギ人工林面積）	（人工林面積計）
高知県	二一七（五五％）	一五八（四〇％）	三九一
岐阜県	二〇九（五四％）	一二三（三二％）	三八四
静岡県	一四四（五〇％）	一一三（三九％）	二八七
岡山県	一三〇（六五％）	四六（二三％）	二〇〇
愛媛県	一二二（四九％）	一一六（四七％）	二四八
和歌山県	一二一（五四％）	九六（四三％）	二二三
熊本県	一一一（三八％）	一六〇（五五％）	二八九
三重県	一一〇（四七％）	一〇二（四四％）	二三四
鹿児島県	一〇六（三八％）	一六二（五五％）	三〇八
広島県	一〇四（五四％）	五六（二九％）	一九四
以上一〇県の計	一三七四（五二％）	一〇二一（三八％）	二六五八
全国合計	二五二九（二四％）	四五三六（四四％）	一〇三五五

ヒノキ人工林面積が一〇万ヘクタールを超えた府県は、この一〇県であり、その合計面積は約一三七・四万ヘクタールで、全国のヒノキ人工林面積の五四％を占めている。一方、この一〇県でのスギ面積の合計は約一〇二・一万ヘクタールで、全国スギ人工林面積の二三％である。このことから、ここにあげた一〇県が主たる人工林から産出するヒノキ材の生産県ということができよう。さらには大面積のヒノキ天然林をもつ長野県を忘れることはできないので、あわせてヒノキ材生産県は一一県となる。なお、長野県の

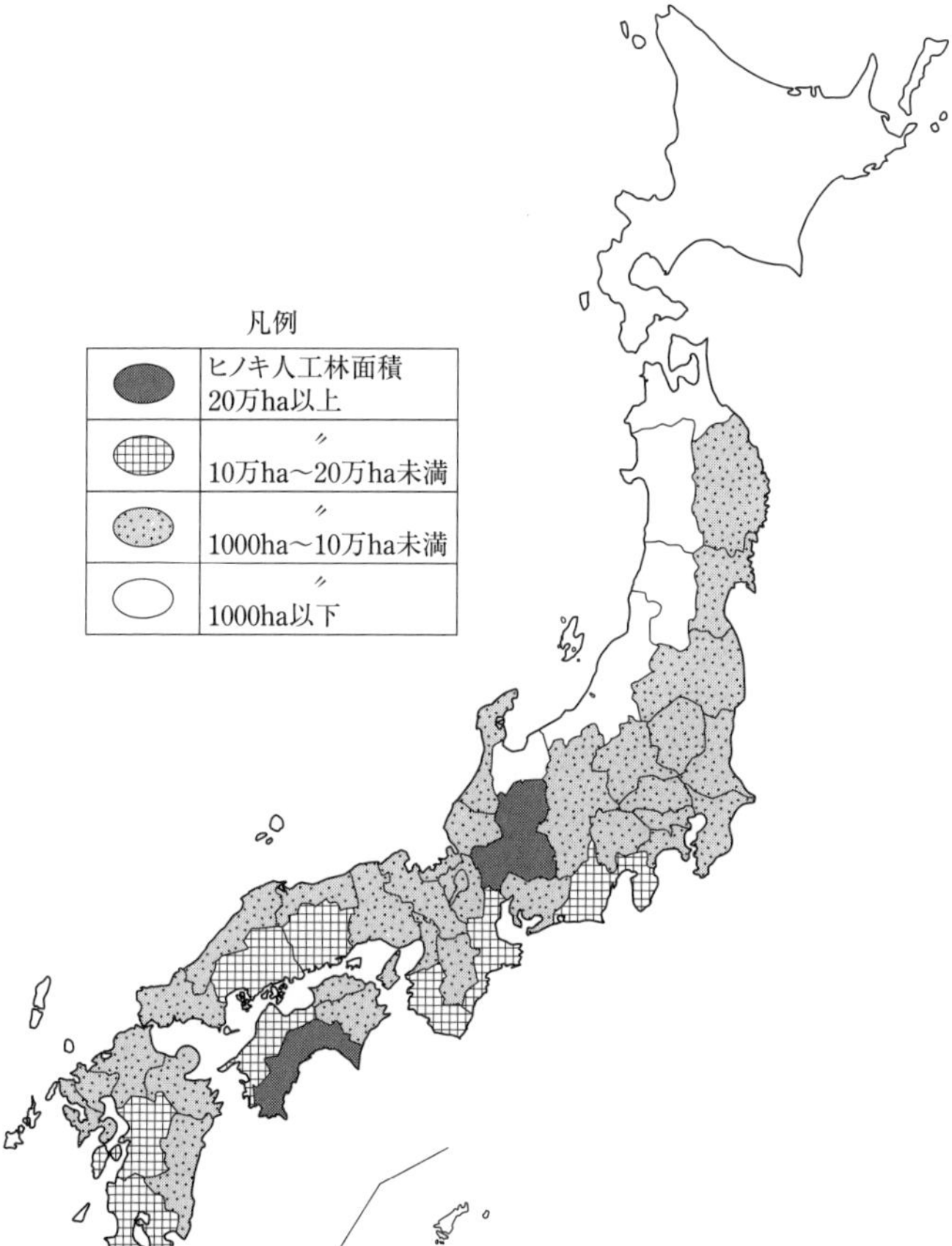

ヒノキ人工林面積の都道府県別分布状況
（平成７年３月末の林野庁資料から作成）

ヒノキ人工林面積は七万六〇〇〇ヘクタールであり、全国でのヒノキ人工林面積の順位は一三位である。また、スギの人工林面積が一〇万ヘクタールを超える府県は二〇県であり、スギ人工林面積が最大の県は秋田県の三六万九〇〇〇ヘクタールで、その府県の数もヒノキの倍以上である。スギと比較すると、針葉樹で用材生産を目的とする人工林だが、スギに比べてヒノキの造林割合が少ないことがわかる。

ヒノキの人工林面積が一〇万ヘクタールを超える県は、いずれも太平洋側に位置する県であり、それも西の方に片寄っていて、ヒノキの天然分布とほぼ重なるような配置となっている。前に掲げた一〇県のうちスギの面積がヒノキの面積を超えている県は、熊本県と鹿児島県の二県で、他の八県はいずれもヒノキの方がスギを上回っている。ついでにヒノキ人工林面積が、スギのそれを上回っている府県を掲げる。単位は千ヘクタールで、ヒノキ人工林面積の後のカッコ内にスギ人工林面積を記す。

山梨県四三（二七）、長野県七六（六〇）、愛知県六七（五二）、大阪府一二（八）、山口県八三（六七）、香川県一四（二）、長崎県七〇（三二）、以上の七府県である。

ここで良質の吉野ヒノキの産地である奈良県の状況をみると、奈良県では良質の吉野スギも産出している地方であり、スギの方（五八％）がヒノキ（四〇％）と一八ポイントも大きく、どちらかと言えばスギ林業地の方に傾斜している県である。

人工林ヒノキ材をブランド化する

江戸時代からヒノキ材の産地として知られた地方のヒノキは、いずれも天然林から産出しているものである。天然ヒノキの産地には、長野県木曽地方、岐阜県の飛騨および裏木曽地方、高知県の嶺北地方（白髪山）などがある。高知県の白髪山の天然ヒノキは、現在ではほとんど産出しない。全国的にみて資源の

谷頭付近で良好な生育を示すヒノキ人工林。他の地域との差別化をはかることで販売を企てている。

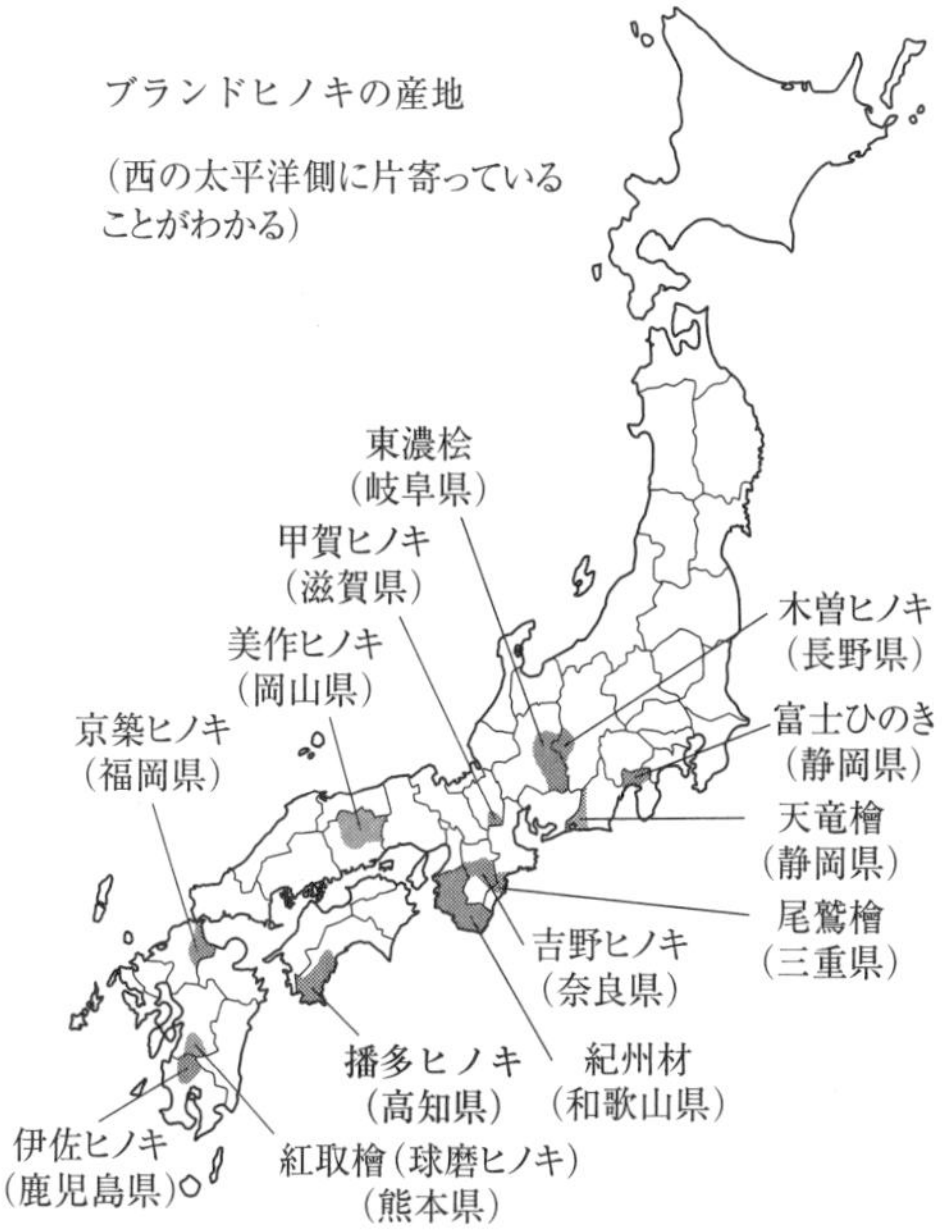

ブランドヒノキの産地
(西の太平洋側に片寄っていることがわかる)

減少が著しい天然ヒノキだが、木曽地方や裏木曽地方から、継続的にわずかながら産出している。

天然ヒノキに代わるものとして、近年に至り人工林ヒノキが銘柄として売り出されはじめた。銘柄、つまりブランド物とされるヒノキ材の産出地はおおよそ次の地域と見られ、各県の林業担当課に資料の提供をお願いした。それぞれの地域が自分の地域名を名付けた材を銘柄・ブランド材として売り出している。産出地についての筆者の予備知識が不十分で、かつてはブランド材として好評を得ていたが、資材が減少して現在では産出していないところもあった。とりあえずはじめに見当をつけたところを、東から順に掲げる。

なお、木曽ヒノキは天然生ヒノキのことをいい、ここに取り上げるヒノキブランド材は木曽ヒノキを除き、すべて人工林から産出する材である。ヒノキのブランド銘柄は、それぞれの地域によって、ヒノキという樹種名の表記法を違えており、「ひのき」「檜」「ヒノキ」「桧」という四種もの区別が生じている。まぎらわしいことだが、各地方はそれによって差別化を図っているので、本書でもそれぞれの表記法に従った。

ヒノキのブランド材とその産出地方

① 静岡県の富士山南麓の富士ひのき
② 静岡県西部の天竜川周辺の天竜檜
③ 長野県木曽地方の木曽ヒノキ（天然ヒノキの銘柄）
（岐阜県側のいわゆる裏木曽も含むこともある）
④ 岐阜県東南部の東濃《とうのう》地方の東濃桧
⑤ 滋賀県甲賀市甲賀町を中心とした一帯の甲賀《こうが》ヒノキ
⑥ 三重県尾鷲《おわせ》市と東牟《む》婁《ろ》郡の尾鷲檜
⑦ 奈良県吉野地方の吉野ヒノキ
⑧ 和歌山県下の紀州材（ヒノキとスギを区別しない）
⑨ 岡山県津山市を中心とした地域の美作《みまさか》ヒノキ
⑩ 高知県内のヒノキを総称して土佐ヒノキ（白髪《しらが》ヒノキ、大正ヒノキ、魚梁瀬《やなせ》ヒノキなどの区別があるが、
いずれも天然ヒノキの銘柄である）
⑪ 福岡県築上郡・京都《みやこ》郡を中心とした地域の京築《けいちく》ヒノキ
⑫ 熊本県人吉市紅取《べにとり》地区の紅取檜（球磨ヒノキ）
⑬ 鹿児島県の伊佐《いさ》地方の伊佐ヒノキ

江戸時代からヒノキ林業地として知られた地域は、天然林では長野県木曽地方と高知県嶺北地方（県北の香川県境寄りの地方のこと）で、人工林では奈良県吉野地方と三重県尾鷲地方である。これら四つの林業地以外の地域は、近年に至り徐々にその銘柄が知られるようになった。ヒノキブランド材の産出地域とその材の特長などを次に簡単に紹介していくが、木曽地方については別の章で述べたので、本章での紹介は省略する。

静岡県下の富士ひのきと天竜檜

わが国最大のシンボルである富士山を南北に区分すると、北側は山梨県、南側は静岡県となる。富士山の南麓には三島市、沼津市、裾野市、清水町、長泉町、御殿場市、小山町、富士市、富士宮市、芝川町という六市四町が展開している。それら富士山南麓の地域全体の面積は一三万五六八〇ヘクタールで、森林率は七二％であり、そのうちヒノキ人工林の面積は約三万ヘクタール（国有林を除く）に及ぶ。

富士山南麓の民有林のヒノキ人工林は、ほとんど戦後の静岡県政の重要事項としてはじまった林業開発事業の大規模拡大造林によってできあがった。戦後の静岡県は、さきの戦争による増伐とともに、戦後復旧材供給のための増伐によって森林資源はきわめて減少していたことと、台風などによる風水害の防止のためにも荒廃した森林を復旧させることが重要だと考えた。そこで、荒廃した森林の回復と将来の木材需要に対応するため、昭和二七年（一九五二）から同三〇年にかけて箱根山林業開発事業を実施し、約六九〇〇ヘクタールもの造林をおこなった。この事業が、静岡県民の造林意欲を向上させ、山林復興も軌道にのった。引き続き、昭和三一年（一九五六）から三四年（一九五九）にかけて、富士山の南麓に富士山麓林業開発事業を実施し、ヒノキを主体に約六一一〇ヘクタールにわたる造林を完成した。

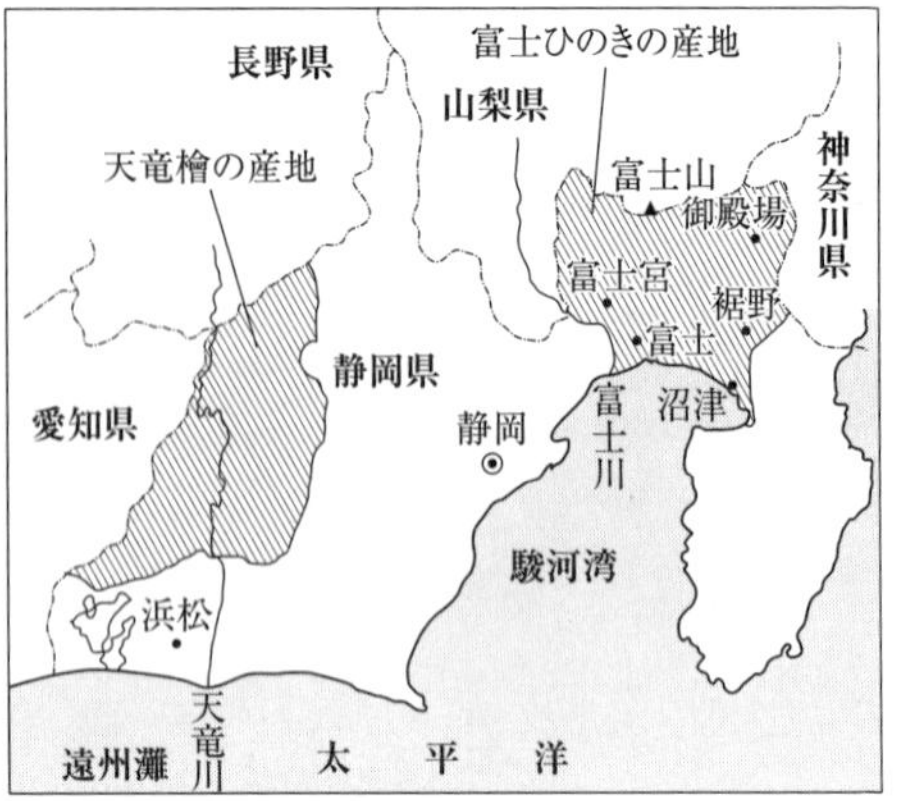

富士ひのき・天竜檜の産地概略図

この事業で造林されたヒノキ人工林が収穫期に達し、産出・加工されたヒノキ材が良質であったため、「富士ひのき」と命名され、ブランド材として取引されるようになった。

地元では「富士ひのき」は、富士山の火山灰地質の土壌による生育の遅さのため頑丈に育っており、木質がしっかりしているため堅くて強く、耐久性、保温性、調湿性にすぐれる最高の木材だと宣伝している。そのうえ美しくて香りもよいという。富士ひのきは、霊峰富士の「幸福を招く神木」を冠にかかげてブランドを売り込んでいる。

静岡県ではもう一カ所、県の西部に天竜檜というブランドをもっている。

現在の浜松市域は平成の大合併によって旧浜松市とともに、かつては浜北市、天竜市、引佐郡全域の三つの町、磐田郡佐久間町、水窪町、龍山村、浜名郡舞阪町、雄踏町という天竜林業地が一つになった広大な地域で、区域の面積一五万一〇〇〇ヘクタール、森林面積一〇万三〇〇〇ヘクタール（森林率六八％）、民有林の人工林面積六万二〇〇〇ヘクタール（民有林の人工林率七六％）という広大なスギ・ヒノキ等の人工林を擁している。

明治以来、日本全国の林業地帯の模範として天竜林業とよばれ、吉野・尾鷲とともに三大優良林業地の一つとなっている。造林樹種はスギ六八％、ヒノキ二六％、マツ等六％となっている。この地域では、山麓から山頂にいたるまで、スギやヒノキがよく植えられている。天竜林業はややもするとスギ林業地とみられるが、実際にはおよそ二万六〇〇〇ヘクタールものヒノキ人工林をもち、スギもヒノキも優良材を生産できる地域なのである。

この地域から生産されるヒノキ材は、天竜檜と称されている。

天竜檜の特長は、油分が多く水に強く腐りにくい、美しい光沢と特有の芳香がある、虫がつきにくい等、建築材料として使う場合の優れた性質をもっていることが挙げられる。

岐阜県東南部地域の東濃桧

岐阜県下の東部地域は東濃地方とよばれ、「東濃桧」というヒノキの銘柄材を産出している。東濃とは藩政期の国名である美濃国の東部にあたるという意味で、ここは別に裏木曽ともいわれ、天然林に生育したヒノキを木曽ヒノキとして流通させてきた。木曽ヒノキの生産・流通に支えられ、現在の東濃ヒノキ林業地へと発展してきたのである。

現在「東濃桧」といわれているものは、岐阜県東部の飛騨川、木曽川、矢作川の上流で生産されるヒノキ材である。行政区域では、中津川市、恵那市、下呂市、加茂郡（白川町、東白川村、七宗町、八百津町）、武儀郡（武儀町、上之保村）の三市六町村である。

岐阜県は高知県に次いで全国第二位のヒノキ人工林（面積は一七万四〇〇〇ヘクタール）をもっている。この造林実績は明治三二年（一八九九）ごろより始まった岐阜県独自の「植樹奨励事業」で、大正一四年（一九二五）までに六万四二〇〇ヘクタール余の造林を達成している。東濃地方では町村がその受け手となり、加茂郡や益田郡では大規模林家が受け手となっていた。森林法の改正により、公有林の施業案が編成されたことから、その後計画的にヒノキが造林されてきた。この資源造成が、東濃地方の立地的条件と

岐阜県東濃桧の宣伝パンフレット表紙

あいまって良質な資源を醸成したのである。

　東濃桧の発展経過は、戦前の御料林による木曽ヒノキを中心とした素材（丸太）販売により、東濃地方には家内工業的な木工業が成立していたことがまずある。戦後にいたると、木曽ヒノキを中心とする素材販売量は増加したが、良材は名古屋に流通し、地元では中級品を原木として枕木、土台等を加工していた。昭和三〇年（一九五五）代にはいり、製材業界が原木を木曽ヒノキから明治後期に造林された人工林ヒノキへと転換し、これにより今日の「東濃桧」を主体とする建築材の供給地へと発展してきた。

　東濃地方の製材業は、昭和三〇年（一九五五）代中ごろから高度経済成長と木材の需要増を背景に、規模を拡大しながら多彩に既製品を生産し、名古屋市場への販売を拡大して製材産地の性格を強めてきた。三〇年代後期にいたり、大量の供給をみるようになった人工林ヒノキを基盤に、二〜三のヒノキ柱角専門業者が出現し、首都圏市場への販路拡大を開始した。

　昭和四〇年（一九六五）代になって首都圏では、ヒノキを中心とした国産良質材の需要が伸びた。東濃地方のヒノキ柱角専門業者は、このような首都圏の動向をとらえ、役物《やくもの》（品質良好で高価格で販売できる品物）を中心に木柄をそろえ、「東濃桧」の商標を積極的に用い、継続的な出荷をはかる販売方法をとった。この結果、四〇年代前半には首都圏市場に「東濃桧」の銘柄が確立したのである。

　東濃地方は、古くからヒノキを中心に林業が編成されていた。とりわけ木曽ヒノキは貴重材であるため、生産・販売にあたっては品質や規格をよく吟味する習慣があり、木取り技術が発達していた。このため人工林ヒノキの生産・販売にあたっても、素材の仕入れ、加工、製材品の販売は木曽ヒノキの代替えという志向のもとに統一され、十分に吟味・仕分けされた結果、地域的に平準化された品質・規格をもって品揃え、供給することができた。この地方から生産される人工林ヒノキの素材は、品質が揃っていないため、「東濃桧」の製材業者は、価格・品質競争に対処するため、素材仕入れはまず良質材を選び、可能なかぎり役物を製材するという姿勢を貫いてきた。

昭和五九年(一九八四)ごろには、市場に出されている東濃桧は、「東濃ヒノキ」「東濃檜」「東濃桧」という三種類の表記で商標が使用されていたが、現在では産地銘柄化を確立するため、商標は「東濃桧」に統一されている。現在、東濃桧という銘柄化した木材商品を生産する上での特徴は、①原木市場で丸太を厳選する、②柱材製品の狂いを少なくするため樹心が中心にくるよう粗挽《あらびき》する、③仕上がりの含水率を一五〜二〇%とするため人工乾燥を行う、④高度な仕上げ挽きによって面取り加工と材面のブラッシングを行い艶のある柱や鴨居などを生産する、⑤東濃産の桧製品であることの証明となる認定マークとJASラベルを製品に貼付し、その品質と性能を保証している。

材を生産する側では「東濃桧」の産地銘柄化を図るため、「東濃桧」を生産する地域(主産地)を設定し、主産地の材の生産目標を定め、それを達成するための育林体系が整備されている。主産地は冒頭に記した飛騨川、木曽川、矢作川上流の三市六町村で、森林面積は一九万二〇〇〇ヘクタールである。従来からこの東濃桧の主産地では、優良材生産技術の普及が徹底している。ヒノキを生産する側の認識としては、東濃桧とは主産地から産出するヒノキの総称であり、きわめて良質の材から並材までを含めたものである。

そのうち、代表的な良質材とは、①通直で、②幹の断面が正円、年輪幅は二〜三ミリ、③材の色はピンク色で艶があり、④節が無いか、あっても小さくて少ない、⑤材の香りが高い、⑥材に粘りがある、という六つの特徴をもっている材だとされている。このような材の出現を高めることが、人工林の育成目標とされたのである。この目標に向けて岐阜県では育林技術を体系づけている。

藩政時代から伝統のある尾鷲檜

三重県尾鷲《おわせ》市とその東部地域で尾鷲檜を産する林業地は、尾鷲林業地とよばれている。その範囲は、広義では三重県の南部で熊野灘に面した尾鷲市と、北牟婁《むろ》郡紀北町（旧海山町と紀伊長島町）の民有林のヒノキ主体の人工林地帯をさしているが、ぐっと狭義では尾鷲市内の旧尾鷲町の私有林林業を意味しており、藩政時代からヒノキの商品生産を行ってきた伝統的な尾鷲材の生産地をいうとされている。

尾鷲林業地のヒノキ材の特長は、木質が硬く、木理がよく詰まって強度も強く、油分に富み、光沢が強く、節が少なくて木肌《きはだ》が美しいことにある。これらは、おもにヒノキが生育している山地の土壌が浅く痩せていることと、気候がほとんど雪を見ないという温暖さと、平地でも年平均四一〇〇ミリを超える雨量の多さで、夏〜秋材（晩材）の成長が活発に行われるためにつくりだされたものである。

「尾鷲材といえば、現在ではヒノキの心持ち小角材に代表されるが、この地方での林業がはじめられた初期の段階ではスギが主体で、酒樽用材となる樽丸生産も行われていた。そののち、ヒノキの割合が増加してくるが、そのころの尾鷲材は土台、通し柱として、その耐朽性・長さが賞用されていたもので、今のように一般建築用材としての名声は、大正の初期にかちえたとも、関東大震災の後であったともいわれている」と、笠原六郎は「尾鷲林業技術史」（『林業技術史　第一巻　地方林業編上』日本林業技術協会編・発行、一九七二年）で分析している。

尾鷲林業の技術上の特色は、ヒノキの良質な心《しん》持ち柱材の生産を目標に定め、体系的な労働集約型の育林施業を地域ぐるみで実行していることである。具体的には、良い苗木を一ヘクタール当たり六〇〇〇本から一万本ぐらいを高い密度で植え、下刈り、除間伐、枝打ちなどの手入れをていねいに行う手入れ方法である。しかも地域ぐるみで行ってきたことで、先進地の名に値する。もう一つの特長は、そのようにして育てられた材が、直接地元の製材工場で最高の役物《やくもの》商品として慎重に製材され、すべてが製品の形で、関東、中京、関西へと出荷されていることである。

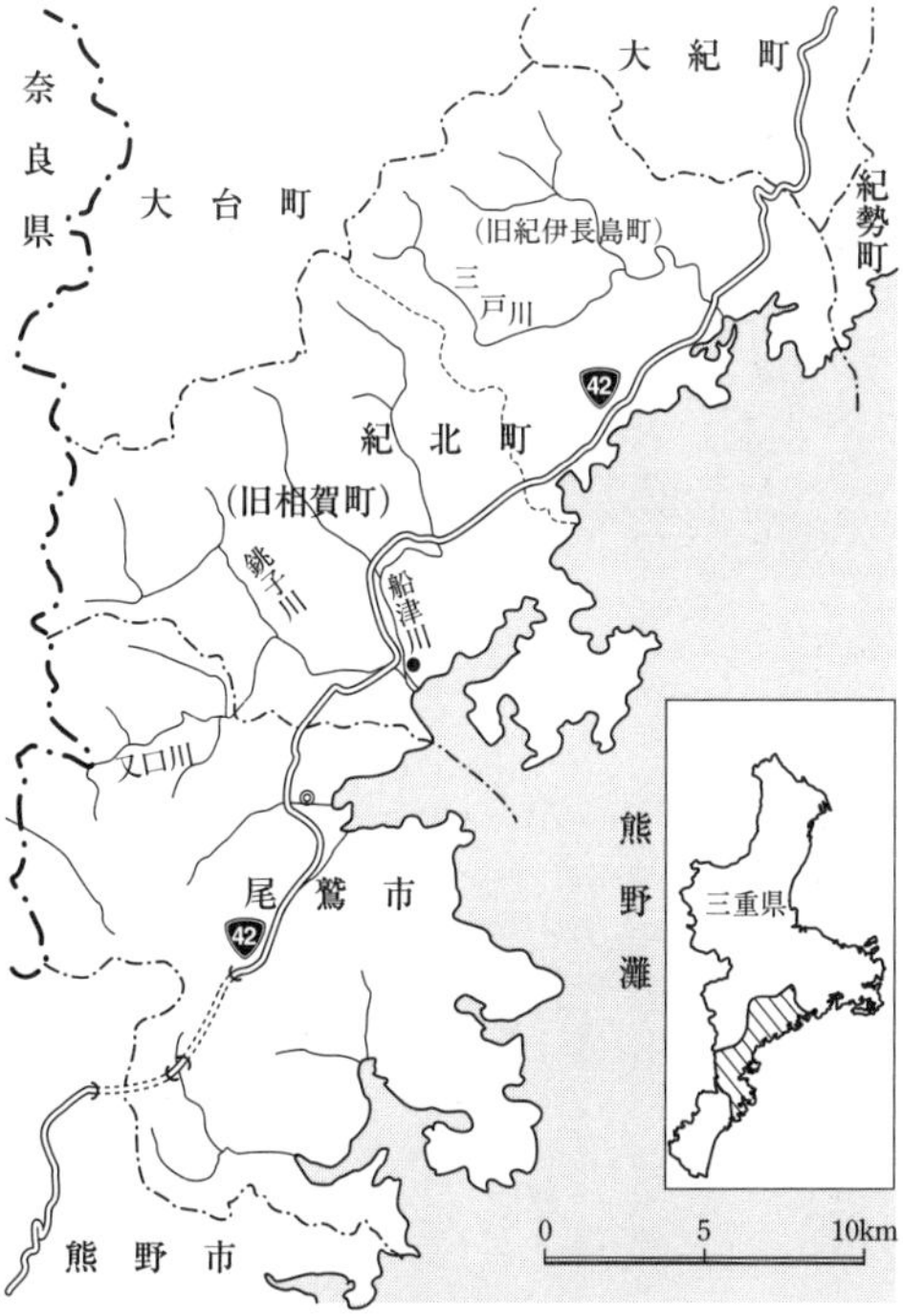

尾鷲檜の産地（尾鷲市と紀北町）の概略図

尾鷲林業地の面積は約四万五一〇〇ヘクタールで、そのうちの森林面積は約四万二五〇〇ヘクタールで、森林率八九%という数字が示すとおり森林面積がきわめて高い率を占めている。それは、この地域の南側は太平洋の熊野灘であり、背後は急峻な紀伊山地が海岸まで迫っているという地形的な制約のためである。尾鷲市の標高の最高点は奈良県境の一〇七七メートルで、海岸からの直線距離で約一三キロであり、尾鷲地区で最大の河川長をもつ又口川は標高一〇四四メートルの高峰から発して二六・九キロで海に達してしまう。このような急峻な山地にヒノキは生育しているのである。

尾鷲林業といえばヒノキと言われるようにヒノキに徹しているが、歴史的にはスギ造林からはじまっている。尾鷲地方での人工林造成がいつごからはじまったのかは、はっきりしないが、寛永年間（一六二四～四三）ごろに奥熊野でスギ・ヒノキの造林がはじまり、年々盛んになったとされているので、そのころ尾鷲地方でも始められたと考えられている。

尾鷲地方は前に触れたように、もともと痩せ地が多く、土壌水分が多くて肥沃な土地を好むスギの造林適地が少なかったこともあり、スギよりもヒノキが多く植えられ、人工林化がすすむにつれほとんどヒノキ林となったのである。

吉野杉と共存する吉野ヒノキ

奈良県吉野地方はいわゆる吉野林業地帯として、よく知られているところである。吉野林業地帯は、広義には約二〇万ヘクタールにおよぶ広大な山林を包含した奈良県吉野郡一帯をさしている。この吉野林業地帯は、吉野川流域、北山川流域および十津川流域という三つの林業地に分けられる。狭義には吉野川流域のことを吉野林業地帯とよんでいる。

吉野地方の地理的条件は、一般にスギ、ヒノキの生育、造林に適しており、東部の吉野川上流域（川上村、東吉野村）ではとくに生育が良好である。西部にゆくにつれて、生育状態がやや低くなる傾向となる。

吉野地方の林業は、はじめは自然に生育しているマツ、スギ、ヒノキ等を伐採し、川に流していたが、近世初期から中期にかけて造林が始められたと考えられている。吉野で人工造林が一般的に行われるよう

川上産の230年生のヒノキ材

東吉野産の180年生のヒノキ材（岩水豊提供）

東吉野産の140年生のヒノキ材

全国銘木展示大会に出品された吉野ヒノキの造林木。吉野では造林木といっても銘木級を産出するという、他の地域にはない特色をもつ。（岩水豊提供）

になったのは、元禄期（一六八八〜一七〇四）から享保期（一七一六〜三六）にかけてである。「日本の林業であたり前となった技術、たとえば種子からの育苗、植付け、スギとヒノキの混植や植分け、枝打ち、間伐などが施業体系として確立されたのは、吉野林業においてである。明治三一年（一八九八）刊行の『吉野林業全書』に対する篤林家層の評価は今なお高い」と川村誠は「吉野林業の過去・現在・未来」（雑誌『林業技術』六二八号、一九九四年七月号、日本林業技術協会）のなかで述べている。川村は吉野林業こそ日本林業、とくに人工林に関わる林業の草分けであると評価している。

吉野林業地はスギの産地としてとくに知られているが、天然スギは少なく、むしろ天然ヒノキが多かったといわれている。しかし、スギは成長が早く、加工しやすく、利用範囲が広かったので、一般建築材として需要が増大した。また、樽丸《たるまる》、洗《あらい》丸太の需要があって、人工林はスギが多かった。

明治期（一八六八〜一九一二）において人工造林された樹種は、痩せ地以外ではスギが七〇〜九〇%を占めていたと考えられている。しかし、その後、人工造林の繰り返しによる地力の減退対策、吉野では高密度で植えたスギよりもヒノキの方が雪に強いこと、さらに一時期材がスギよりも高い価格で売れること等の理由で、スギとヒノキの植栽比率は七対三から六対四に、さらに昭和五〇年（一九七五）ごろには五・五対四・五にまでなっている。

川村誠はまた、広大な地域山林で育成しているスギ・ヒノキ人工林のもつ資源を背景とした木材産地として、流通加工の拠点をつくり、大きな経済力をうみだした経験も吉野林業が最初であったと分析する。そして、木材業界で現在使われている製品の規格、例えば三メートルの長さで一〇・五センチ柱角の三面無節や上小節《じょうこぶし》といったもの、あるいは床柱の人工絞り丸太といった商品を経済市場で認知させたのも吉野林業であったと事例を挙げて説明する。また川村誠は、資源と市場、川上と川下とを結びつけて産地化した吉野林業は、社会経済の変動の波をかぶって、消費地の需要に適応するよう時代によって主力商品が変わってきたと読み解き、戦時体制から戦後復興期を除くと、各時代を牽引した主力商品によって、(1)一九三〇年代半ばまでの樽丸時代、(2)戦後、六〇年代までの柱角時代、(3)七〇年代に入っての「吉野材」銘柄化の時代、(4)八〇年代におけるヒノキ・スギ集成材単板（集成材の化粧板用の原板、フリッチ材）時代、という四つの時代に大別されると分析した。

昭和五五年（一九八〇）以降の経済大発展時代には、住宅着工数の増加にともない集成材の化粧単板の需要が急速に拡大した。そのときヒノキ化粧柱の集成材が市場を確立し、そこからスギ造作材の集成材へと広がった。集成材の単板は見栄えをよくするため節が無い材が求められていたので、吉野林業の最も特徴とする密植、枝打ちされ、何回も繰り返して行う間伐、収穫まで長年育成する人工林経営法によって育てられた高い林齢の人工林が、集成材単板の需要に適した立木資源となり、吉野林業地の人工林は宝の庫となった。

高齢の人工林でも皆伐するとその跡地には造林が必要となり、その育成には多額の経費がかかるので皆伐を避け、高齢の人工林から間伐によって木材を産出する方法が採用された。そのため立木取引では、一つの伐採カ所での丸太の量が五〇立方メートル前後といった少ない量の取引が普通となった。この間伐取引を可能にしたのが、ヘリコプターによる集材であった。架線集材では、搬出用のワイヤーロープの架設作業や架線下となる立木の補償が必要であったが、間伐した林から直接丸太を吊り上げ、土場まで空中を運搬するヘリコプターによる集材の便利さが理解され、盛んに行われることとなった。

吉野ヒノキの材質は、油分が多く、心材が赤みをおびていて、化粧丸太や柱角、造作材に用いられる。また「錆《さび》丸太」はヒノキからでないとつくれない銘木である。

和歌山県全域産出の和歌山ヒノキ

滋賀県の甲賀ヒノキは、甲賀市甲賀町内に産出するヒノキで、その材質は「目が均質で、赤みが美しく、艶がよい」といわれる。地元の人も滋賀県の木材行政担当者も甲賀ヒノキとの名称を使ってはいるが、木材流通のブランド名とはなっていない。旧甲賀郡甲賀町を中心とした地域は、優良なヒノキ材を産出しているのだが、地元で消費されてしまい、ある一定量を継続して市場に供給できるだけの地域の広がりや、ヒノキ林の年齢構成、供給体制が十分に満たされないせいであろう。

和歌山県は紀伊山地から発するほとんどの河川の河口部をもち、内部の豊かな森林資源から生産された木材は川を輸送手段としていたため、河口は木材集散地となっていた。木材は、大坂や江戸という大きな消費地に船ではこばれたのであるが、これが和歌山県の海岸部に木材業をはじめとする多くの産業を発展させる基礎となった。和歌山県の森林面積は三五万七〇〇〇ヘクタールで、その内の人工林面積は二二万三〇〇〇ヘクタールで、人工林率は六二・五％である。人工林は、スギ四三・〇％、ヒノキ五二・九％で、ヒノキの割合が高く、ヒノキ人工林面積の大きさは全国で第四位である。しかし和歌山県下には、同じ紀伊半島に位置していながら、吉野林業や尾鷲林業のように、特別に林業のみを発達させた地域はほとんどない。

そこで和歌山県では、江戸時代から多くの木材を市場に送り出す国という意味から、紀伊国は「木の国」とも別に呼ばれていたことを生かす方針をとった。県内で生産されるスギやヒノキは、産地の地方名を冠した樹種別ブランド材とするのではなく、和歌山県全域で生産される材を「紀州材」と命名し、これをブランドにすることにしたのである。

和歌山県で生産される材は、①色合いが良く、つやが出る、②目合い（木材業界の用語で、年輪幅がそろっていること）が良く、素直な木で狂いがすくない、③強度・耐久性にすぐれている、という特性をもっていると和歌山県では主張し、売り出されている。用途は建築用構造材とくに柱材が中心であるが、内装材等にもひろく使われている。紀州材ヒノキの強度を和歌山県林業試験場が実験したところ、曲げヤング係数の分布は、全体の九一・五％が国土交通省が告示した全国基準値のヤング係数の一一〇％以上となっていた。ヤング係数（率）とは、固体中で引っ張りまたは圧縮応力とその方向における歪み（単位長さあたりの伸びまたは縮み）との比率をいう。

広域な供給地をもつ美作ヒノキ

岡山県北部で津山市を首邑としている美作《みまさか》地方は、美作ヒノキというブランド名をもつヒノキを産出している。この地方は昔の国名でいうところの美作国一円であり、現在の行政区画の名称では、津山市、真庭市、美作市、真庭郡（新庄村）、苫田郡（鏡野町）、久米郡（旭町・美咲町）、勝田郡（勝央町・奈義町）、英田郡（西粟倉村）という三市七町村である。この地域は岡山県を流れる三大河川のうち、東の吉井川と真ん中の旭川という二河川の上流部に位置している。

地域の総面積は二六万七〇〇〇ヘクタールで、岡山県全体の三八％を占めている。林野率は七七％で、岡山県全体の六八％にくらべても高い。森林面積は県下の四二％を占め、人工林面積一〇万六〇〇〇ヘクタールは県下人工林の六一％を占めており、豊富な森林資源をもつ地域となっており、この資源を背景とした林業生産活動がさかんに行われ、西日本有数の国産材の集散地となっている。

美作地域における民有林の人工林の樹種構成は、ヒノキ六九・五％（約七万四〇〇〇ヘクタール）、スギ二一・七％（約三万八〇〇〇ヘクタール）、マツ九・三％、その他一・五％となっており、ヒノキ人工林面

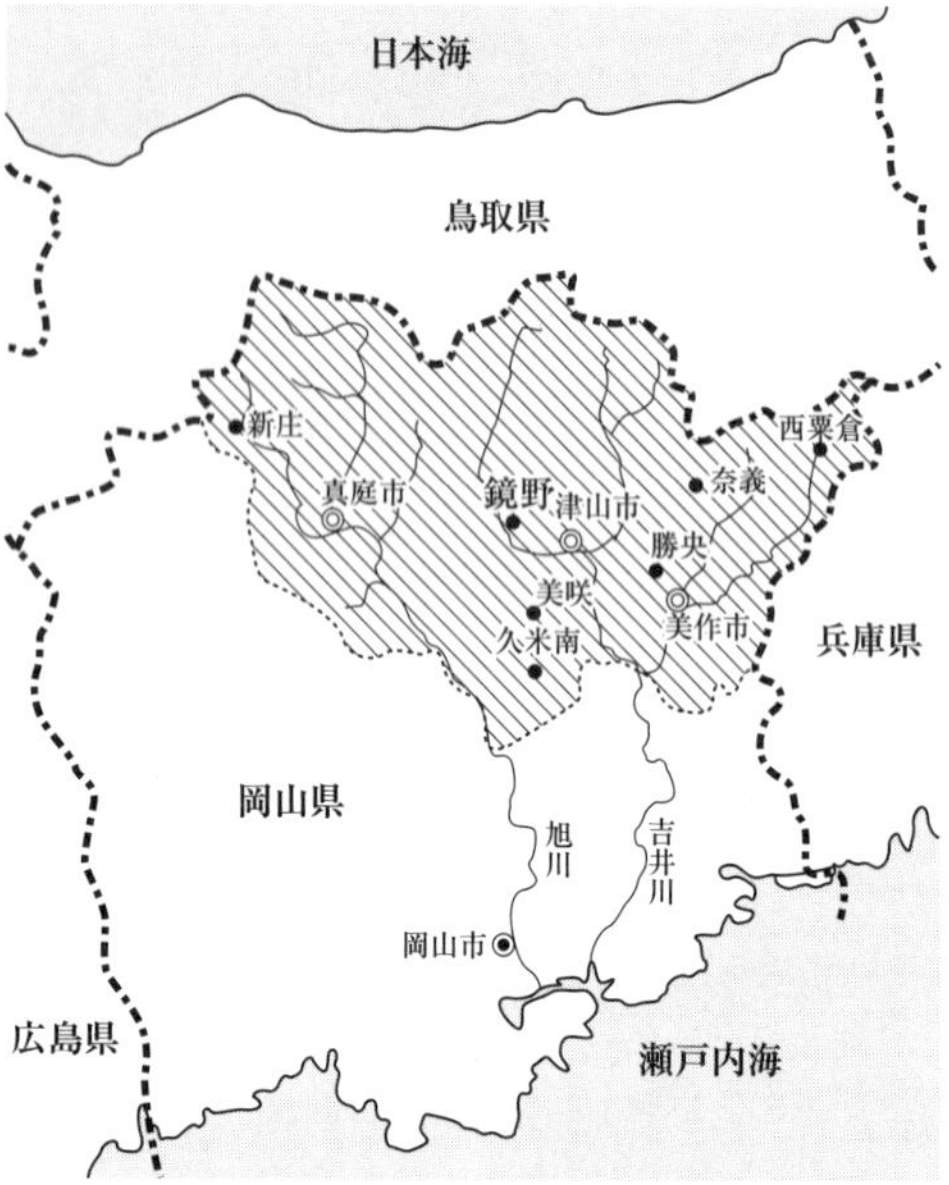

美作ヒノキの産地概略図

積が全国第五位（一一万七〇〇〇ヘクタール）の岡山県下（ヒノキの率六七・四%）の率にくらべても二・五ポイントも高い比率を示している。美作地域のヒノキ人工林面積は、岡山県全体のヒノキ人工林面積の六三・二%を占めており、県下のヒノキ材生産地域となっている。

美作地域の西部にあたる旭川流域の真庭地区は、岡山県下有数の林業地として知られており、明治中期から本格的な植林が行われた。その先駆者は安政六年（一八五九）に真庭市清谷で生まれた戸田彦太郎で、スギやヒノキの実生苗を育成し、人々に植林を促した。当初は旦那の道楽しごとぐらいにしか理解されなかったが、やがて彦太郎の情熱に感化され、自発的に植林を始める人が増えてきた。

戸田彦太郎は明治後期の行政改革で江戸時代の村々が合併して生まれた富原村の初代村長として、明治四三年（一九一〇）まで八年間勤めた。村長のとき「行く行くは、富原村は税金のいらない村にしてみせる」と、村有林の一〇〇ヘクタール造林計画を打ち出した。彦太郎の構想は一〇〇ヘクタールの造林を達成させた五〇年後のあかつきには、毎年二ヘクタールづつ伐採し、その収益を村の財政にあてるというものであった、そののち富原村は村有林一〇〇ヘクタール造林を達成させ、村財政の大きな礎となった。富原にはこうしてスギ・ヒノキの美林が生育し、いつしか富原林業とよばれるようになり、富原から始まった造林は真庭郡一円にひろがった。

一方、真庭の東側にあたる吉井川上流域の国有林では、明治三二年（一八九九）からはじまった特別経営事業によってスギ・ヒノキが、勝北町（現津山市）の津川山国有林、加茂町（現津山市）の五輪原国有林、富村（現鏡野町）の檜山国有林などに大面積に造林されていった。

村営あるいは個人の努力によって出来上がった真庭地区の人工林からは昭和初期から良質なスギ・ヒノキ材が生産されはじめ、地域から生産される原木を加工するため、勝山・月田地区に多くの製材所ができ、やがて発展した真庭郡の木材産業は地域の一大産業となった。昭和一一年（一九三六）には兵庫県姫路にいたる姫新線全線が開通し、製材品を阪神方面に輸送する経路が整い、これを契機に真庭地域の木材産業は、これまでの素材生産から、製材加工販売へと変わっていった。

昭和三〇年（一九五五）代のはじめ、真庭地域の製材業者は地域産出の良材が奈良県の桜井市場へ出荷されるため、原木不足に陥り、対策として地元の勝山町月田に原木市場を開設した。原木市場の開設をきっかけとして、美作地域を西日本の木材産地としようと、地元真庭を含め、東部の津山や勝英という全美作地域の若い経営者が集まり、昭和三五年（一九六〇）に美作木材青壮年経営者協議会を設立した。

協議会では、「日本一・美作産の杉檜」と銘うって、地元の勝山や津山はもちろん、大阪、名古屋、東京の各市場で展示即売会を開催して「美作産の杉檜」の宣伝につとめた結果、「美作産の杉檜」の名は全国に知れわたった。美作地域産のヒノキ製品は九州熊本、四国八幡浜とともに、関東、中部、阪神から買方が参集して市況や値動きをリードした。昭和五三年（一九七八）の『林業白書』にも岐阜県の東濃地方、和歌山県龍神地方とともに美作地方の産地作りが取り上げられている。

岡山県津山地方振興局がまとめた資料によれば、平成一四年（二〇〇二）次の岡山県下の素材生産量は三五万五〇〇〇立方メートルで、そのうち美作産は約七七・七％を占めている。樹種別では五八％の約一六万立方メートルがヒノキ丸太であり、ヒノキ丸太の生産量は全国で二～三番手で、ベスト五に入っている。

美作ヒノキの産地は、岡山県北部の津山市を中心に美作地方一円にひろがっており、民有林材も国有林材もおなじく銘柄としての評価をうけている。材質は、木目がそろい、緻密で、独特の香りと光沢がある。製材品は品質管理された人工乾燥材で、高い評価を受けていた。しかし、全国のヒノキ材産地で言われることであるが、ヒノキ神話の陰りとヒノキ役物の不振でブランドイメージが薄れてきた。美作ヒノキでは一部篤林家による枝打ち材もあるが、現今では役物の評価は低く、並材評価が一般的である。

天然林は土佐ヒノキ、人工林は幡多ヒノキ

土佐ヒノキとは、高知県から産出される天然ヒノキの総称であり、個別の銘柄としては白髪《しらが》ヒノキ、大正ヒノキ、魚梁瀬《やなせ》ヒノキの三種がある。白髪ヒノキは高知県北部で香川県境に近い長岡郡本山町の白髪山《しらがやま》国有林に生育している天然ヒノキのことで、現在は保護林とされているので、木材としての生産はない。大正ヒノキは、高知県西部の旧高知営林局大正営林署管内の四万十川上流の檮原《ゆすはら》町内の久保谷山や中山国有林から産出された天然ヒノキで、細々と供給されていたが、現在ではきわめて少ない。高知県東部の安《あ》芸《き》郡馬路村の魚梁瀬《やなせ》地域から産出する魚梁瀬ヒノキは魚梁瀬スギとの混交林で、天然スギとともに供給されるもので、量的にはきわめて少ない。この三者の天然ヒノキは一時は銘木として評価されてきたが、現

在では名称として残っているにすぎない。

高知県の林業地域は、東部林業地域、嶺北林業地域、幡《はた》多林業地域という三つに区分でき、幡多林業地域は県の西部に位置しており、民有林では造林樹種はヒノキが主体となっているが、資源的に未成熟であるため農林業の複合化をめざしており、また国有林から産出するヒノキは優良材として銘柄となっている。

幡多林業地域の主要部分は四万十川流域にあり、行政的には四万十市（旧中村市と旧西土佐村）、宿毛《すくも》市、幡多郡四万十町（旧十和村、大正町の区域）の二市一町でここから産出するヒノキ材を幡多ヒノキと称している。また旧窪川町（現四万十町）以西の高幡地域（高岡郡と幡多郡の接する地域＝高岡郡四万十町、檮《ゆす》原《はら》町、幡多郡野津町）では、国有林から生産されるヒノキを原料としたヒノキ材産地を形成し、その生産材を高幡ヒノキと称している。高知県西部では高幡ヒノキと幡多ヒノキという二つのブランドをもっているが、繁雑になるので、ここでは幡多ヒノキとして一括して述べる。

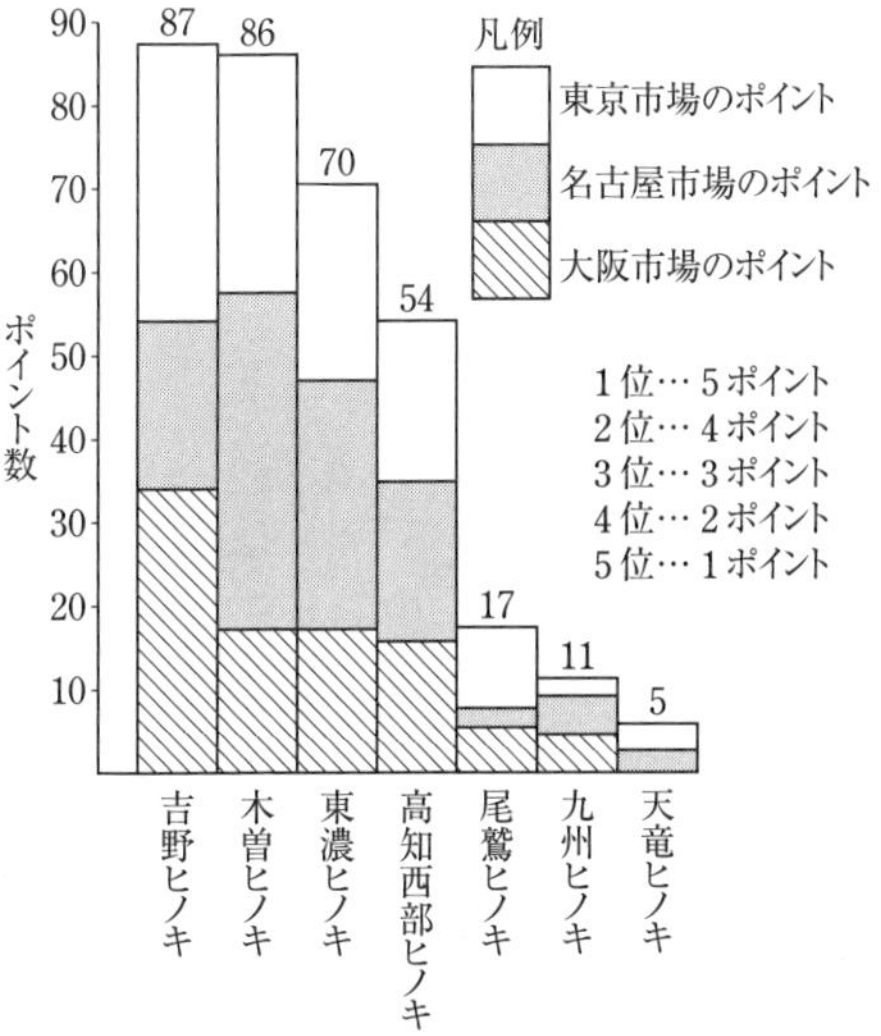

東京・名古屋・大阪市場におけるヒノキの銘柄ポイント。24業者がポイント制により評価したもの。

幡多地域にある国有林のヒノキは、明治三二年（一八九九）から大正一〇年（一九二一）まで実行された国有林の特別経営期に植えられたもので、ここからからヒノキ材が生産されはじめたのは、昭和三〇年（一九五五）代半ばころからで、地元製材工場の国有林材の本格的購入はすこし遅れて昭和四〇年（一九六五）代に入ってからである。それについて高知県緑の環境会議森林・林業・山村研究会編著の『高知レポート3　高知の森林と林業・山村』（高知市文化振興事業団、一九八八年）は、「①民有林材の資源の枯渇、②国有林の地元産業育成視点の強化、③地元製材業界の基盤の強化（購買力の強化）、④さらにこれまでの消費地業者が昭和三〇年代後半から外材に転換、といった諸条件が背景および要因となっていた」と、分析している。

地元製材業界は国有林との結合を強める一方で、地元製材工場により産地製品の市売拠点をつくることを目的として、昭和四七年（一九七二）に地域の東部の旧窪川町内に年間取扱量二万立方メートルの高幡木材センターを、翌四八年には年間取扱量二万一〇〇〇立方メートルを地域西部の宿毛市に西部木材センターを設立した。この二つのセンターによって地元販売体制が確立され、製材産地化が図られるとともに、窪川町のセンターから出荷されるヒノキ材が高幡ヒノキとして、宿毛市のセンターから出荷されるヒノキ材が幡多ヒノキとして位置付けられ、銘柄品として格付けが強化されていったのである。

幡多ヒノキの材質的評価については、昭和五七年（一九八二）三月に高知営林局が発行した『特定地域（幡多ヒノキ）森林施業基本調査報告書』は、東京、大阪、名古屋という三大消費地の二四業者にアンケートで答えてもらった材質からみた市場評価を記している。

アンケート協力業者は、高幡・西部センター買方の二四業者（大阪七、名古屋八、東京九）である。アンケートは一～五位までの銘柄を記してもらい、一位を五ポイント、二位を四ポイント、三位を三ポイント、四位を二ポイント、五位を一ポイントとしている。

三大消費地市場のおけるヒノキの銘柄性（単位はポイント）

（順位）（産　地）　（大阪市場）（名古屋市場）（東京市場）　（計）

1	吉野	三四	二〇	三三	八七
2	木曽	一七	四〇	二九	八六
3	東濃	一七	三〇	二三	七〇
4	高知西部	一六	一九	一九	五四
5	尾鷲	五	二	一〇	一七
6	九州	四	四	三	一一
7	天竜	〇	二	三	五

これによると、わが国の三大消費地のヒノキ材としての銘柄性は、幡多ヒノキは奈良県の吉野ヒノキ、長野県の木曽ヒノキ、岐阜県の東濃桧についで四番目にランク付けされている。幡多ヒノキは全国的にも高い評価をうけており、品質は「木曽ヒノキ、吉野ヒノキの最高級品に続くものとして高級品か、中級品という評価が半々」となっている。品質要因である材の色、艶《つや》、節《ふし》などについては次の表のとおりで、「ヒノキの評価を規定する自然的要因（色、つや）という面では、すぐれているというのと、普通という者が半々を占め、特上ではないが上という」ところであった。

消費地業者による幡多ヒノキ材の材質的評価（数値は業者数）

（評価）	（色）	（艶《つや》）	（節や目の状態）	（製材技術）
他より優れている	一四	一一		
優れている			六	二一
普通	一一	一四	一六	二
劣っている	〇	〇	〇	〇

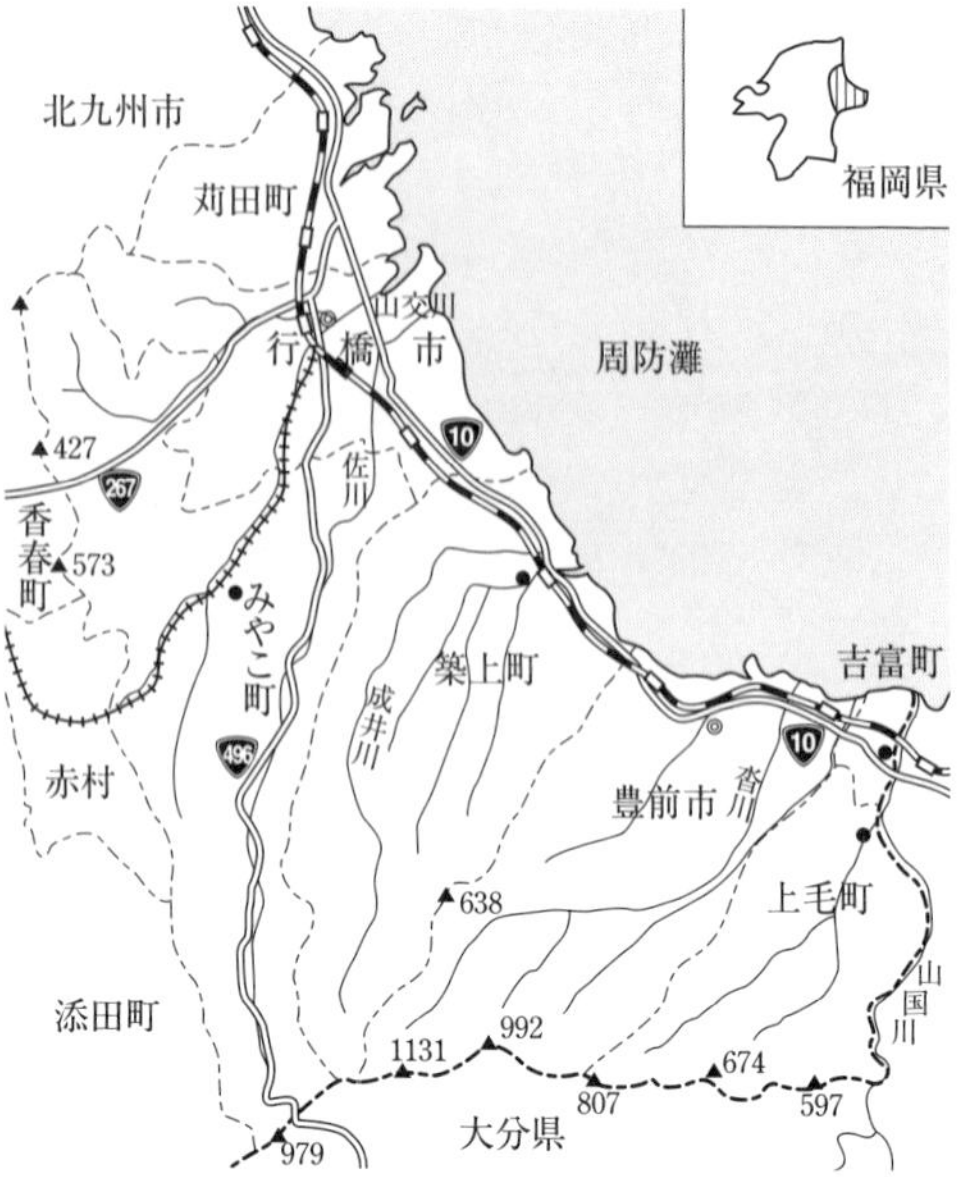

京築ヒノキの産地概略図

ヒノキ材の材質的特質である材色や艶等を地元の幡多ヒノキの生産者の側からみると、①県内では地域差があるものの、全般的に材色は強い赤みをもっており、②油脂分を多く含んでいるため、光沢がある。特に六〇〜七〇年生以上の材であれば、色つやも非常によく、長期間光沢が落ちにくいと評価されている。その反面、油脂分が多いのでアテ（木材の欠点の一つで、部分的に材質が硬く、もろくなっているところ）等が強く、変形しやすいとの欠点も指摘されている。

福岡県東部の京築ヒノキ

熊本県人吉市の熊本県県有林の紅取団地から生産されるヒノキ材は、昭和三〇年（一九五五）ごろより大阪・名古屋方面で高い評価をうけ、「紅取材《べんとり》」「紅取檜《べにとりひのき》」と呼ばれ、高級住宅用材として使用されていた。ここのヒノキ材が、ピンク色の心材で、芳香があり、光沢があったためである。紅取ヒノキはまた産出地の地域名で、球磨ヒノキとも呼ばれていた。

熊本県有林紅取団地は、明治三九年（一九〇六）に日露戦争の戦勝記念に購入され、林業経営の範を示し、あわせて県有財産の造成を図るために造林されていた。現在は〇・六ヘクタールの記念林を残すのみで、全部伐採され、再造林されている。二代目造林地も三五〜四五年となり、材利用を目的に間伐が行われているが、生産されるヒノキ材は初代のような色艶は呈していないので、現在は紅取ヒノキとしての生産や販売は行われていない。

福岡県の東部に位置する行橋《いくはし》市、豊前《ぶぜん》市、築上郡（上毛《こうげ》町、築上町、吉富町）、京都《みやこ》郡（みやこ町・苅田町）という二市五町の地域は京築《けいちく》地域と呼ばれ、京築ヒノキとよばれるブランド材を生産している。この地域のスギ・ヒノキの人工林は、ヒノキの割合が約六〇％と、隣接する大分県の日田地方のスギ林業地とくらべてヒノキの割合が多い。ここの人工林は平成三年（一九九一）に来襲した台風によって大きな被害をうけたが、復旧作業も進み、もとの緑の山がよみがえりつつある。

京築地域で生産されるヒノキ材は、心材が薄紅色で、年輪がつまっているなどと言われ、昭和六一年（一九八六）ごろから、京築ヒノキとよばれブランド化された。しかしヒノキ神話の陰りの影響をうけ、京築ヒノキの役物ブランドのイメージが損なわれた。

福岡県では現在の国産材時代に適した新しい京築ヒノキの産地化のために、①京築地域で生産されたヒノキは「京築ヒノキ」と呼び、銘柄の確立に努めます、②枝打ち、間伐を適期に実施、良質に京築ヒノキの生産に努めます、③京築ヒノキの良さを全国に広め、需要拡大に努めますなど、五項目の「京築ヒノキ憲章」を定め、各種の施策を実施している。

京築ヒノキとはどんなヒノキなのかについて、福岡県森林林業技術センターの森康浩たちが、同地方の林業関係者三八名にアンケート調査した。その結果、立木の形質については「幹が通直である」ことは皆が認めたが、それ以外の形質についての特長は認められなかった。材質では、①心材色が赤い、②心材色が濃い、③材に艶がある、④材の香りがいい、⑤強度が高い、⑥年輪幅が狭い、という六項目についてはほとんどの人が認めたのである。京築ヒノキは心材色の赤さが一つの特徴とされており、心材色は気象条件や立地条件などの環境要因に左右されることも指摘されているが、遺伝要因とも関係が深いとして、福岡県森林林業技術センターでは、将来的に京築ヒノキ特有の心材色を再現できるよう栽培品種育成のための調査研究が行われている。

鹿児島県北部国有林産の伊佐ヒノキ

鹿児島県北東部の川内川《せんだいがわ》の上流域にあたる伊佐地方から生産されるヒノキ材は、材面の光沢が美しいこと、樹脂が多く耐用年数が長いこと、曲がりが少ないなどの特質をもっているため、昭和三五年(一九六〇)ごろから関東や関西の市場で優良材と認められ、伊佐ヒノキとのブランド名をもつようになっている。

伊佐地方は大口盆地一円をいい、その面積は約三万九二〇〇ヘクタールで、林野率七一%であり、そのうち国有林の占める率は四五・六%(一万二七七〇ヘクタール)と高い率を占めている。この地方のスギ・ヒノキ等の人工林面積は一万一四〇〇ヘクタール(人工林率四〇・七%)であり、そのうちヒノキの占める割合は八〇%となっており、鹿児島県内の平均三一・五%にくらべ、突出したヒノキ地帯を形成している。

伊佐ヒノキとは一般には樹齢六〇~七〇年生以上のものをよんでおり、ほとんどは国有林から産出しており、民有林からの産出はほとんどない。近年この伊佐ヒノキも、高齢のヒノキ林が少なくなっているのが現状である。伊佐ヒノキの起こりは、元営林署職員であった旧菱刈町湯之尾の嶽崎種好(昭和三八年=一九六三に八三歳で没)が長野県木曽からヒノキの種子二升(三・六リットル)を購入して苗を育て、明治四三年(一九一〇)に沢津の原野に植林したのがはじまりで、一般にヒノキの植林が普及したのは明治末期だと『鹿児島県林業史』(鹿児島県編・発行、一九九三年)はいう。

国有林では明治三二年(一八九九)から、特別経営事業を開始しており、国有原野や立木がほとんどない山地にスギやヒノキが植林されていった。このとき伊佐地方の国有林では、ヒノキの植林率がきわめて高かったようである。ヒノキは地域的品種はほとんどないとされ、奈良県吉野地方の種子を購入したり、地元伊佐地方の民有林、社寺有林をはじめ、佐賀・菊地・熊本・八代・水俣・人吉・多良木、高鍋営林署管内の国有林など、あちこちから種子を入手して苗木を養成していた。したがって、伊佐地方で産出するヒノキは、奈良県と九州地方に産するヒノキの混成群ともいえよう。

伊佐ヒノキの特長は、①木目が細かい、②赤身が多い、③年輪幅が一定している、④死節が少ない、⑤色艶がよい、などである。伊佐ヒノキの価格は、銘柄品としてみとめられているため、よその材とくらべ二〜三割高く取引されている。製材製品のおもな出荷先は、関東と関西市場にそれぞれ四割、のこり二割が九州内となっている。鹿児島県内では、従来は主にスギの割角《わりかく》(角材のこと)を使っていた関係から、伊佐ヒノキの県内消費量は全体の約一割程度であったが、徐々に増加している。

第十章　ヒノキの年輪は記録し、そして語る

年輪を研究する年輪年代学

わが国の樹木の幹や枝を樹皮がついたまま輪切りにすると、一番外側に樹皮があり、樹皮と木材部の間に幅の狭い環状の組織、つまり形成層がある。そこから内部にむかって、濃い色の部分と淡い色の部分が交互に同心円状の環になって現れてくる。

わが国の樹木は、四季の気候変化に対応して成長と休止を繰り返しており、一年ごとに形成される環（リング）のことを年輪という。年輪ごとの境界を年輪界という。

形成層は細胞分裂をする力をもった細胞が形作っているもので、ここの細胞が内側へは木材の細胞を分裂し、外側へは樹皮の細胞を分裂させていくことにより、木の直径は大きくなるのである。ヒノキやスギのように年輪がはっきりと見える針葉樹だと、木の成長が盛んな春から夏には活発な細胞分裂で直径の大きな細胞が数多くつくられ、夏の終わりから秋にかけて成長が衰えると直径の小さな壁の厚い細胞がつくられる。その結果、細胞の中の隙間の多い細胞からできている材（早材、あるいは春材という）が淡い色に、隙間のすくない細胞からできている材（晩材、あるいは秋材という）は濃い色になる。これらの色の濃淡の

組み合わせで、年輪がはっきりと見えるのである。

スギの幹の横断面を見ると、中心部に赤い円形の部分があり、それを淡い環状の部分が取り囲んでいる。前の部分を心材、後の部分を辺材といって区別している。立木として生きているとき、心材はすべての細胞が死んでおり、辺材部では一部の細胞はまだ生きている。幹の直径が大きくなるにつれ、心材部分は外へ少しづつ広がる。ヒノキはスギのように心材の色が濃くならないので淡色心材と呼ばれ、スギは色が濃くなるので有色心材とよんで区別している。木の成長が何らかの影響で良くなったり悪くなったりすると、春材の部分が一般的に影響をうけ、広くなったり狭くなったりする。

ヒノキの年輪。色の薄い部分が春材（早材）で、濃い部分が秋材（晩材）である。

年輪は、樹木が肥大成長をするときの履歴を表わしており、生育地の気候や環境変化を知る手掛かりとなる。ヒノキやスギなどの針葉樹は寿命が長く、樹齢一〇〇〇年に達する木も多く、年輪の一つ一つにはつくられたときの環境が休むことなく忠実に記録されている。

アメリカ合衆国アリゾナ州にあるロウエル天文台に勤めていたA・E・ダグラスは二〇世紀のごく初期に、この年輪から過去の出来事を正しく学びとり、むかしの気候を復元したり、将来を予測できることを確かめ、年輪研究を学問として位置付けたのである。木の年輪を対象とする学問分野を総称して、樹木年輪年代学といい、今日ではさらに樹木年輪気象学や、樹木年輪生態学などに分かれている。

年輪を研究する樹木は、できるだけ遠いむかしの出来事を記録している老木、または年輪が明瞭に読みとれるヒノキ、スギ、マツ類、モミなどの針葉樹や、広葉樹ではミズナラ等がつかわれる。年輪から情報をひきだすには、年輪幅の比較がもっとも一般的である。最近は、波長の長いX線で年輪（横断面）を撮影し、フィルムを濃度計をつかって木材の密度変化として表す年輪解析法（軟X線デンシトメトリー）が主流になっている。

年輪研究は気象解析のほかにも、氷河の前進・後退の速度、洪水、地震の頻度や周期、病虫害の発生周期、身近なところでは大気汚染に対するモニタリングなど、多分野での成果が期待されている。

核実験の影響がヒノキ年輪にも

雑誌『グリーン・パワー』（一九九七年一月号、森林文化協会）によれば、静岡県裾野市で埋没していたヒノキの年輪を調査したところ、記録に残されていない富士山の平安時代初期にあたる元慶七年（八八三）の噴火がわかった。また秋田県と山形県境の鳥海山麓によくみられるスギの埋没木は、縄文時代の終末期にあたる紀元前四六六年の大噴火にともなうものであったが、掘り出されたスギの止まった年輪の最終のものから、噴火は「冬から翌年春までの積雪期」とわかった。年輪のものさしから、場合によっては季節まで判定されるのである。

核実験の歴史がヒノキの年輪に克明に刻まれていることがわかったと、昭和五八年（一九八三）度の『林業白書』（林野庁、一九八四年）は記している。それは名古屋大学理学部地球科学の中井信之教授らが、大型加速器をつかった放射性炭素の濃度測定でわかったのである。

地上で核爆発が起こると、多量の中性子が放出され、それが窒素ガスにぶつかって放射性炭素C^{14}となる。この結果、空気中の炭素ガスに放射性炭素が含まれたまま、光合成で樹体内にとりいれられる。C^{14}は放射

林内に自然落下した種子から芽生えたヒノキの苗。光合成や地中から吸い上げる水とともにC^{14}が樹体内にとり込まれる。

性炭素同位体で、宇宙線により大気中でN（窒素）から生まれ、時間とともに壊変《かいへん》（放射性元素がα線・β線などの放射線を出して他の元素に変化する現象）し、再びNにもどる。半減期（放射性元素の原子数が崩壊により半分に減るまでの時間）は五五六八年である。大気中のC^{14}の生成は数千年間ほぼ一定であるので、生物体に取り込まれた直後のC^{14}は、大気中での比と同じと考えられる。しかし、生物体の死により炭素の取り込みが停止した後は、C^{14}の壊変によりC^{14}は時間とともに減少の一途を示す。C^{14}をつかって、現在、木材、木炭、貝殻、泥炭、骨などの年代推定が行われている。このような方法を放射性同位体分析という。なお、推定誤差は、約五〇〇〇年間で数百年である。

中井教授たちが測定した木は、岐阜県恵那郡付知町（現中津川市）で伐採した樹齢一五〇年、直径九〇センチの木曽ヒノキである。年輪中の放射性同位炭素C^{14}を一年刻みに測定した結果、一九五〇年（昭和二五年）を一〇〇とした指数でみると、五六年（昭和三一年）から増えだし、六二年（昭和三七年）ごろ急増する。六四年（昭和三九年）には最高値の一八八を示し、その後は漸減していることがわかった。

世界の核実験は、一九五五年（昭和三〇年）ごろから増えだし、ピークの六二年（昭和三七年）には、アメリカ、イギリス、フランス各国によって、一年間に一三三回も行われている。六三年（昭和三八年）には部分核実験禁止条約が成立、地下実験が行われるようになった。中井教授たちによる木曽ヒノキの年輪に含まれた放射性炭素の測定は、こうした核実験の経過と相関関係を示し、これまで指摘されてきた核実験が生物に与える影響を裏づけるものとして注目された。

年輪から太陽の活動がわかる

季節がある土地の樹木は年輪を形成するが、年輪幅は生育期の温度や降水量などの気象環境の影響をうけ、通常は気象環境の年変動に対応することが多い。これはヒノキの年輪で調べられたものではないが、樹木の年輪を調べることで、長い期間にわたる太陽活動の様子がわかるという。

太陽が「冬眠」の準備に入ったらしいと、平成二二年（二〇一〇）三月二〇日付け『朝日新聞』の科学欄は報じている。国立天文台などの観測から、約一一年で繰り返されてきた太陽活動の周期が二割ほど長くなり、表面の磁場も観測史上最低レベルを記録したことがわかったからである。太陽活動の指標は、太陽の表面にあらわれる黒点数であり、ベルギーの太陽黒点数データーセンターの約一二年七カ月のまとめから、この数年間一〇〇～二〇〇年ぶりの弱さであった太陽活動が、昨年末から今年にかけて回復の兆しがみえたが、この活動は普段より太陽の活動周期よりも一年半長くなっている。周期がのびるのは、太陽が冬眠の時期にはいる前の特徴とされている。

太陽活動の黒点をはじめて観測したのは四〇〇年前で、望遠鏡ではじめて宇宙を観測したガリレオとされている。ガリレオ以前の太陽活動の様子を残しているものが、木の年輪である。太陽活動が低下して磁場が弱くなると、太陽系外からふりそそぐ宇宙線の量が増加する。宇宙線、つまり放射線は、窒素ガスとぶつかり同位体のC^{14}（放射性同位炭素）が生まれる。したがって、木の年輪に含まれるC^{14}の量を調べれば、原理的にはその年の太陽活動の強弱がわかるのである。

アメリカの科学者が、樹齢八〇〇〇年のマツや化石の年輪を一〇年ごとに調べ、一万二〇〇〇年前までさかのぼった結果、一一年の短い周期のほかに、九〇〜一〇〇年の長い波がみつかった。ほかに、さらに長い二〇〇〜三〇〇年の波や、二四〇〇年くらいの大きな波も認められたという。

東京大学宇宙線研究所の宮原ひろ子特認助教授は、最近一〇〇〇年の間に五回あった太陽活動の低下に注目し、屋久杉の年輪を一年単位で調べた。すると、活動が低下した時期には一一年のはずの短い周期が最大一三〜一四年まで延び、逆に活発な時期は九〜一〇年であった。周期が延びると、太陽が冬眠へと向かう傾向が確認できたという。

太陽活動が弱まるとどうなるのか。過去には、マンダー極小期（一六四五〜一七一五）に英国のテムズ川が凍るなどの寒冷化の現象がおきた。過去一〇〇〇年に起きた主な太陽活動の極小期でも、おおむね地球は寒冷化したとされている。

年輪幅から樹木の成長量を計る

樹木が年々どれだけ樹高が伸び、直径が大きくなったか、樹幹の成長経過を知る手段として年輪が使われる。林業ではそれを樹幹解析《じゅかんかいせき》とよんでいる。林業の場合は、主として造林地が対象となるので、ヒノキなりスギなり、あるいはマツの造林地のなかで、樹高も胸高直径も平均値をもつ樹木をまず選びだすことから始まる。

林の中で平均的な値をもつ木が選びだされたら、伐採する前に地上から〇・二メートルの位置と、胸高である一・二メートルのところ、ならびに山側の方向を確認して印をつけておく。地上すれすれの所（地際）から伐採し、そこから梢の方に向かって、根元の伐採部分（地上〇メートル）、地上〇・二〇メートルの位置、一・二メートルの位置、三・二メートルの位置、それから上へは二メートル毎の位置で幹を輪切りにして円盤を取り、梢部分が三メートルに達しない長さになると一メートルの位置で最後の円盤をとる。採取した円盤は、根元から順に番号をつけておく。円盤は良く磨いて年輪が読み取りやすい状態とし、中心から山側方向を基準として線を引き、さらに基準線と直角に交わる線を引く。最初に地上〇メートルの位置の円盤の年輪数を読み取り、樹齢を決める。すべての円盤に共通する年輪は、一番外側の年輪である。それを伐採時の年齢を示す年輪とする。

各円盤上で樹皮側から中心に向かって樹齢から五の倍数年を差し引いた残年数に当たる年輪に印をし、そこからは年齢を五年ごと数えて印をつけ、その印をつけた年輪が四方向とも対応しているか確かめる。中心をゼロとし、各方向の外側に向かって印づけした五年ごとの年輪までの長さをミリ単位で読み取り記録する。このとき各円盤の中心から計る年輪数は、五年またはそれ以下となる。

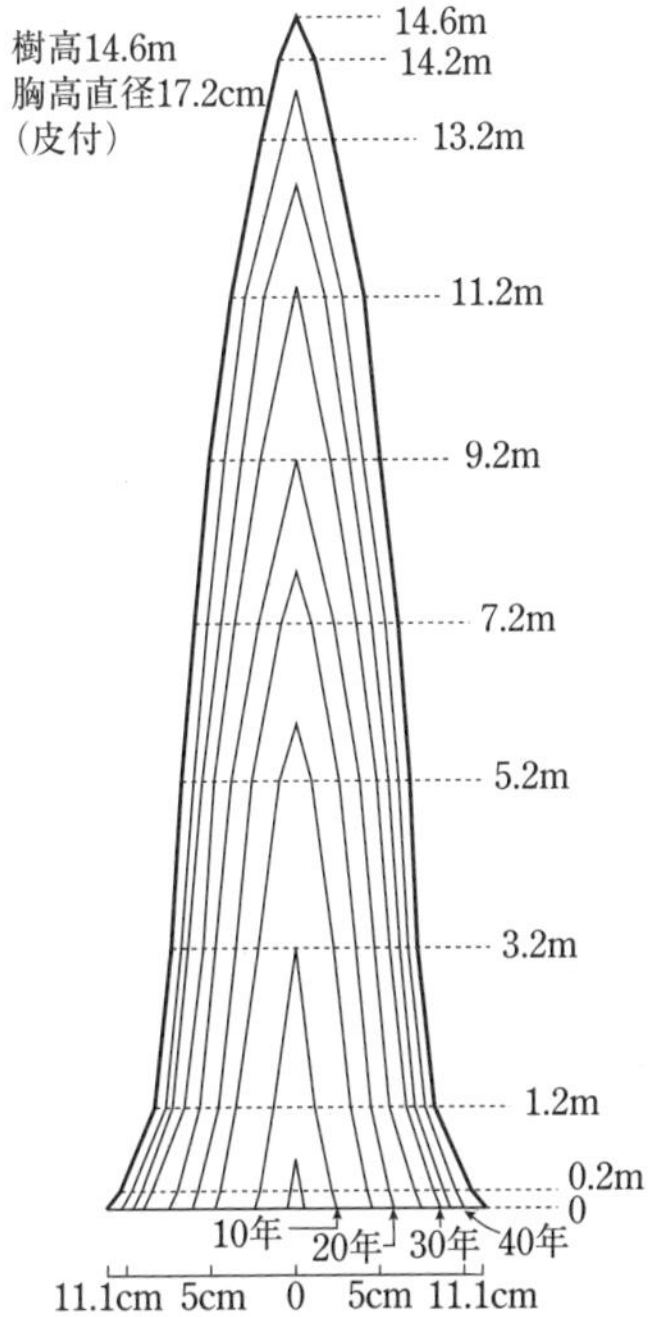

樹齢44年のヒノキの樹幹解析（断面）図

ヒノキの樹を梢から根元まで縦割りにした成長のパターン

四本の半径の読み取りが終わると、四つの読み取り結果を平均する。このような作業を採取した円盤のすべてについて行う。樹皮から数えて五本分の年輪幅を測定するというのは、樹皮にくっついている部分が最も新しい年輪であり、それから内部に向かっての五本は、最近の五年間に成長したものであり、樹皮部分から五年単位でどんな成長ぶりをみせているかを知るためのものである。

測定が完了すると、測定値に基づいて図化していく。方眼紙に、まず地際部分の樹心の位置を記し、適宜の縮尺でその両側に平均した五年毎の年輪間での長さを記していく。普通高さは二〇分の一、直径は二分の一程度とする。そして梢までのすべての円盤の測定値を順に図上に落としていく。測定値の位置が図上に落とされると、梢の頂上から樹皮の外側の値の部分を結んでいく。次は梢の頂上から樹皮の内側の線を結んでいき、これで樹皮の地際から梢までの厚みがわかる。

同じようにして今度は梢の頂上から、樹皮から最初に読み取った位置を結んでいき、最近五カ年間の肥大成長量が分かる。この作業をくりかえしていくと、図面は竹ノ子のような姿が描きだされる。これがこの樹の断面の縮図である。この図を元にして、それぞれの位置における円盤の面積を計算し、それに長さを乗じて丸太の材積を算出し、最後にそれぞれの丸太の材積を積算して、その木の材積（体積）を求めるのである。

五年単位での材積が計算されるので、それを基にして総成長量、定期成長量、連年成長量、平均成長量、成長率が算出される。この方法で樹木の材積を求めるのは、調査や研究資料とするためのものであり、林を販売する目的で林全体の材積を求めるのは、別の簡便な方法によるのである。林業には山地の樹木を育成し、生活資材として供給するという役目があり、林学はそれを学問的に研究するものであるから、育成しているスギやヒノキがどのように成長するのかを推定し、それを種々の計画に反映させるため、年輪幅を活用しているのである。

年輪から気象変動を読みとる

一方、人々の生活に直接影響をおよぼしている気象を研究する学問に携わっている人たちは、樹木が形成している年輪から、過去の気象を読みとろうとする試みを大正年代から始めていた。大正一〇年（一九二一）、平野烈介は明治四二年（一九〇九）の暴風雨で倒れた樹齢二五〇年余のスギの断面を使い、年輪毎の面積を求めて、全体の生育量を計算した。そして生育量の変動から三三年周期があることを読みとり、気象学でいうところのブリュックナーの周期にあたる、と推定している。

昭和五年（一九三〇）、岐阜県高山市にある高山測候所長であった山沢金五郎は、伊勢神宮の造営用材として伐採されたヒノキの八〇二年分の年輪幅を、四方向にわたって計測し、年輪の変動変化と気象の関連を論じた。山沢の計測した年輪幅のデータは、「檜年輪調査成績」と題して、分厚い報告書にまとめられた。報告書は前編一冊、後編二冊の三冊から成っている。この計測値データは、発表以来多くの研究者がそれを引用している。

昭和一〇年（一九三五）、志田順は飢饉《ききん》の記録を調べ、そこから一〇〇年ないし七〇〇年の周期があることを認めることができるとした。その裏付けは、台湾の阿里山産の樹齢一〇五〇余年のベニヒ（紅檜）一本の年輪幅を計測し、成長年率をもとめ、そこから二種類の周期が読みとれるとしている。

昭和一八年（一九四三）、関野克はアメリカのダグラスの研究成果を読み、法隆寺の中門の柱材や同寺が収蔵している百万塔の年輪幅を計測している。関野は年輪幅だけでなく、樹木としての成長量が重要であると考え、年輪全周の面積をとりあげ、紙にトレースした年輪を切り抜いてその重さをはかり、そこからその年の樹木の生育量を推定するということを考えた。しかし、戦争とその後の混乱で研究は進展できずに終わった。

昭和一九年（一九四四）、四手井綱英は秋田県下の秋田営林署管内の八カ所の地点から、それぞれ三九点から九五点という多数の試料を採取し、その年輪幅を計測した。そのデータから、昭和三年（一九二八）から同一七年にかけての変動変化と降水係数が対応しているとの結論を導きだしている。降水係数とは、年降水量と年平均気温との比をとったもので、「降水係数がある数値より大きくなってもちいさくなってもスギの肥大成長は悪くなる」との結論であった。四手井のような多数の試料をつかっての計測データの取り方や、データ処理は、それまでの一本の樹木の年輪の計測データからの読みとり方とは違って、画期的なものであった。

戦後の昭和二七年（一九五二）、西岡秀雄は法隆寺五重塔心柱から約二五〇層の年輪幅を計測し、天平一〇年（七三八）ごろ建てられた法隆寺東院夢殿の桁材《けた》の約二〇〇層の年輪データと比較した。西岡は前提として、夢殿の桁材の年輪データを夢殿が建立された天平時代からはじまって約二〇〇年間溯った期間としていた。桁材に認められる成長良好期と不良期の変動を手掛かりに、心柱の年輪変動パターンと比較し、「心柱の外側部分が、夢殿桁材の西暦六〇〇年以前の部分と相似であり、五重塔心柱が推古一五年（六〇七）以前に伐採された樹木であることを裏書きする」と結論づけた。西岡はこれを同年開催の日本考古学協会第一〇回総会に、「年輪より観たる法隆寺五重塔の創建年代」と題する論文で発表した。西岡の研究は、年輪幅を考古学上の年代判定にもちいる先駆的なものであったが、当時学会からはほとんど反応がなかったといわれている。

昭和三五年（一九六〇）以降、年輪と気候、あるいは年輪から火山爆発の年代を読みとったり、年輪がカドミウム鉱害の発生年を記録していたとする研究が散発的に発表された。

年輪幅を考古学に活用

年輪年代法をわが国の考古学の年代確定に応用した人がいた。

奈良国立文化財研究所の光谷拓実で、農家に生まれ、小さいときから植物が好きで、東京農業大学、千葉大学大学院で造園を学び、奈良文研に入所後は出土木製品の樹種鑑定などの仕事をしていた。そのキャリアを生かして、昭和五五年（一九八〇）年から年輪年代法に本格的に取り組みはじめた。光谷が一七年かけて研究してきた年輪年代法が、その成果を現したのは、弥生時代中期の大規模な環濠遺跡として知られた大阪府和泉市と泉大津市にまたがる池上曽根遺跡の年代確定であった。

貯木場に集められた木曽ヒノキの大木。この木の年輪幅が考古学に大きな貢献をしていた（中部森林管理局提供）

平成八年（一九九六）四月、奈良国立文化財研究所はこの遺跡が「紀元前五二年ごろのものである」と発表した。決め手となったのは、宮殿とみられる遺構につかわれていた直径七〇センチのヒノキの柱根であった。地面に穴を掘って埋めた掘っ建て柱であったから、樹皮部分まで良く残っていた。これに年輪年代法の「ものさし」（暦年標準パターン）をあてると、最も外側の部分の年輪、つまり伐採された年の年輪は紀元前五二年とわかったのである。

これとは別に、外側部分がすこし削られた柱では、紀元前五六年までの年輪が判別された。池上曽根遺跡の宮殿は、この柱材が伐採された後でなければ造られることはあり得ないので、この建物の造営年は紀元五二年をさかのぼることはできない。こうして遺跡の造られた実際の年代（絶対年代）が決められたのである。

考古学者にとっては、これまでは出土する中国の貨幣や鏡、土器の様式の変化などを加味して、相対的に遺跡の造られた年代を決めてきていたので、動かしようのない実年代（絶対年代）を決めることは長年の悲願であった。土器様式の変化などは相対的な編年のため、つくられた年代にズレがあり、精緻な論議ができてこなかったと考えられている。それについて柏原精一は「年輪の『ものさし』年刻みで『弥生』が論じられる日」（雑誌『グリーン・パワー』一九九七年一月号）で、つぎのように絶対年代が分かることの利点を述べている。

中国との「時差」をどれくらいみるかといった問題がつきまとい、たとえば「紀元一世紀」という判定も、明確な科学的、客観的な根拠をもつものとはいえなかった。実際に、この編年法では、遺跡の年代が研究者によって百年以上も違ってしまうような事態がまま起きた。

実年代のはっきりした遺跡ができ、歴史上の「定点」が定まれば、編年の論議は一気に精密なものとなる。定点が増えれば、弥生を一年刻みで論じる時期がいずれくる。文化の地域差などがはっきりしてくれば、「耶馬台国論争」に最終的な答えが出てくるかもしれない。

「紀元五二年ごろ」が考古学にもたらした前進は、はかりしれぬほど大きい。

このように、光谷拓実が開発したヒノキの年輪を読み解く年輪年代法を、最初にあてはめた池上曾根遺跡の絶対年代の決め方が、考古学に与えた影響の大きさを述べている。正確な年代を判定することは、歴史を語ることとなる考古学、建築史、美術史（絵画や木像彫刻）、文献史学などにおいては重要な仕事であり、もっとも難しい仕事であった。その難しい年代の判定を、わが国では一年に必ず一つの輪ができるという樹木の年輪の特性を利用した「ものさし」にあてはめることで、できるようになったのである。対象となる木の年輪の大きさを一つ一つ丁寧に、一〇〇分の一ミリ単位で計測しなければならないという手間はかかるけれども、その正確さはこれまでにないものである。

考古学に使われる年輪パターン

考古学で遺跡の絶対年代を決めるときにもちいられる年輪年代法の年輪の「暦年標準パターン」は、木材に刻まれている年輪幅の変化をパターン（模式）化したものである。

樹木の年輪は、年々の気象にあらわれる寒暖や雨量の大小などを反映して、年によって大きく成長したり、あるいは成長量がすくなかったりして、その幅は一定していなくて、不規則な変化をみせている。毎年の年輪幅を測定して、それをグラフに落としていくと、上下して波のような形を描く。同じ環境に育った、同じ樹種であれば、この波はほぼ似通ってくる。この年輪の性質を利用して、同じ年に成長したものであるかどうかを、照合して、判定していくのである。そして一番外側の樹皮にくっついている年輪が、その木の伐採年となる。このように、年輪のパターンを「ものさし」として、使われている木の伐採年を知る方法を年輪年代法という。

光谷拓実は年輪年代法の「ものさし」の作り方を雑誌『グリーン・パワー』二〇〇三年二月号の「年輪年代法」で述べているので、要約しながら紹介する。

年輪年代法の基礎は、まず樹木ごとに、基準とするために、過去の年輪の変動を調べることにある。最初のしごとは、現に生育している樹木（現生木）の年輪幅を計測することである。年輪幅を計測するためには、その樹木を伐採しなければならないので、伐採年が確実にわかる。また伐採できない場合は、樹体にキリを差し込んで試料を採取するので、これも採取年がわかる。伐採年・採取年が明確であるから、最

東大寺の南大門。こんな古い建物の修理部材から年輪を測定し、現生木の年輪に継ぎ足して、標準年輪幅変動パターンができる。

も外側の年輪が何年のものかがわかる。それから内側に向けて、順に数えていけば、原則としてその中の年輪が、何年に形成されたものかが分かる。

原則はこうであるが、気象条件、虫害などによって、全周を巡っていない不連続年輪や、一つの年輪の中にあたかも年輪のような晩材様の組織ができている場合があり、これを偽年輪という。年数を数える場合には、これらの不連続年輪や偽年輪を除いてすることが、もっとも注意しなければならない事柄である。

それから、伐採年、採取年が明確な木の年輪幅を、顕微鏡をつかって、専用の年輪読み取り器で、一〇ミクロン（一ミクロンは一〇〇〇分の一ミリ）単位で計測する。この計測した値のデータを、年輪データという。

年輪データをグラフにすると、年々の成長量つまり年輪幅が表わされ、年輪幅は年毎に上下し、不規則な波の形が描き出される。これが年輪幅の変動パターンである。一本のデータだけでは誤差が大きくなるので、一定の地域のなかで、同時代に生育した二〇点前後の標本から年輪データを採取し、これを平均するとほぼ標準的な変動パターンとなると考えられる。この平均した変動パターンを、標準年輪幅変動パターンといい、略して標準パターンとよばれている。

現に生育している樹木（現生木）から得られる年輪は、あまり古くまでさかのぼることができない。たとえば現に生育しているヒノキの場合の年輪はせいぜい二〇〇〜三〇〇年であるが、伐採年が分かったものを含めれば五〇〜一〇〇年は溯ることができる。そこで、いまから三〇〇年くらい前までは、比較的簡単に標準パターンは作成できる。

それより古い時代の標準パターンのつくり方はどうするかというと、古い建物の修理部材から年輪を多数計測し、ひとまず暦年が確定していない標準パターンをつくる。このパターンの樹皮方向（外側）に近い部分を、前に作成していた現生木の標準パターンの樹木の中心に近い（古い）部分と照合する。そこで同じ変動パターンを示す部分があれば、そこで年代が重なったとみるのである。変動パターンの重複部分がわかれば、その位置で繋ぎ、過去へと溯って、年輪パターンを延ばしていくことができる。こんな作業を古い建物部材から、新しい遺跡の出土部材へ、新しい遺跡の部材から古い遺跡の部材へと繋ぎ、標準パターンを溯っていくのである。

こうして出来上がった長期間の標準パターンは、伐採年が明確に分かっている年輪が基準となっているため、すべての年輪の実年がわかるのである。このように暦年の確定している標準パターンは、暦年標準年輪幅変動パターン、略して暦年標準パターンと呼ばれている。この暦年標準パターンが、遺跡から出土した木製品の暦年を正確に決定づける「ものさし」なのである。「ものさし」である暦年標準パターンには、絶対にミスがあってはならない。作成するときに、一年読みちがえると、一年の年数が前後してしまい、一年分誤った年代を出してしまうことになるからだ。

最初の暦年標準パターンはヒノキ

樹木の年輪をつかった年輪年代法は、プラス・マイナス何年という統計的誤差を伴わない最も精度の高

木曽の赤沢自然林内のヒノキの大木。ヒノキの標準パターンは木曽ヒノキの現生木からはじめられた。

い自然科学的年代法である。年輪年代法の良さは、限定された正確さで実年代を出せる点である。

年輪年代法はわが国では、奈良文化財研究所が昭和五五年（一九八〇）ごろから試行的に研究を開始し、同六〇年ごろにはヒノキ年輪を使った年輪年代法の実用化にこぎつけたのである。

ヒノキの標準パターンはまず現生木から始められ、長野県の木曽ヒノキ、岐阜県の裏木曽ヒノキの円盤標本を総数六〇点選び、これから計測した年輪データを総平均した。このほかに九二五層の名古屋営林支局保管の付知産の大円盤標本一点、山沢金五郎が計測した八〇二層の年輪データ、八三六層の年輪をもつ付知営林署管内からの円盤標本の三点を加えた総数六三点の年輪データによって、ひとまず西暦一〇〇九年（平安時代の寛弘六年）から一九八四年（昭和五九年）までの九七六年分の平均パターンが作成された。このうち暦年標準パターンと見做すことができる年代の範囲は、一六九五年から一九八三年までであり、一六六三年以前の部分は年輪データが三〜四点という少なさで、脆弱部分と考えられた。

脆弱部分を補強することと、さらに過去に遡るために日本各地の古建築の修理現場や、木材が大量に出土している遺跡をたずね歩き、資料を収集した。

①平城京跡から出土した柱根類や井戸枠材で、八七五年分

②奈良東大寺二月堂参籠所・愛知県清洲城下町遺跡出土材などで、一二〇一年分補強
③京都府鳥羽離宮出土木材で、六一一年分
④広島県草戸千軒出土木材で、五七二年分
⑤愛知県清洲城下町遺跡や福井県一乗谷朝倉氏遺跡出土木材で、八一一年分

これらを照合して年輪パターンが合致した部分から先端を繋いでいき、昭和六〇年（一九八五）一一月に、現代から紀元前三七年におよぶ二〇二一年分のヒノキの暦年標準パターンが完成した。ヒノキの暦年標準パターンは、その後各地の遺跡出土木材や埋没樹幹などの年輪データにより、平成一五年（二〇〇三）現在で紀元前九一二年まで延長できている。

ヒノキと同様に、遺跡からたくさん出土するスギの暦年標準パターンは、植生分布がヒノキより広く、遺跡からの出土品にはスギ製品が多い。自然災害などで埋没したスギが土木工事などでしばしば見つかることなどから、ヒノキよりも長く紀元前一三一三年まで作成されている。紀元前一三一三年といえば、弥生時代を通り抜け、縄文時代に手が届くほどの年代である。

暦年標準パターンによる年代確定

年輪年代法の暦年標準パターンによる遺跡の年代確定は大きな成果を収めつつあるが、これまでの成果を概略説明する。

昭和六〇年（一九八五）一一月一三日の『朝日新聞』は、奈良文化財研究所が年輪年代法での測定の結果、滋賀県甲賀郡信楽町（現甲賀市）にある宮町遺跡こそが『続日本紀』にある紫香楽宮《しがらきのみや》跡だと断定したことを報じている。宮町遺跡は、昭和四〇年（一九六五）代前半におこなわれた県営圃場整備事業の工事

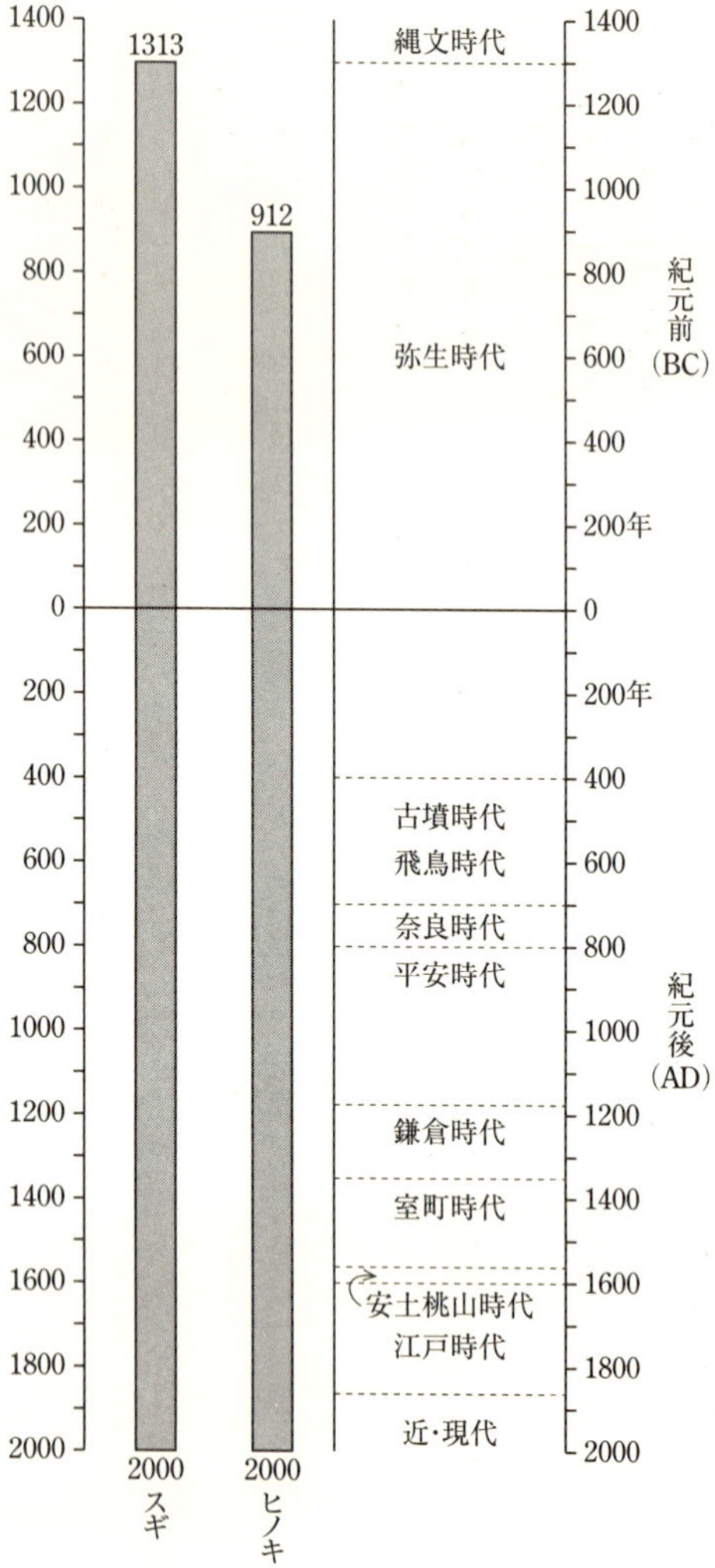

ヒノキとスギの暦年標準パターンの完成年数
（『グリーンパワー』2003年６月号「樹種別の暦年標準パターンの作成状況」をもとに作成）

中に宮町地域で巨大な掘立柱建物の柱根が三本、偶然発見されたことにはじまる。樹種はヒノキで、平城京跡から出土する柱根とほぼ同じ太さで、直径は約四〇センチあった。これら三本のうちの一部に樹皮が残っているものがあった。

同研究所は三本の柱根から標本をとり、年輪計測をおこなった。樹皮付きの柱根からは二四五年分、他の二点からはそれぞれ二四〇年分、三一八年分の年輪幅データがとれた。これら三本の年輪パターンと、約二〇〇〇年間の暦年標準パターンを照合したところ、三本ともよく合致し、それぞれ残っている最外年輪の暦年を求めることができた。樹皮が残存していた柱根の年輪年代は西暦七四三年（奈良時代の聖武天皇の御代の天平一五年）であった。

紫香楽宮は聖武天皇の時代、京都府加茂町（現木津川市）に所在する恭仁《くに》京に遷都したすぐ翌年の天平一四年（七四二）の八月に造営が開始され、当初は離宮として活用されていたが、天平一七年（七四五）一月に本格的に紫香楽宮に遷都された。しかし山火事や地震などが相次いだことから、わずか四カ月で平城京に遷都したという短期間の都であった。

前述した新聞報道は関係者に大きな衝撃を与え、これを契機に宮町遺跡の全面発掘に向けての調査体制がしかれ、翌年から調査が開始された。調査の経過のなかで、用材として使えないヒノキの大径木や根株などが多数発掘され、当時この地域はヒノキの大森林があったことがわかり、紫香楽宮造営用材は現地調達されていたことが判明したのである。

鳥取県東伯郡三朝《みささ》町三徳山の中腹で、標高四七〇メートルの断崖絶壁にしがみつくように建っている山岳寺院の投入堂《なげいれどう》は、国宝に指定されている。年輪年代法で、縁板の年輪を照合したところ、最外年輪の年代は一〇九四年（院政のはじまって間もなくの嘉保元年）であり、平安時代後期にあたった。この結果、投入堂はわが国最古の神社本殿形式の建物であることが確定した。

古墳の年代を決定したものに奈良県天理市の勝山古墳がある。この古墳は、耶馬台国の女王卑弥呼の墓として有力視されている箸墓《はしばか》古墳のすぐ近くにある。平成一三年（二〇〇一）に奈良県立橿原考古学研究所がおこなった調査のとき、周濠埋土内から柱材や板材などの断片であるが多くの木材が出土した。この中からヒノキ材で年輪が一〇〇層以上あると思われるものを四点選定し、年代測定をした。二・九センチほど辺材部が残っていて、かなり原木の伐採年代に近いものの、最も新しい年輪年代は西暦一九九年であった。ここからは推論となり、辺材部の大きさを四センチと見積もると、残りの辺材は一・一センチで、その間に年輪は八～九層あると推察された。つまりこの板材の伐採年代は、西暦二一〇年を下らないことが予想された。勝山古墳は出現期の古墳として有名であり、この事実は古墳時代の開始年代が三世紀のごく早い段階にまで溯る可能性が大きくなった。耶馬台国論争にも一石を投じることになり、同年五月にマスコミで大きく報道された。

参考文献

〔古典〕

倉野憲司校注『古事記』岩波文庫　岩波書店　一九六三
佐佐木信綱編『新訂・新訓　万葉集　上巻』岩波文庫　岩波書店　一九八八
佐佐木信綱編『新訂・新訓　万葉集　下巻』岩波文庫　岩波書店　一九九一
宇治谷孟『全現代語訳　日本書紀　上』講談社学術文庫　講談社　一九九〇
宇治谷孟『全現代語訳　日本書紀　下』講談社学術文庫　講談社　一九九〇
宇治谷孟『全現代語訳　続日本紀　上』講談社学術文庫　講談社　一九九二
吉野裕訳『風土記』東洋文庫　平凡社　一九八六
増田繁夫校注『枕草子』和泉書院　一九八七
町田嘉章・浅野建二編『日本民謡集』岩波文庫　岩波書店　一九六〇
中村俊定校注『芭蕉俳句集』岩波文庫　岩波書店　一九七〇
尾形仂校注『蕪村俳句集』岩波文庫　岩波書店　一九八九
喜田川守貞著・宇佐美英機校訂『近世風俗志』岩波文庫　岩波書店　一九九六
中田祝夫校注・訳『日本霊異記』完訳日本の古典8　小学館　一九八六
島田勇雄・竹島敦夫・樋口元巳訳注『和漢三才図会　一五』東洋文庫　平凡社　一九九〇

〔辞書・図鑑類〕

新村出編『広辞苑　第四版』岩波書店　一九九一
野間清六『日本美術大系　第二巻　彫刻』講談社　一九五九
国史大辞典編集委員会編『国史大辞典　四』吉川弘文館　一九八三
国史大辞典編集委員会編『国史大辞典　六』吉川弘文館　一九八五
国史大辞典編集委員会編『国史大辞典　一一』吉川弘文館　一九九〇
大槻文彦『大言海』富山房　一九五六

〔樹木・林業・木材関係〕

牧野富太郎『学生版　原色牧野日本植物図鑑』北隆館　一九八五
牧野富太郎『牧野新日本植物図鑑』北隆館　一九六一
林弥栄『日本産針葉樹の分類と分布』農林出版　一九六〇
林弥栄『有用樹木図説（林木編）』誠文堂　一九六九
上原敬二『樹木大図説　I』有明書房　一九六一
佐藤敬二『日本のヒノキ　上巻』全国林業改良普及協会　一九七一
農林省編『日本林制史史料　豊臣時代以前』朝陽会　一九三四
農林省編『日本林制史史料　江戸幕府法令』朝陽会　一九三〇
農林省編『日本林制史史料　和歌山藩』朝陽会　一九三一
農林省編『日本林制史史料　高知藩』朝陽会　一九三三
農林省編『日本林制史史料　名古屋藩』朝陽会　一九三二
農林省編『日本林制史史料　岡山藩』朝陽会　一九三三
農林省編『日本林制史史料　江戸時代社寺領　金剛峰寺領』朝陽会　一九三三
農林省大臣官房総務課編『農林行政　第十四巻』農林省　一九七三

農商務省山林局編『木材の工芸的利用（復刻版）』林業科学技術振興所　一九八二
帝室林野局編『ひのき分布考』林野会　一九三七
帝室林野局編『ひのき分布考（資料）』林野会　一九三八
農林省大臣官房総務課編『農林行政史　第十四巻』農林省　一九七三
三浦伊八郎・本田正次・小野陽太郎・林弥栄監修、帝国森林会編著『日本老樹名木天然記念樹』一九六二
和田豊洲『四国の植物分布とその生態』高知営林局　一九七三
笠原六郎「尾鷲林業史」日本林業技術協会編・発行『林業技術史　第一巻　地方林業編上』一九七二
大友栄松・原寿男・小幡進「木曽林業技術史」日本林業技術協会編・発行『林業技術史　第二巻　地方林業編下』一九七六
宮原省久「木材利用の変遷」日本林業技術協会編・発行『林業技術史　第五巻　木材加工編・林産化学編』一九七〇
四手井綱英・赤井龍男・斎藤英樹・河原輝彦『ヒノキ林　その生態と天然更新』地球社　一九七四
有木純善『吉野の林業と桜』大阪営林局造林課　一九七三
小原二郎『木の文化』SD選書　鹿島出版会　一九七二
小原二郎『木の文化をさぐる』NHKブックス　日本放送出版協会　二〇〇三
西岡常一・小原二郎『法隆寺を支えた木』NHKブックス　日本放送出版協会　一九七八
大澤一登編『檜』日本の原点シリーズ木の文化2　新建新聞社出版部　二〇〇三
渡辺典博『巨樹・巨木』山と渓谷社　一九九九
平田利夫『木曽路の国有林』林野弘済会長野支部　一九六七
所三男『近世林業史の研究』吉川弘文館　一九八〇
所三男「江戸城西丸の再建と用材」『徳川林政史研究所昭和四八年度研究紀要』徳川林政史研究所　一九七四
平野秀樹・巨樹巨木を考える会『森の巨人たち・巨木一〇〇選』講談社　二〇〇一

読売新聞社編・発行『新・日本名木一〇〇選』一九九〇
高知県緑の環境会議森林・林業・山村研究会編著『高知レポート　高知の森林と林業・山村』高知市文化振興事業団　一九八八
銘木史編集委員会編『銘木史』全国銘木連合会　一九八六
高知営林局著・発行『特定地域（幡多ヒノキ）森林施業基本調査報告書』一九八二
岐阜県林政部著・発行『東濃桧産地銘柄化のための調査報告書』一九八四
鹿児島県林業史編纂委員会編『鹿児島県林業史』鹿児島県　一九九三
只木良也・鈴木道代「物質資源・環境資源としての木曽谷の森林（1）木曽谷の森林施業」『名古屋大学農学部森林生態生理学研究室・演習林報告　一三』名古屋大学農学部演習林　一九九四
中沢和彦『日本の森を支えた人たち』晶文社　一九九二
伊藤ていじ監修『聞き書き・日本建築の手わざ　第一巻　堂宮の職人』平凡社　一九八五

〔地誌・地方史〕

下中邦彦編『京都府の地名』日本歴史地名大系第二六巻　平凡社　一九八一
下中邦彦編『三重県の地名』日本歴史地名大系第二四巻　平凡社　一九八三
下中邦彦編『滋賀県の地名』日本歴史地名大系第二五巻　平凡社　一九九一
下中邦彦編『奈良県の地名』日本歴史地名大系第三〇巻　平凡社　一九八一
高島町史編さん室編『高島町史』高島町役場　一九八三
木津町史編さん委員会編『木津町史　本文篇』木津町　一九九一
南山城村史編さん委員会編『南山城村史　本文編』南山城村　二〇〇五
付知町編・発行『付知町史　通史編・史料編』一九七四
楢川村誌編纂委員会編『檜物と宿でくらす人々　木曽・楢川村誌第三巻　近世編』楢川村　一九九八
七宗町教員委員会・七宗町史編纂委員会編『七宗町史　通史編』七宗町　一九九三

七宗町教員委員会・七宗町史編纂委員会編『七宗町史　史料編』七宗町　一九八六
南木曽町誌編さん委員会編・発行『南木曽町誌　通史編』一九八二
木曾福島町教員委員会編『木曾福島町史　第一巻（歴史編）』木曾福島町　一九八二
上松町誌編纂委員会編『上松町誌　第三巻　歴史編』上松町教育委員会・上松町誌編纂委員会　二〇〇六
岐阜市編・発行『岐阜市史　通史編　民俗』一九七七
中津川市編・発行『中津川市史　中巻Ⅱ』一九八八

［考古学・科学・技術］
島地謙・伊東隆夫編『日本の遺跡出土木製品総覧』雄山閣出版　一九八八
志村史夫『古代日本の超技術　あっと驚くご先祖様の知恵』ブルーバックス　講談社　一九九七
小口正七『火をつくる――発火道具の変遷』裳華房　一九九一
法隆寺昭和資材帳編集委員会編『昭和資材帳5　法隆寺の至宝　百萬塔・陀羅尼経』小学館　一九九一

［雑誌等に掲載された論文・随筆］
佐々木恵彦「針葉樹の葉から採れる油」雑誌『グリーン・パワー』一九八九・三月号　森林文化協会
福永利江「折合の大ヒノキ　王者の風貌」雑誌『グリーン・パワー』一九九〇・一一月号　森林文化協会
吉野洋三「漆器産地と渋下地の椀」雑誌『グリーン・パワー』一九八六・一月号　森林文化協会
西口親雄「ヒノキ、その長所がもたらす罪」雑誌『グリーン・パワー』一九八四・五月号　森林文化協会
小島麗逸「木は味をつくる」雑誌『グリーン・パワー』一九八六・一一月号　森林文化協会
上村武「木の紳士録　ヒノキ」雑誌『グリーン・パワー』一九九七・九月号　森林文化協会
香川隆英「美しい森で心と身体を癒すセラピー基地35カ所に」雑誌『グリーン・パワー』二〇〇八・八月号
森林文化協会
木村政生「神宮式年遷宮」雑誌『グリーン・パワー』二〇〇五・一二月号　森林文化協会

木村政生「御造営用材」雑誌『グリーン・パワー』二〇〇五・一一月号　森林文化協会
木村政生「式年遷宮諸祭」雑誌『グリーン・パワー』二〇〇五・三月号　森林文化協会
木村政生「神宮式年遷宮と御杣山」雑誌『グリーン・パワー』二〇〇五・一月号　森林文化協会
木村政生「御杣山の変遷について（一）（二）（三）」雑誌『グリーン・パワー』二〇〇五・六月号、七月号、八月号　森林文化協会
木村政生「御杣山の復元（一）（二）」雑誌『グリーン・パワー』二〇〇五・九月号、一〇月号　森林文化協会
井原俊一「伊勢の神宮材、七〇〇年ぶりに自給へ」雑誌『グリーン・パワー』二〇〇一・五月号　森林文化協会
吉野洋三「漆器産地と澁下地の椀」雑誌『グリーン・パワー』一九八六・一月号　森林文化協会
成田寿一郎「法隆寺の百万塔」雑誌『グリーン・パワー』一九九六・一月号　森林文化協会
光谷拓実「法隆寺五重塔心柱」雑誌『グリーン・パワー』二〇〇三・一月号　森林文化協会
光谷拓実「年輪年代法」雑誌『グリーン・パワー』二〇〇三・二月号、森林文化協会
光谷拓実「欧米における年輪年代学研究史」雑誌『グリーン・パワー』二〇〇三・三月号　森林文化協会
光谷拓実「日本における年輪年代学研究史」雑誌『グリーン・パワー』二〇〇三・四月号　森林文化協会
光谷拓実「二〇〇〇年間の暦年標準パターンの完成」雑誌『グリーン・パワー』二〇〇三・六月号　森林文化協会
光谷拓実「ヒノキの暦年標準パターンが歴史年表になった瞬間」雑誌『グリーン・パワー』二〇〇三・七月号　森林文化協会
光谷拓実「東大寺南大門金剛力士像二体の謎にせまる」雑誌『グリーン・パワー』二〇〇三・一〇月号　森林文化協会
木曽森林管理署坂下事務所「樹齢一〇〇〇年　神坂大檜」雑誌『随想森林　四二』土井林学振興会　二〇〇〇

久世権一「尾鷲林業」雑誌『林業技術』六二三号　日本林業技術協会　一九九四
川村誠「吉野林業の過去・現在・未来」雑誌『林業技術』六二八号　日本林業技術協会　一九九四
伊藤貴文・植貞男「スギ（ヒノキ）皮和紙製造技術の開発とその普及」雑誌『林業技術』六二八号、日本林業技術協会　一九九四
後藤佐雅夫「檜皮葺」雑誌『林業技術』六八八号　日本林業技術協会　一九九九
緑川祿「森林の利用と民謡」雑誌『山林』第六八四号　大日本山林会　一九三九
三好東一「檜の郷土に就て」雑誌『御料林』第七三号、帝室林野局　一九三四
原田文夫「木曽ヒノキ林の成立」雑誌『みどり』名古屋営林局　一九七六

あとがき

国有林という林業の職場に長年お世話になってきたので、林業樹種の代表的なヒノキの文化史をなんとかまとめたいと考え、資料の収集をしてきた。二〇一〇年二月に法政大学出版局の〈ものと人間の文化史シリーズ〉で『杉』（Ⅰ・Ⅱ）を出していただき、つづいて『檜』を出していただけることになり、嬉しく喜んでいるところである。

ヒノキのことを記していきながら、ヒノキはわが国に生育する数多い樹木のなかでも無骨な部類に入るのではないかとまず考えた。雪が解けて春が巡ってきても色鮮やかな若葉に変わることもなく、紅葉の秋はもちろんなく、一年中葉っぱの緑には変わりがない。幹はほとんど真っすぐで、絵を描かせる興趣もおこさせない。真面目一途である。山で生育している場所も、尾根の松、谷間の杉、中ほどの檜と林業人がいうように、わりあい人目につかない場所である。そんな控えめな樹木だから、樹姿の美しさをめでる日本人には興味がわかなかったのであろう。

しかし、木材としての有用性の点からは優等生で、これだけでヒノキは天下の最優良木と評価された。そして建築材として官（朝廷や幕府、あるいは藩）に独占されてきたが、明治の大政奉還のさいに呪縛がとけ、一般民衆もこぞってヒノキ造りの住宅を建築するようになった。戦後になっても続き、高度経済成長

朽ちかけたヒノキ伐根上に芽生えた幼生樹。この大きさで発芽から数年を経ている。写真上でおよそ30本が見える。この中から運のいい苗の一本が大木へと育っていく。

期に大量の外材が輸入され、木材価格が低迷していても、ヒノキは外材では代替えできないとして、価格が下落しなかった。ために、木材業者仲間ではヒノキ材であればとの「ヒノキ神話」が生まれた。それも木材の利用率が極端なほど少ない昨今の住宅建築法のもとでは、あっさりと消えていった。

ヒノキという樹木に含まれているヒノキ精油を用いて、ディーゼルエンジン排気ガスを浄化する装置ができたと『材政ニュース』第四〇〇号（二〇一〇年一一月一〇日付、日本林業調査会発行）が伝えている。この装置を建設機械やトラックに取りつけると、排気熱で気化したヒノキ精油水溶液が黒煙にまざって粒子が大きく（通常二・五ミクロンのものが一〇ミクロン以上に）なり、捕集《ほしゅう》と除去が容易になる。あわせてヒノキ精油のもつ殺菌・抗菌作用が発揮される。また、ヒノキ精油水溶液を加湿器に入れて用いると、部屋の乾燥を防ぐとともに消臭・殺菌・防虫、そして癒やし効果も期待できるという。さらにヒノキ精油にはダイオキシンを減らす働きのあることもわかったという。

この本を書くにあたって、優良なヒノキ材を産出する長野県木曽地方へ出かけたときのこと。上松町の赤沢自然休養林にあるヒノキ林を見にいったのだが、ここは昭和六〇年に伊勢神宮の遷宮用材を伐り出すための御杣始祭が行われたところで、ヒノキの大木が文字通り林立しており、いろんな森林を見てきた私も思わず身震いしたほどだった。

ここのヒノキ林は、江戸時代に一度良材となる大木の抜き伐りがおこなわれ、そのときの伐り株に芽生えたヒノキ苗が成長したものであった。林内に生育する大木のヒノキは根元に腐れかかった古株を抱いているか、あるいは根上り状態のものがあちこちにみられた。林業用語で倒木更新とか根株更新とかいうもので、幸いなことに林内にササの生育がなく、残された木から落下した種子が芽生え、三〇〇年前後の長い年月を経て、成長したものであった。根株にヒノキ苗がたくさん発生している様子がわかる写真をお見せする。あとがきに挿絵を用いることは滅多にないのだが、本文の中でこの写真を紹介するに適当な場所がなかったので、最後のところで説明用として載せていただくことにした。

日本三大美林の一つといわれる木曽檜の成立については巷間、「木一本首一つ、枝一本腕一つ」という厳罰があったからだといわれているが、調べてみると木曽地方の町村史誌や、領有していた尾張藩の記録を集めた『日本林制史資料　名古屋藩』でも、そのような重罰はみられなかった。他の藩でもあったように、盗伐者は追放、入牢、過料といった処置で収められていた。「木一本首一つ」はことわざとして、木曽地方の住民たちがあたかも重罰が課されるかのように言い触らし、自粛する手段としていたのであろう。

木曽山でササが生育している地域のヒノキ林再生には、元京都大学農学部の赤井龍男先生が取り組んでおられるが、その業績については触れられなかった。

また、伊勢神宮の遷宮用材を発足から第一七回遷宮まで伐り出していた神宮宮域林は、第一八回以後は他の山へと移り、平成二五年に予定されている第六二回遷宮でようやく必要材の二〇％が供給できる体制が整ったといわれる。この神宮宮域林のヒノキ林再生の話も面白そうであったが、スペースの都合もあり触れなかった。さらに、建築資材、あるいは彫刻、木工の最優良材であるヒノキ材を需要者たちに供給するためヒノキ種子の採取から、苗の育成、造林、そして造林地の手入れといった林業行為については触れていない。ヒノキはスギに次いで日本の林業樹種として第二位の栽培面積をもっているのであるが、地域の人々との関わりや民俗、あるいは詩歌などの精神世界にも踏みこめなかった。

いずれにしても、ヒノキの文化史とは名乗ったものの不足部分も多く、いろいろと不備、間違いがあると思う。ご指摘いただければ有難く思います。

本書の出版にあたって、ご理解をいただいた法政大学出版局とお世話になった松永辰郎氏、資料収集の際は多大なお世話を頂いた近畿大学中央図書館の中井悦子さん、さらには数多くの参考文献の著者各位に篤く御礼申し上げます。

平成二三年一月三〇日

有岡利幸

著者略歴

有岡利幸（ありおか　としゆき）

1937年，岡山県に生まれる．1956年から1993年まで大阪営林局で国有林における森林の育成・経営計画業務などに従事．1993～2003年3月まで近畿大学総務部総務課に勤務．2003年より（財）水利科学研究所客員研究員．1993年第38回林業技術賞受賞．
著書：『森と人間の生活――箕面山野の歴史』（清文社，1986），『ケヤキ林の育成法』（大阪営林局森林施業研究会，1992），『松と日本人』（人文書院，1993，第47回毎日出版文化賞受賞），『松――日本の心と風景』（人文書院，1994），『広葉樹林施業』（分担執筆，（財）全国林業普及協会，1994），『資料　日本植物文化誌』（八坂書房，2005）『松 茸』（1997），『梅 Ⅰ・Ⅱ』（1999），『梅 干』（2001），『里 山 Ⅰ・Ⅱ』（2004），『桜 Ⅰ・Ⅱ』（2007），『秋の七草』『春の七草』（2008），『杉 Ⅰ・Ⅱ』（2010），（以上法政大学出版局刊）

ものと人間の文化史　153・檜（ひのき）

2011年3月24日　初版第1刷発行

発行所　財団法人　法政大学出版局
〒102-0073 東京都千代田区九段北3-2-7
電話03(5214)5540／振替00160-6-95814
印刷・三和印刷／製本・誠製本

Printed in Japan

ISBN978-4-588-21531-5

ものと人間の文化史

★第9回梓会出版文化賞受賞

人間が〈もの〉とのかかわりを通じて営々と築いてきた暮らしの足跡を具体的に辿りつつ文化・文明の基礎を問いなおす。手づくりの〈もの〉の記憶が失われ、〈もの〉離れが進行する危機の時代におくる豊穣な百科叢書。

1 船　須藤利一編

海国日本では古来、漁業・水運・交易はもとより、大陸文化も船によって運ばれた。本書は造船技術、航海の模様の推移を中心に、漂流、船霊信仰、伝説の数々を語る。四六判368頁 '68

2 狩猟　直良信夫

人類の歴史は狩猟から始まった。本書は、わが国の遺跡に出土する獣骨、猟具の実証的考察をおこないながら、狩猟をつうじて発展した人間の知恵と生活の軌跡を辿る。四六判272頁 '68

3 からくり　立川昭二

〈からくり〉は自動機械であり、驚嘆すべき庶民の技術的創意がこめられている。本書は、日本と西洋のからくりを発掘・復元・遍歴し、埋もれた技術の水脈をさぐる。四六判410頁 '69

4 化粧　久下司

美を求める人間の心が生みだした化粧—その手法と道具に語らせた人間の欲望と本性、そして社会関係。歴史を遡り、全国を踏査して書かれた比類ない美と醜の文化史。四六判368頁 '70

5 番匠　大河直躬

番匠はわが国中世の建築工匠。地方・在地を舞台に開花した彼らの造型・装飾・工法等の諸技術、さらに信仰と生活等、職人以前の独自で多彩な工匠的世界を描き出す。四六判288頁 '71

6 結び　額田巌

〈結び〉の発達は人間の叡知の結晶である。本書はその諸形態および技法を作業・装飾・象徴の三つの系譜に辿り、〈結び〉のすべてを民俗学的・人類学的に考察する。四六判264頁 '72

7 塩　平島裕正

人類史に貴重な役割を果たしてきた塩をめぐって、発見から伝承・製造技術の発展過程にいたる総体を歴史的に描き出すとともに、その多彩な効用と味覚の秘密を解く。四六判272頁 '73

8 はきもの　潮田鉄雄

田下駄・かんじき・わらじなど、日本人の生活の礎となってきた伝統的はきものの成り立ちと変遷を、二〇年余の実地調査と細密な観察・描写によって辿る庶民生活史　四六判280頁 '73

9 城　井上宗和

古代城塞・城柵から近世代名の居城として集大成されるまでの日本の城の変遷を辿り、文化の各領野で果たしてきたその役割を再検討。あわせて世界城郭史に位置づける。四六判310頁 '73

10 竹　室井綽

食生活、建築、民芸、造園、信仰等々にわたって、竹と人間との交流史は驚くほど深く永い。その多岐にわたる発展の過程を個々に辿り、竹の特異な性格を浮彫にする。四六判324頁 '73

11 海藻　宮下章

古来日本人にとって生活必需品とされてきた海藻をめぐって、その採取・加工法の変遷、商品としての流通史および神事・祭事での役割に至るまでを歴史的に考証する。四六判330頁 '74

12 **絵馬** 岩井宏實

古くは祭礼における神への献馬にはじまり、民間信仰と絵画のみごとな結晶として民衆の手で描かれ祀り伝えられてきた各地の絵馬を豊富な写真と史料によってたどる。四六判３０２頁 '74

13 **機械** 吉田光邦

畜力・水力・風力などの自然のエネルギーを利用し、幾多の改良を経て形成された初期の機械の歩みを検証し、日本文化の形成における科学・技術の役割を再検討する。四六判２４２頁 '74

14 **狩猟伝承** 千葉徳爾

狩猟には古来、感謝と慰霊の祭祀がともない、人獣交渉の豊かで意味深い歴史があった。狩猟用具、巻物、儀式具、またけものたちの生態を通して語る狩猟文化の世界。四六判３４６頁 '75

15 **石垣** 田淵実夫

採石から運搬、加工、石積みに至るまで、石垣の造成をめぐって積み重ねられてきた石工たちの苦闘の足跡を掘り起こし、その独自な技術の形成過程と伝承を集成する。四六判２２４頁 '75

16 **松** 高嶋雄三郎

日本人の精神史に深く根をおろした松の伝承に光を当て、食用、薬用等の実用の松、祭祀・観賞用の松、さらに文学・芸能・美術に表現された松のシンボリズムを説く。四六判３４２頁 '75

17 **釣針** 直良信夫

人と魚との出会いから現在に至るまで、釣針がたどった一万有余年の変遷を、世界各地の遺跡出土物を通して実証しつつ、漁撈によって生きた人々の生活と文化を探る。四六判２７８頁 '76

18 **鋸** 吉川金次

鋸鍛冶の家に生まれ、鋸の研究を生涯の課題とする著者が、出土遺品や文献・絵画により各時代の鋸を復元・実験し、庶民の手仕事にみられる驚くべき合理性を実証する。四六判３６０頁 '76

19 **農具** 飯沼二郎／堀尾尚志

鍬と犂の交代・進化の歩みとして発達したわが国農耕文化の発展経過を世界史的視野において再検討しつつ、無名の農民たちによる驚くべき創意のかずかずを記録する。四六判２２０頁 '76

20 **包み** 額田巌

結びとともに文化の起源にかかわる〈包み〉の系譜を人類史的視野において捉え、衣・食・住をはじめ社会・経済史、信仰、祭事などにおけるその実際と役割とを描く。四六判３５４頁 '77

21 **蓮** 阪本祐二

仏教における蓮の象徴的位置の成立と深化、美術・文芸等に見る人間とのかかわりを歴史的に考察。また大賀蓮はじめ多様な品種とその来歴を紹介しつつその美を語る。四六判３０６頁 '77

22 **ものさし** 小泉袈裟勝

ものをつくる人間にとって最も基本的な道具であり、数千年にわたって社会生活を律してきたその変遷を実証的に追求し、歴史の中で果たしてきた役割を浮彫りにする。四六判３１４頁 '77

23-Ⅰ **将棋Ⅰ** 増川宏一

その起源を古代インドに、我国への伝播の道すじを海のシルクロードに探り、また伝来後一千年におよぶ日本将棋の変化と発展を盤、駒、ルール等にわたって跡づける。四六判２８０頁 '77

23-Ⅱ 将棋Ⅱ 増川宏一

わが国伝来後の普及と変遷を貴族や武家・豪商の日記等に博捜し、遊戯者の歴史をあとづけると共に、中国伝来説の誤りを正し、将棋宗家の位置と役割を明らかにする。四六判３４６頁 '85

24 湿原祭祀 第2版 金井典美

古代日本の自然環境に着目し、各地の湿原聖地を稲作社会との関連において捉え直して古代国家成立の背景を浮彫にしつつ、水と植物にまつわる日本人の宇宙観を探る。四六判４１０頁 '77

25 臼 三輪茂雄

臼が人類の生活文化の中で果たしてきた役割を、各地に遺る貴重な民俗資料・伝承と実地調査にもとづいて解明。失われゆく道具のなかに、未来の生活文化の姿を探る。四六判４１２頁 '78

26 河原巻物 盛田嘉徳

中世末期以来の被差別部落民が生きる権利を守るために偽作し護り伝えてきた河原巻物を全国にわたって踏査し、そこに秘められた最底辺の人びとの叫びに耳を傾ける。四六判２２６頁 '78

27 香料 日本のにおい 山田憲太郎

焼香供養の香から趣味としての薫物へ、さらに沈香木を焚く香道へと変遷した日本の「匂い」の歴史を豊富な史料に基づいて辿り、我国風俗史の知られざる側面を描く。四六判３７０頁 '78

28 神像 神々の心と形 景山春樹

神仏習合によって変貌しつつも、常にその原型＝自然を保持してきた日本の神々の造型を図像学的方法によって捉え直し、その多彩な形象に日本人の精神構造をさぐる。四六判３４２頁 '78

29 盤上遊戯 増川宏一

祭具・占具としての発生を『死者の書』をはじめとする古代の文献にさぐり、形状・遊戯法を分類しつつその〈進化〉の過程を考察。〈遊戯者たちの歴史〉をも跡づける。四六判３２６頁 '78

30 筆 田淵実夫

筆の里・熊野に筆づくりの現場を訪ねて、筆匠たちの境涯と製筆の由来を克明に記録しつつ、筆の発生と変遷、種類、製筆法、さらには筆塚、筆供養にまで説きおよぶ。四六判２０４頁 '78

31 ろくろ 橋本鉄男

日本の山野を漂移しつづけ、高度の技術文化と幾多の伝説とをもたらした特異な旅職集団＝木地屋の生態を、その呼称、地名、伝承、文書等をもとに生き生きと描く。四六判４６０頁 '79

32 蛇 吉野裕子

日本古代信仰の根幹をなす蛇巫をめぐって、祭事におけるさまざまな蛇の「もどき」や各種の蛇の造型・伝承に鋭い考証を加え、忘れられたその呪性を大胆に暴き出す。四六判２５０頁 '79

33 鋏（はさみ） 岡本誠之

梃子の原理の発見から鋏の誕生に至る過程を推理し、日本鋏の特異な歴史的位置を明らかにするとともに、刀鍛冶等から転進した鋏職人たちの創意と苦闘の跡をたどる。四六判３９６頁 '79

34 猿 廣瀬鎮

嫌悪と愛玩、軽蔑と畏敬の交錯する日本人とサルとの関わりあいの歴史を、狩猟伝承や祭祀・風習、美術・工芸や芸能のなかに探り、日本人の動物観を浮彫りにする。四六判２９２頁 '79

35 **鮫** 矢野憲一

神話の時代から今日まで、津々浦々につたわるサメの伝承とサメをめぐる海の民俗を集成し、神饌、食用、薬用等に活用されてきたサメと人間のかかわりの変遷を描く。四六判２９２頁 '79

36 **枡** 小泉袈裟勝

米の経済の枢要をなす器として千年余にわたり日本人の生活の中に生きてきた枡の変遷をたどり、記録・伝承をもとにこの独特な計量器が果たした役割を再検討する。四六判３２２頁 '80

37 **経木** 田中信清

食品の包装材料として近年まで身近に存在した経木の起源を、こけら経や塔婆、木簡、屋根板等に遡って明らかにし、その製造・流通に携った人々の労苦の足跡を辿る。四六判２８８頁 '80

38 **色** 染と色彩 前田雨城

わが国古代の染色技術の復元と文献解読をもとに日本色彩史を体系づけ、赤・白・青・黒等におけるわが国独自の色彩感覚を探りつつ日本文化における色の構造を解明。四六判３２０頁 '80

39 **狐** 陰陽五行と稲荷信仰 吉野裕子

その伝承と文献を渉猟しつつ、中国古代哲学＝陰陽五行の原理の応用という独自の視点から、謎とされてきた稲荷信仰と狐との密接な結びつきを明快に解き明かす。四六判２３２頁 '80

40-I **賭博I** 増川宏一

時代、地域、階層を超えて連綿と行なわれてきた賭博。——その起源を古代の神判、スポーツ、遊戯等の中に探り、抑圧と許容の歴史を物語る。全III分冊の〈総説篇〉。四六判２９８頁 '80

40-II **賭博II** 増川宏一

古代インド文学の世界からラスベガスまで、賭博の形態・用具・方法の時代的特質を明らかにし、夥しい禁令に賭博の不滅のエネルギーを見る。全III分冊の〈外国篇〉。四六判４５６頁 '82

40-III **賭博III** 増川宏一

聞香、闘茶、笠附等、わが国独特の賭博を中心にその具体例を網羅し、方法の変遷に賭博の時代性を探りつつ禁令の改廃に時代の賭博観を追う。全III分冊の〈日本篇〉。四六判３８８頁 '83

41-I **地方仏I** むしゃこうじ・みのる

古代から中世にかけて全国各地で作られた無銘の仏像を訪ね、素朴で多様なノミの跡に民衆の祈りと地域の願望を探る。宗教の伝播、文化の創造を考える異色の紀行。四六判２５６頁 '80

41-II **地方仏II** むしゃこうじ・みのる

紀州や飛騨を中心に草の根の仏たちを訪ねて、その相好と像容の魅力を探り、技法を比較考証して仏像彫刻史に位置づけつつ、中世地域社会の形成と信仰の実態に迫る。四六判２６０頁 '97

42 **南部絵暦** 岡田芳朗

田山・盛岡地方で「盲暦」として古くから親しまれてきた独得の絵解き暦を詳しく紹介しつつその全体像を復元する。その無類の生活暦は、南部農民の哀歓をつたえる。四六判２８８頁 '80

43 **野菜** 在来品種の系譜 青葉高

蕪、大根、茄子等の日本在来野菜をめぐって、その渡来・伝播経路、品種分布と栽培のいきさつを各地の伝承や古記録をもとに辿り、畑作文化の源流とその風土を描く。四六判３６８頁 '81

44　つぶて　中沢厚
弥生投弾、古代・中世の石戦と印地の様相、投石具の発達を展望しつつ、願かけの小石、正月つぶて、石こづみ等の習俗を辿り、石塊に託した民衆の願いや怒りを探る。　四六判338頁　'81

45　壁　山田幸一
弥生時代から明治期に至るわが国の壁の変遷を壁塗＝左官工事の側面から辿り直し、その技術的復元・考証を通じて建築史・文化史における壁の役割を浮き彫りにする。　四六判296頁　'81

46　箪笥（たんす）　小泉和子
近世における箪笥の出現＝箱から抽斗への転換に着目し、以降近現代に至るその変遷を社会・経済・技術の側面からあとづける。著者自身による箪笥製作の記録を付す。　四六判378頁　'82

47　木の実　松山利夫
山村の重要な食糧資源であった木の実をめぐる各地の記録・伝承を集成し、その採集・加工における幾多の試みを実地に検証しつつ、稲作農耕以前の食生活文化を復元。　四六判384頁　'82

48　秤（はかり）　小泉袈裟勝
秤の起源を東西に探るとともに、わが国律令制下における中国制度の導入、近世商品経済の発展に伴う秤座の出現、明治期近代化政策による洋式秤受容等の経緯を描く。　四六判326頁　'82

49　鶏（にわとり）　山口健児
神話・伝説をはじめ遠い歴史の中の鶏を古今東西の伝承・文献に探り、特に我国の信仰・絵画・文学等に遺された鶏の足跡を追って、鶏をめぐる民俗の記憶を蘇らせる。　四六判346頁　'83

50　燈用植物　深津正
人類が燈火を得るために用いてきた多種多様な植物との出会いと個々の植物の来歴、特性及びはたらきを詳しく検証しつつ「あかり」の原点を問いなおす異色の植物誌。　四六判442頁　'83

51　斧・鑿・鉋（おの・のみ・かんな）　吉川金次
古墳出土品や文献・絵画をもとに、古代から現代までの斧・鑿・鉋を復元・実験し、労働体験によって生まれた民衆の知恵と道具の変遷を蘇らせる異色の日本木工具史。　四六判304頁　'84

52　垣根　額田巌
大和・山辺の道に神々と垣との関わりを探り、各地に垣の伝承を訪ねて、寺院の垣、民家の垣、露地の垣など、風土と生活に培われた生垣の独特のはたらきと美を描く。　四六判234頁　'84

53-Ⅰ　森林Ⅰ　四手井綱英
森林生態学の立場から、森林のなりたちとその生活史を辿りつつ、産業の発展と消費社会の拡大により刻々と変貌する森林の現状を語り、未来への再生のみちをさぐる。　四六判306頁　'85

53-Ⅱ　森林Ⅱ　四手井綱英
森林と人間との多様なかかわりを包括的に語り、人と自然が共生するための森や里山をいかにして創出するか、森林再生への具体的な方策を提示する21世紀への提言。　四六判308頁　'98

53-Ⅲ　森林Ⅲ　四手井綱英
地球規模で進行しつつある森林破壊の現状を実地に踏査し、森と人が共存する日本人の伝統的自然観を未来へ伝えるために、いま何が必要なのかを具体的に提言する。　四六判304頁　'00

54 海老（えび） 酒向昇

人類との出会いからエビの科学、漁法、さらには調理法を語り、めでたい姿態と色彩にまつわる多彩なエビの民俗を、地名や人名、詩歌・文学、絵画や芸能の中に探る。四六判428頁 '85

55-Ⅰ 藁（わら）Ⅰ 宮崎清

稲作農耕とともに二千年余の歴史をもち、日本人の全生活領域に生きてきた藁の文化を日本文化の原型として捉え、風土に根ざしたそのゆたかな遺産を詳細に検討する。四六判400頁 '85

55-Ⅱ 藁（わら）Ⅱ 宮崎清

床・畳から壁・屋根にいたる住居における藁の製作・使用のメカニズムを明らかにし、日本人の生活空間における藁の役割を見なおすとともに、藁の文化の復権を説く。四六判400頁 '85

56 鮎 松井魁

清楚な姿態と独特な味覚によって、日本人の目と舌を魅了しつづけてきたアユ——その形態と分布、生態、漁法等を詳述し、古今のアユ料理や文芸にみるアユにおよぶ。四六判296頁 '86

57 ひも 額田巌

物と物、人と物とを結びつける不思議な力を秘めた「ひも」の謎を追って、民俗学的視点から多角的なアプローチを試みる。『結び』、『包み』につづく三部作の完結篇。四六判250頁 '86

58 石垣普請 北垣聰一郎

近世石垣の技術者集団「穴太」の足跡を辿り、各地城郭の石垣遺構の実地調査と資料・文献をもとに石垣普請の歴史的系譜を復元しつつ石工たちの技術伝承を集成する。四六判438頁 '87

59 碁 増川宏一

その起源を古代の盤上遊戯に探ると共に、定着以来二千年の歴史を時代の状況や遊び手の社会環境との関わりにおいて跡づける。逸話や伝説を排して綴る初の囲碁全史。四六判366頁 '87

60 日和山（ひよりやま） 南波松太郎

千石船の時代、航海の安全のために観天望気した日和山——多くは忘れられ、あるいは失われた船舶・航海史の貴重な遺跡を追って、全国津々浦々におよんだ調査紀行。四六判382頁 '88

61 篩（ふるい） 三輪茂雄

臼とともに人類の生産活動に不可欠な道具であった篩、箕（み）、笊（ざる）の多彩な変遷を豊富な図解入りでたどり、現代技術の先端に再生するまでの歩みをえがく。四六判334頁 '89

62 鮑（あわび） 矢野憲一

縄文時代以来、貝肉の美味と貝殻の美しさによって日本人を魅了し続けてきたアワビ——その生態と養殖、神饌としての歴史、漁法、螺鈿の技法からアワビ料理に及ぶ。四六判344頁 '89

63 絵師 むしゃこうじ・みのる

日本古代の渡来画工から江戸前期の菱川師宣まで、時代の代表的絵師の列伝で辿る絵画制作の文化史。前近代社会における絵画の意味や芸術創造の社会的条件を考える。四六判230頁 '90

64 蛙（かえる） 碓井益雄

動物学の立場からその特異な生態を描き出すとともに、和漢洋の文献資料を駆使して故事・習俗・神事・民話・文芸・美術工芸にわたる蛙の多彩な活躍ぶりを活写する。四六判382頁 '89

65-Ⅰ **藍**（あい）Ⅰ　風土が生んだ色　竹内淳子

全国各地の〈藍の里〉を訪ねて、藍栽培から染色・加工のすべてにわたり、藍とともに生きた人々の伝承を克明に描き、風土と人間が生んだ〈日本の色〉の秘密を探る。四六判４１６頁　'91

65-Ⅱ **藍**（あい）Ⅱ　暮らしが育てた色　竹内淳子

日本の風土に生まれ、伝統に育てられた藍が、今なお暮らしの中で生き生きと活躍しているさまを、手わざに生きる人々との出会いを通じて描く。藍の里紀行の続篇。四六判４０６頁　'99

66 **橋**　小山田了三

丸木橋・舟橋・吊橋から板橋・アーチ型石橋まで、人々に親しまれてきた各地の橋を訪ねて、その来歴と築橋の技術伝承を辿り、土木文化の伝播・交流の足跡をえがく。四六判３１２頁　'91

67 **箱**　宮内悊

日本の伝統的な箱（櫃）と西欧のチェストを比較文化史の視点から考察し、居住・収納・運搬・装飾の各分野における箱の重要な役割とその多彩な文化を浮彫りにする。四六判３９０頁　'91

68-Ⅰ **絹Ⅰ**　伊藤智夫

養蚕の起源を神話や説話に探り、伝来の時期とルートを跡づけ、記紀・万葉の時代から近世に至るまで、それぞれの時代・社会・階層が生み出した絹の文化を描き出す。四六判３０４頁　'92

68-Ⅱ **絹Ⅱ**　伊藤智夫

生糸と絹織物の生産と輸出が、わが国の近代化にはたした役割を描くと共に、養蚕の道具、信仰や庶民生活にわたる養蚕と絹の民俗、さらには蚕の種類と生態におよぶ。四六判２９４頁　'92

69 **鯛**（たい）　鈴木克美

古来「魚の王」とされてきた鯛をめぐって、その生態・味覚から漁法、祭り、工芸、文芸にわたる多彩な伝承文化を語りつつ、鯛と日本人とのかかわりの原点をさぐる。四六判４１８頁　'92

70 **さいころ**　増川宏一

古代神話の世界から近現代の博徒の動向まで、さいころの役割を各時代・社会に位置づけ、木の実や貝殻のさいころから投げ棒型や立方体のさいころへの変遷をたどる。四六判３７４頁　'92

71 **木炭**　樋口清之

炭の起源から炭焼、流通、経済、文化にわたる木炭の歩みを歴史・考古・民俗の知見を総合して描き出し、独自で多彩な文化を育んできた木炭の尽きせぬ魅力を語る。四六判２９６頁　'93

72 **鍋・釜**（なべ・かま）　朝岡康二

日本をはじめ韓国、中国、インドネシアなど東アジアの各地を歩きながら鍋・釜の製作と使用の現場に立ち会い、調理をめぐる庶民生活の変遷とその交流の足跡を探る。四六判３２６頁　'93

73 **海女**（あま）　田辺悟

その漁の実際と社会組織、風習、信仰、民具などを克明に描くとともに海女の起源・分布・交流を探り、わが国漁撈文化の古層としての海女の生活と文化をあとづける。四六判２９４頁　'93

74 **蛸**（たこ）　刀禰勇太郎

蛸をめぐる信仰や多彩な民間伝承を紹介するとともに、その生態・分布・捕獲法・繁殖と保護・調理法などを集成し、日本人と蛸との知られざるかかわりの歴史を探る。四六判３７０頁　'94

75 曲物（まげもの） 岩井宏實

桶・樽出現以前から伝承され、古来最も簡便・重宝な木製容器として愛用された曲物の加工技術と機能・利用形態の変遷をさぐり、手づくりの「木の文化」を見なおす。四六判318頁 '94

76-Ⅰ 和船Ⅰ 石井謙治

江戸時代の海運を担った千石船（弁才船）について、その構造と技術、帆走性能を綿密に調査し、通説の誤りを正すとともに、海難と信仰、船絵馬等の考察にもおよぶ。四六判436頁 '95

76-Ⅱ 和船Ⅱ 石井謙治

造船史から見た著名な船を紹介し、遣唐使船や遣欧使節船、幕末の洋式船における外国技術の導入について論じつつ、船の名称と船型を海船・川船にわたって解説する。四六判316頁 '95

77-Ⅰ 反射炉Ⅰ 金子功

日本初の佐賀鍋島藩の反射炉と精練方＝理化学研究所、島津藩の反射炉と集成館＝近代工場群を軸に、日本の産業革命の時代における人と技術を現地に訪ねて発掘する。四六判244頁 '95

77-Ⅱ 反射炉Ⅱ 金子功

伊豆韮山の反射炉をはじめ、全国各地の反射炉建設にかかわった有名無名の人々の足跡をたどり、開国か攘夷かに揺れる幕末の政治と社会の悲喜劇をも生き生きと描く。四六判226頁 '95

78-Ⅰ 草木布（そうもくふ）Ⅰ 竹内淳子

風土に育まれた布を求めて全国各地を歩き、木綿普及以前に山野の草木を利用して豊かな衣生活文化を築き上げてきた庶民の知られざる知恵のかずかずを実地にさぐる。四六判282頁 '95

78-Ⅱ 草木布（そうもくふ）Ⅱ 竹内淳子

アサ、クズ、シナ、コウゾ、カラムシ、フジなどの草木の繊維から、どのようにして糸を採り、布を織っていたのか——聞書きをもとに忘れられた技術と文化を発掘する。四六判282頁 '95

79-Ⅰ すごろくⅠ 増川宏一

古代エジプトのセネト、ヨーロッパのバクギャモン、中近東のナルド、中国の双陸などの系譜に日本の盤雙六を位置づけ、遊戯・賭博としてのその数奇なる運命を辿る。四六判312頁 '95

79-Ⅱ すごろくⅡ 増川宏一

ヨーロッパの鵞鳥のゲームから日本中世の浄土双六、近世の華麗な絵双六、さらには近現代の少年誌の附録まで、絵双六の変遷を追って時代の社会・文化を読みとる。四六判390頁 '95

80 パン 安達巖

古代オリエントに起ったパン食文化が中国・朝鮮を経て弥生時代の日本に伝えられたことを史料と伝承をもとに解明し、わが国パン食文化二〇〇〇年の足跡を描き出す。四六判260頁 '96

81 枕（まくら） 矢野憲一

神さまの枕・大嘗祭の枕から枕絵の世界まで、人生の三分の一を共に過す枕をめぐって、その材質の変遷を辿り、伝説と怪談、俗信と民俗、エピソードを興味深く語る。四六判252頁 '96

82-Ⅰ 桶・樽（おけ・たる）Ⅰ 石村真一

日本、中国、朝鮮、ヨーロッパにわたる厖大な資料を集成してその豊かな文化の系譜を探り、東西の木工技術史を比較しつつ世界史的視野から桶・樽の文化を描き出す。四六判388頁 '97

82-II 桶・樽（おけ・たる）II　石村真一

多数の調査資料と絵画・民俗資料をもとにその製作技術を復元し、東西の木工技術を比較考証しつつ、技術文化史の視点から桶・樽製作の実態とその変遷を跡づける。　四六判３７２頁　'97

82-III 桶・樽（おけ・たる）III　石村真一

樹木と人間とのかかわり、製作者と消費者とのかかわりを通じて桶樽と生活文化の変遷を考察し、木材資源の有効利用という視点から桶樽の文化史的役割を浮彫にする。　四六判３５２頁　'97

83-I 貝I　白井祥平

世界各地の現地調査と文献資料を駆使して、古来至高の財宝とされてきた宝貝のルーツとその変遷を探り、貝と人間とのかかわりの歴史を「貝貨」の文化史として描く。　四六判３８６頁　'97

83-II 貝II　白井祥平

サザエ、アワビ、イモガイなど古来人類とかかわりの深い貝をめぐって、その生態・分布・地方名、装身具や貝貨としての利用法などを豊富なエピソードを交えて語る。　四六判３２８頁　'97

83-III 貝III　白井祥平

シンジュガイ、ハマグリ、アカガイ、シャコガイなどをめぐって世界各地の民族誌を渉猟し、それらが人類文化に残した足跡を辿る。参考文献一覧／総索引を付す。　四六判３９２頁　'97

84 松茸（まつたけ）　有岡利幸

秋の味覚として古来珍重されてきた松茸の由来を求めて、稲作文化と里山（松林）の生態系から説きおこし、日本人の伝統的生活文化の中に松茸流行の秘密をさぐる。　四六判２９６頁　'97

85 野鍛冶（のかじ）　朝岡康二

鉄製農具の製作・修理・再生を担ってきた農鍛冶の歴史的役割を探り、近代化の大波の中で変貌する職人技術の実態をアジア各地のフィールドワークを通して描き出す。　四六判２８０頁　'98

86 稲　品種改良の系譜　菅　洋

作物としての稲の誕生、稲の渡来と伝播の経緯から説きおこし、明治以降主として庄内地方の民間育種家の手によって飛躍的発展をとげたわが国品種改良の歩みを描く。　四六判３３２頁　'98

87 橘（たちばな）　吉武利文

永遠のかぐわしい果実として日本の神話・伝説に特別の位置を占めて語り継がれてきた橘をめぐって、その育まれた風土とかずかずの伝承の中に日本文化の特質を探る。　四六判２８６頁　'98

88 杖（つえ）　矢野憲一

神の依代としての杖や仏教の錫杖に杖と信仰とのかかわりを探り、人類が突きつつ歩んだその歴史と民俗を興味ぶかく語る。多彩な材質と用途を網羅した杖の博物誌。　四六判３１４頁　'98

89 もち（糯・餅）　渡部忠世／深澤小百合

モチイネの栽培・育種から食品加工、民俗、儀礼にわたってそのルーツと伝承の足跡をたどり、アジア稲作文化という広範な視野からこの特異な食文化の謎を解明する。　四六判３３０頁　'98

90 さつまいも　坂井健吉

その栽培の起源と伝播経路を跡づけるとともに、わが国伝来後四百年の経緯を詳細にたどり、世界に冠たる育種と栽培・利用法を築いた人々の知られざる足跡をえがく。　四六判３２８頁　'99

91 珊瑚（さんご）　鈴木克美

海岸の自然保護に重要な役割を果たす岩石サンゴから宝飾品として知られる宝石サンゴまで、人間生活と深くかかわってきたサンゴの多彩な姿を人類文化史として描く。　四六判３７０頁　'99

92-Ⅰ 梅Ⅰ　有岡利幸

万葉集、源氏物語、五山文学などの古典や天神信仰に表れた梅の足跡を克明に辿りつつ日本人の精神史に刻印された梅を浮彫にし、梅と日本人の二〇〇〇年史を描く。　四六判２７４頁　'99

92-Ⅱ 梅Ⅱ　有岡利幸

その植生と栽培、伝承、梅の名所や鑑賞法の変遷から戦前の国定教科書に表れた梅まで、梅と日本人との多彩なかかわりを探り、桜との対比において梅の文化史を描く。　四六判３３８頁　'99

93 木綿口伝（もめんくでん）　第2版　福井貞子

老女たちからの聞書を経糸とし、厖大な遺品・資料を緯糸として、母から娘へと幾代にも伝えられた手づくりの木綿文化を掘り起し、近代の木綿の盛衰を描く。増補版　四六判３３６頁　'00

94 合せもの　増川宏一

「合せる」には古来、一致させるの他に、競う、闘う、比べる等の意味があった。貝合せや絵合せ等の遊戯・賭博を中心に、広範な人間の営みを「合せる」行為に辿る。　四六判３００頁　'00

95 野良着（のらぎ）　福井貞子

明治初期から昭和四〇年までの野良着を収集・分類・整理し、それらの用途と年代、形態、材質、重量、呼称などを精査して、働く庶民の創意にみちた生活史を描く。　四六判２９２頁　'00

96 食具（しょくぐ）　山内昶

東西の食文化に関する資料を渉猟し、食法の違いを人間の自然に対するかかわり方の違いとして捉えつつ、食具を人間と自然をつなぐ基本的な媒介物として位置づける。　四六判２９２頁　'00

97 鰹節（かつおぶし）　宮下章

黒潮からの贈り物・カツオの漁法から鰹節の製法や食法、商品としての流通までを歴史的に展望するとともに、沖縄やモルジブ諸島の調査をもとにそのルーツを探る。　四六判３８２頁　'00

98 丸木舟（まるきぶね）　出口晶子

先史時代から現代の高度文明社会まで、もっとも長期にわたり使われてきた刳り舟に焦点を当て、その技術伝承を辿りつつ、森や水辺の文化の広がりと動態をえがく。　四六判３２４頁　'01

99 梅干（うめぼし）　有岡利幸

日本人の食生活に不可欠の自然食品・梅干をつくりだした先人たちの知恵に学ぶとともに、健康増進に驚くべき薬効を発揮する、その知られざるパワーの秘密を探る。　四六判３００頁　'01

100 瓦（かわら）　森郁夫

仏教文化と共に中国・朝鮮から伝来し、一四〇〇年にわたり日本の建築を飾ってきた瓦をめぐって、発掘資料をもとにその製造技術、形態、文様などの変遷をたどる。　四六判３２０頁　'01

101 植物民俗　長澤武

衣食住から子供の遊びまで、幾世代にも伝承された植物をめぐる暮らしの知恵を克明に記録し、高度経済成長期以前の農山村の豊かな生活文化を愛惜をこめて描き出す。　四六判３４８頁　'01

102 **箸**（はし）　向井由紀子／橋本慶子

そのルーツを中国、朝鮮半島に探るとともに、日本人の食生活に不可欠の食具となり、日本文化のシンボルとされるまでに洗練された箸の文化の変遷を総合的に描く。　四六判３３４頁　'01

103 **採集**　ブナ林の恵み　赤羽正春

縄文時代から今日に至る採集・狩猟民の暮らしを復元し、動物の生態系と採集生活の関連を明らかにしつつ、民俗学と考古学の両面から山に生かされた人々の姿を描く。　四六判２９８頁　'01

104 **下駄**　神のはきもの　秋田裕毅

古墳や井戸等から出土する下駄に着目し、下駄が地上と地下の他界を結ぶ聖なるはきものであったという大胆な仮説を提出、日本の神々の忘れられた側面を浮彫にする。　四六判３０４頁　'02

105 **絣**（かすり）　福井貞子

膨大な絣遺品を収集・分類し、絣産地を実地に調査して絣の技法と文様の変遷を地域別・時代別に跡づけ、明治・大正・昭和の手づくりの染織文化の盛衰を描き出す。　四六判３１０頁　'02

106 **網**（あみ）　田辺悟

漁網を中心に、網に関する基本資料を網羅して網の変遷と網をめぐる民俗を体系的に描き出し、網の文化を集成する。「網に関する小事典」「網のある博物館」を付す。　四六判３１６頁　'02

107 **蜘蛛**（くも）　斎藤慎一郎

「土蜘蛛」の呼称で畏怖される一方「クモ合戦」など子供の遊びとしても親しまれてきたクモと人間との長い交渉の歴史をその深層に遡って追究した異色のクモ文化論。　四六判３２０頁　'02

108 **襖**（ふすま）　むしゃこうじ・みのる

襖の起源と変遷を建築史・絵画史の中に探りつつその用と美を浮彫にし、衝立・障子・屏風等と共に日本建築の空間構成に不可欠の建具となるまでの経緯を描き出す。　四六判２７０頁　'02

109 **漁撈伝承**（ぎょろうでんしょう）　川島秀一

漁師たちからの聞き書きをもとに、寄り物、船霊、大漁旗など、漁撈にまつわる〈もの〉の伝承を集成し、海の道によって運ばれた習俗や信仰の民俗地図を描き出す。　四六判３３４頁　'03

110 **チェス**　増川宏一

世界中に数億人の愛好者を持つチェスの起源と文化を、欧米における膨大な研究の蓄積を渉猟しつつ探り、日本への伝来の経緯から美術工芸品としてのチェスにおよぶ。　四六判２９８頁　'03

111 **海苔**（のり）　宮下章

海苔の歴史は厳しい自然とのたたかいの歴史だった——採取から養殖、加工、流通、消費に至る先人たちの苦難の歩みを史料と実地調査によって浮彫にする食物文化史。　四六判１７２頁　'03

112 **屋根**　檜皮葺と柿葺　原田多加司

屋根葺師一〇代の著者が、自らの体験と職人の本懐を語り、連綿として受け継がれてきた伝統の手わざを体系的にたどりつつ伝統技術の保存と継承の必要性を訴える。　四六判３４０頁　'03

113 **水族館**　鈴木克美

初期水族館の歩みを創始者たちの足跡を通して辿りなおし、水族館をめぐる社会の発展と風俗の変遷を描き出すとともにその未来像をさぐる初の〈日本水族館史〉の試み。　四六判２９０頁　'03

114 古着（ふるぎ） 朝岡康二

仕立てと着方、管理と保存、再生と再利用等にわたり衣生活の変容を近代の日常生活の変化として捉え直し、衣服をめぐるリサイクル文化が形成される経緯を描き出す。四六判２９２頁 '03

115 柿渋（かきしぶ） 今井敬潤

染料・塗料をはじめ生活百般の必需品であった柿渋の伝承を記録し、文献資料をもとにその製造技術と利用の実態を明らかにして、忘れられた豊かな生活技術を見直す。四六判２９４頁 '03

116-Ⅰ 道Ⅰ 武部健一

道の歴史を先史時代から説き起こし、古代律令制国家の要請によって駅路が設けられ、しだいに幹線道路として整えられてゆく経緯を技術史・社会史の両面からえがく。四六判２４８頁 '03

116-Ⅱ 道Ⅱ 武部健一

中世の鎌倉街道、近世の五街道、近代の開拓道路から現代の高速道路網までを通観し、道路を拓いた人々の手によって今日の交通ネットワークが形成された歴史を語る。四六判２８０頁 '03

117 かまど 狩野敏次

日常の煮炊きの道具であるとともに祭りと信仰に重要な位置を占めてきたカマドをめぐる忘れられた伝承を掘り起こし、民俗空間の壮大なコスモロジーを浮彫りにする。四六判２９２頁 '04

118-Ⅰ 里山Ⅰ 有岡利幸

縄文時代から近世までの里山の変遷を人々の暮らしと植生の変化の両面から跡づけ、その源流を記紀万葉に描かれた里山の景観や大和・三輪山の古記録・伝承等に探る。四六判２７６頁 '04

118-Ⅱ 里山Ⅱ 有岡利幸

明治の地租改正による山林の混乱、相次ぐ戦争による山野の荒廃、エネルギー革命、高度成長による大規模開発など、近代化の荒波に翻弄される里山の見直しを説く。四六判２７４頁 '04

119 有用植物 菅 洋

人間生活に不可欠のものとして利用されてきた身近な植物たちの来歴と栽培・育種・品種改良・伝播の経緯を平易に語り、植物と共に歩んだ文明の足跡を浮彫にする。四六判３２４頁 '04

120-Ⅰ 捕鯨Ⅰ 山下渉登

世界の海で展開された鯨と人間との格闘の歴史を振り返り、「大航海時代」の副産物として開始された捕鯨業の誕生以来四〇〇年にわたる盛衰の社会的背景をさぐる。四六判３１４頁 '04

120-Ⅱ 捕鯨Ⅱ 山下渉登

近代捕鯨の登場により鯨資源の激減を招き、捕鯨の規制・管理のための国際条約締結に至る経緯をたどり、グローバルな課題としての自然環境問題を浮き彫りにする。四六判３１２頁 '04

121 紅花（べにばな） 竹内淳子

栽培、加工、流通、利用の実際を現地に探訪して紅花とかかわってきた人々からの聞き書きを集成し、忘れられた〈紅花文化〉を復元しつつその豊かな味わいを見直す。四六判３４６頁 '04

122-Ⅰ もののけⅠ 山内昶

日本の妖怪変化、未開社会の〈マナ〉、西欧の悪魔やデーモンを比較考察し、名づけ得ぬ未知の対象を指す万能のゼロ記号〈もの〉をめぐる人類文化史を跡づける博物誌。四六判３２０頁 '04

122-Ⅱ **もののけⅡ** 山内昶

日本の鬼、古代ギリシアのダイモン、中世の異端狩り・魔女狩り等々をめぐり、自然＝カオスと文化＝コスモスの対立の中で〈野生の思考〉が果たしてきた役割をさぐる。 四六判２８０頁 '04

123 **染織**（そめおり） 福井貞子

自らの体験と膨大な残存資料をもとに、糸づくりから織り、染めにわたる手づくりの豊かな生活文化を見直す。創意にみちた手わざのかずかずを復元する庶民生活誌。 四六判２９４頁 '05

124-Ⅰ **動物民俗Ⅰ** 長澤武

神として崇められたクマやシカをはじめ、人間にとって不可欠の鳥獣や魚、さらには人間を脅かす動物など、多種多様な動物たちと交流してきた人々の暮らしの民俗誌。 四六判２６４頁 '05

124-Ⅱ **動物民俗Ⅱ** 長澤武

動物の捕獲法をめぐる各地の伝承を紹介するとともに、全国で語り継がれてきた多彩な動物民話・昔話を渉猟し、暮らしの中で培われた動物フォークロアの世界を描く。 四六判２６６頁 '05

125 **粉**（こな） 三輪茂雄

粉体の研究をライフワークとする著者が、粉食の発見からナノテクノロジーまで、人類文明の歩みを〈粉〉の視点から捉え直した壮大なスケールの〈文明の粉体史観〉 四六判３０２頁 '05

126 **亀**（かめ） 矢野憲一

浦島伝説や「兎と亀」の昔話によって親しまれてきた亀のイメージの起源を探り、古代の亀卜の方法から、亀にまつわる信仰と迷信、鼈甲細工やスッポン料理におよぶ。 四六判３３０頁 '05

127 **カツオ漁** 川島秀一

一本釣り、カツオ漁場、船上の生活、船霊信仰、祭りと禁忌など、カツオ漁にまつわる漁師たちの伝承を集成し、黒潮に沿って伝えられた漁民たちの文化を掘り起こす。 四六判３７０頁 '05

128 **裂織**（さきおり） 佐藤利夫

木綿の風合いと強靭さを生かした裂織の技と美をすぐれたリサイクル文化として見なおす。東西文化の中継地・佐渡の古老たちからの聞書をもとに歴史と民俗をえがく。 四六判３０８頁 '05

129 **イチョウ** 今野敏雄

「生きた化石」として珍重されてきたイチョウの生い立ちと人々の生活文化とのかかわりの歴史をたどり、この最古の樹木に秘められたパワーを最新の中国文献にさぐる。 四六判３１２頁〔品切〕 '05

130 **広告** 八巻俊雄

のれん、看板、引札からインターネット広告までを通観し、いつの時代にも広告が人々の暮らしと密接にかかわって独自の文化を形成してきた経緯を描く広告の文化史。 四六判２７６頁 '06

131-Ⅰ **漆**（うるし）**Ⅰ** 四柳嘉章

全国各地で発掘された考古資料を対象に科学的解析を行ない、縄文時代から現代に至る漆の技術と文化を跡づける試み。漆が日本人の生活と精神に与えた影響を探る。 四六判２７４頁 '06

131-Ⅱ **漆**（うるし）**Ⅱ** 四柳嘉章

遺跡や寺院等に遺る漆器を分析し体系づけるとともに、絵巻物や文学作品の考証を通じて、職人や産地の形成、漆工芸の地場産業としての発展の経緯などを考察する。 四六判２１６頁 '06

132 まな板　石村眞一

日本、アジア、ヨーロッパ各地のフィールド調査と考古・文献・絵画・写真資料をもとにまな板の素材・構造・使用法を分類し、多様な食文化とのかかわりをさぐる。　四六判372頁　'06

133-I 鮭・鱒（さけ・ます）I　赤羽正春

鮭・鱒をめぐる民俗研究の前史から現在までを概観するとともに、原初的な漁法から商業的漁法にわたる多彩な漁法と用具、漁場と社会組織の関係などを明らかにする。　四六判292頁　'06

133-II 鮭・鱒（さけ・ます）II　赤羽正春

鮭漁をめぐる行事、鮭捕り衆の生活等を聞き取りによって再現し、人工孵化事業の発展とそれを担った先人たちの業績を明らかにするとともに、鮭・鱒の料理におよぶ。　四六判352頁　'06

134 遊戯　その歴史と研究の歩み　増川宏一

古代から現代まで、日本と世界の遊戯の歴史を概説し、内外の研究者との交流の中で得られた最新の知見をもとに、研究の出発点と目的を論じ、現状と未来を展望する。　四六判296頁　'06

135 石干見（いしひみ）　田和正孝編

沿岸部に石垣を築き、潮汐作用を利用して漁獲する原初的漁法を日・韓・台に残る遺構と伝承の調査・分析をもとに復元し、東アジアの伝統的漁撈文化を浮彫りにする。　四六判332頁　'07

136 看板　岩井宏實

江戸時代から明治・大正・昭和初期までの看板の歴史を生活文化史の視点から考察し、多種多様な生業の起源と変遷を多数の図版をもとに紹介する〈図説商売往来〉。　四六判266頁　'07

137-I 桜I　有岡利幸

そのルーツと生態から説きおこし、和歌や物語に描かれた古代社会の桜観から「花は桜木、人は武士」の江戸の花見の流行まで、日本人と桜のかかわりの歴史をさぐる。　四六判382頁　'07

137-II 桜II　有岡利幸

明治以後、軍国主義と愛国心のシンボルとして政治的に利用されてきた桜の近代史を辿るとともに、日本人の生活と共に歩んだ「咲く花、散る花」の栄枯盛衰を描く。　四六判400頁　'07

138 麹（こうじ）　一島英治

日本の気候風土の中で稲作と共に育まれた麹菌のすぐれたはたらきの秘密を探り、醸造化学に携わった人々の足跡をたどりつつ醱酵食品と日本人の食生活文化を考える。　四六判244頁　'07

139 河岸（かし）　川名登

近世初頭、河川水運の隆盛と共に物流のターミナルとして賑わい、船旅や遊廓などをもたらした河岸（川の港）の盛衰を河岸に生きる人々の暮らしの変遷としてえがく。　四六判300頁　'07

140 神饌（しんせん）　岩井宏實／日和祐樹

土地に古くから伝わる食物を神に捧げる神饌儀礼に祭りの本義を探り、近畿地方主要神社の伝統的儀礼をつぶさに調査して、豊富な写真と共にその実際を明らかにする。　四六判374頁　'07

141 駕籠（かご）　櫻井芳昭

その様式、利用の実態、地域ごとの特色、車の利用を抑制する交通政策との関連から駕籠かきたちの風俗までを明らかにし、日本交通史の知られざる側面に光を当てる。　四六判294頁　'07

142 追込漁（おいこみりょう）　川島秀一
沖縄の島々をはじめ、日本各地で今なお行なわれている沿岸漁撈を実地に精査し、魚の生態と自然条件を知り尽した漁師たちの知恵と技を見直しつつ漁業の原点を探る。　四六判368頁　'08

143 人魚（にんぎょ）　田辺悟
ロマンとファンタジーに彩られて世界各地に伝承される人魚の実像をもとめて東西の人魚誌を渉猟し、フィールド調査と膨大な資料をもとに集成したマーメイド百科。　四六判352頁　'08

144 熊（くま）　赤羽正春
狩人たちからの聞き書きをもとに、かつては神として崇められた熊と人間との精神史的な関係をさぐり、熊を通して人間の生存可能性にもおよぶユニークな動物文化史。　四六判384頁　'08

145 秋の七草　有岡利幸
『万葉集』で山上憶良がうたいあげて以来、千数百年にわたり秋を代表する植物として日本人にめでられてきた七種の草花の知られざる伝承を掘り起こす植物文化誌。　四六判306頁　'08

146 春の七草　有岡利幸
厳しい冬の季節に芽吹く若菜に大地の生命力を感じ、春の到来を祝い新年の息災を願う「七草粥」などとして食生活の中に巧みに取り入れてきた古人たちの知恵を探る。　四六判272頁　'08

147 木綿再生　福井貞子
自らの人生遍歴と木綿を愛する人々との出会いを織り重ねて綴り、優れた文化遺産としての木綿衣料を紹介しつつ、リサイクル文化としての木綿再生のみちを模索する。　四六判266頁　'09

148 紫（むらさき）　竹内淳子
今や絶滅危惧種となった紫草（ムラサキ）を育てる人びと、伝統の紫根染を今に伝える人びとを全国にたずね、貝紫染の始原を求めて吉野ヶ里におよぶ「むらさき紀行」。　四六判324頁　'09

149-Ⅰ 杉Ⅰ　有岡利幸
その生態、天然分布の状況から各地における栽培・育種、利用にいたる歩みを弥生時代から今日までの人間の営みの中で捉えなおし、わが国林業史を展望しつつ描き出す。　四六判282頁　'10

149-Ⅱ 杉Ⅱ　有岡利幸
古来神の降臨する木として崇められるとともに生活のさまざまな場面で活用され、絵画や詩歌に描かれてきた杉の文化をたどり、さらに「スギ花粉症」の原因を追究する。　四六判278頁　'10

150 井戸　秋田裕毅（大橋信弥編）
弥生中期になぜ井戸は突然出現するのか。飲料水など生活用水ではなく、祭祀用の聖なる水を得るためだったのではないか。目的や構造の変遷、宗教との関わりをたどる。　四六判260頁　'10

151 楠（くすのき）　矢野憲一／矢野高陽
語源と字源、分布と繁殖、文学や美術における楠から医薬品としての利用、キューピー人形や樟脳の船まで、楠と人間の関わりの歴史を辿りつつ自然保護の問題に及ぶ。　四六判334頁　'10

152 温室　平野恵
温室は明治時代に欧米から輸入された印象があるが、じつは江戸時代半ばから「むろ」という名の保温設備があった。絵巻や小説、遺跡などより浮かび上がる歴史。　四六判310頁　'10

153 檜（ひのき） 有岡利幸

建築・木彫・木材工芸に最良の材としてわが国の〈木の文化〉に重要な役割を果たしてきた檜。その生態から保護・育成・生産・流通・加工までの変遷をたどる。

四六判320頁 '11